火力毁伤理论与方法

谢　文　徐鸿鑫　丁忠熙　卜　昊　张　俊　著

国防工業出版社
·北京·

内 容 简 介

本书遵循“科学、协同、优化、融合、标准”的工程化理念，对火力毁伤基本概念、制胜机理、标准体系、毁伤效应、目标分析、计算方法、效果评估和数据采集等若干问题进行系统研究，进而探寻火力毁伤规律、明晰火力毁伤原则、重塑毁伤标准体系、建立目标分析方法、重构毁伤计算方法、创新效果评估方法和标准化任务规划流程，对于推动火力毁伤理论整体重塑具有重要意义。

本书可作为相关军事高年级本科生、研究生及教师使用的专业教材，也可作为相关军事指挥人员学习火力毁伤理论的参考资料。

图书在版编目(CIP)数据

火力毁伤理论与方法/谢文等著．—北京：国防工业出版社，2025. 8. —ISBN 978－7－118－13875－7

Ⅰ．E83

中国国家版本馆 CIP 数据核字第 20259MZ799 号

※

国防工業出版社出版发行

（北京市海淀区紫竹院南路 23 号　邮政编码 100048）

三河市天利华印刷装订有限公司印刷

新华书店经售

*

开本 710×1000　1/16　**印张** 18¼　**字数** 276 千字

2025 年 8 月第 1 版第 1 次印刷　**印数** 1—1500 册　**定价** 118.00 元

（本书如有印装错误，我社负责调换）

国防书店：(010)88540777　　书店传真：(010)88540776

发行业务：(010)88540717　　发行传真：(010)88540762

前 言

—

Preface

随着战争形态的不断演变，作战组织形式和对抗方式发生深刻变化，信息优势成为制胜的主导因素，火力主战成为制胜的基本方式。机械化时代重兵集团预先排兵布阵、对阵交战、梯次突破的线式作战，已经被信息化时代联合作战体系支撑下的立体全纵深精确作战取代，“能用火力不用兵力、多用火力少用兵力、先用火力后用兵力、全程重用火力”已成为陆战场重要法则，“打瘫了再夺、打毁了再攻”已成为基本共识。可以说，火力打击已作为主导作战进程和结局的主体行动，火力毁伤已成为达成作战目的的主要手段，火力打击与火力毁伤的重要性不言而喻。

近年来，陆战场的火力打击装备快速发展，火力组成日益复杂，既有中近程压制火力、远程火箭炮火力，又有航空兵火力、常规导弹火力和舰对岸火力等。基于火力平台与打击手段多样化的实际情况，各级指挥机构在作战过程中不仅需要灵活运用各种打击手段与方法，协调控制好任务部队的突击行动，还要在拟制计划与定下决心时，对“打谁——目标选择”“打到什么程度——指标确定”“谁来打——任务区分”“怎么打——打法运用”等问题进行精确筹划，实施全方位、全纵深和多层次的精确火力毁伤指挥和精确火力协调，以提升陆战场的综合火力运用效益。火力毁伤问题已成为各级指挥参谋人员高度关注的重点课题。

我国的火力毁伤理论，是在借鉴和吸收苏联火力毁伤理论基础上于21世纪初创立的。采取“借鉴国外、继承发展、自主创新”的研究思路，研究并建立了战役战术火力毁伤理论，经过化繁为简和迭代升级，编修形成了火力毁伤相关教材，开创了从数学角度、技术层面研究战役火力毁伤问题的先河，有效解决了陆战场战役战术火力毁伤的量化计算问题，推动了作战指挥由定性决策向定量计算的转变。但随着信息技术的进步与战争形态的演进，原有理论作战制胜机理滞后、毁伤机理研究缺失、毁伤指标单一、计算方法不准等诸多问题日益显现，已难以适应部队新编制、新理论、新装备和新弹药的发展变化，难以满足由面覆盖压制毁伤模式向点打击精确毁歼模式的转变需求，与信息化、智能化战争需求不相符，与现代战争精打细算的理念不匹配，迫切需要对其进行整体重塑。

本书以提高陆战场火力精确筹划与毁伤效果精确评估能力为目标，按照“坚持问题导向、植根实践探索、聚焦瓶颈突破”的逻辑思路，梳理火力毁伤理论的发展脉络，分析火力毁伤理论的短板弱项，通过植根战训实践，明确信息化战争时代陆战场火力毁伤的内在机理，突破火力毁伤精确计算、目标工程化分析、毁伤效果精确评估、毁伤威力数据采集等瓶颈难点，有效解决火力毁伤理论系统性偏弱、时代性不够和原创性不强等问题。

第1章绪论，剖析了火力毁伤理论的研究背景、目的和意义，梳理了国内外火力毁伤理论的研究现状，明确了火力毁伤理论的主要研究内容，明晰了火力毁伤理论的研究思路与研究方法。

第2章基本概念与制胜机理，厘清了“火力毁伤”“目标易损性”“毁伤等级”“毁伤标准”“火力毁伤工程化”等若干概念，阐释了火力毁伤规律和原则。

第3章火力毁伤标准化体系，全面阐述了由毁伤指标、打击能力、计算方法、标准目标、标准兵器和标准弹药等组成的火力毁伤标准体系，从顶层设计上规范陆战场火力“怎么评”“评什么”的问题。

第4章毁伤效应，系统研究了爆轰、破片、侵彻、聚能和新概念毁伤效应等内容，分析归纳了毁伤效应的基本现象与基本规律，为火力毁伤工程技术实现提供基本知识和方法支撑。

第5章目标分析工程化，运用工程化理念图表化描述目标分析程序、模型化规范目标分析计算、可视化展现目标分析成果。

第6章火力毁伤计算方法，针对现有火力毁伤计算方法缺少考虑信息化战争时代各类弹药的毁伤机理与战场目标的易损差异性的问题，建立由直接计算法与标准计算法组成的毁伤计算方法体系，明晰火力毁伤任务量、兵器需求量、弹药需求量、任务与资源分配及火力毁伤时间计算方法，创新性地介绍信息化时代火力毁伤计算新方法、新体系。

第7章毁伤效果评估，借鉴、吸收近年来国内外毁伤效果精确评估与应用研究的最新成果，研究形成了4种毁伤效果评估方法，构建了典型目标物毁伤标准体系，提出了目标系统、目标体系毁伤效果评估方法，初步论证了毁伤效果精确评估组织模式，为支撑高效运用火力提供理论与方法。

第8章毁伤威力数据采集与分析，通过吸收近年来国内外毁伤威力数据采集技术与方法研究的最新成果，系统研究了冲击波、破片、侵彻（穿甲）、聚能（破甲）等毁伤元的数据采集技术，提出了动（静）态毁伤效应试验场的布设原则与方法。

由于作者的水平有限，本书在内容或编排上可能存在不足之处，恳请读者批评指正。

作　者

二〇二四年十一月于南京

目　录

Contents

第1章 绪 论

无论战争形态如何演变，火力始终是决定战争胜负的关键因素。火力毁伤是火力对敌目标体系、目标系统和具体目标造成损伤的过程及效果，是信息化时代陆战场的主要作战行动，是达成作战目的的基本手段。火力毁伤理论是筹划运用火力的军事科学，是指挥机构选择打击目标、确定毁伤指标、计算资源需求、分配毁伤任务、匹配力量手段、评估打击效果的理论依据，在作战理论体系中具有不可替代的地位与作用。

1.1 研究背景

随着微电子、信息处理、深度学习、新材料和新能源等技术的迅猛发展，军队的情报侦察、指挥控制、火力打击、机动投送、多维防护和作战保障等各种能力大幅提升，战争形态与作战方式正在发生前所未有的深刻变革，火力作战作为一种基本作战样式，地位与作用不断攀升，现已成为体系破击和火力制胜的主要方式，火力打击以其突击距离远、响应速度快、命中精度高和毁伤威力大的优势，成为瘫敌情报侦察系统、毁敌指挥控制系统、破敌火力打击系统与断敌作战保障系统的基本手段，火力毁伤在信息化联合作战行动中地位作用日益凸显。

近年来，陆战场的火力打击装备快速发展，火力组成日益复杂，既有中近程压制火力、远程火箭炮火力，又有航空兵火力、常规导弹火力和舰对岸火力等。基于火力平台与打击手段多样化的情况实际，各级指挥机构在作战中不仅要灵活运用各种打击手段与方法，协调控制好任务部队的突击行动，还要在定下决心与拟制计划时，对“打谁——目标选择”“打到什么程度——指标确定”“谁来打——任务区分”“怎么打——打法运用”等问题进行精确筹划，实施全方位、全纵深和多层次的精确火力毁伤指挥和精确火力协调,以提升陆战场的综合火力运用效益。火力毁伤问题已成为各级指挥参谋人员高度关注的重点课题。

我国的火力毁伤理论,是在借鉴和吸收苏联火力毁伤理论基础上于20世纪初创立的。采取“借鉴国外、继承发展、自主创新”的研究思路,建立了战役战术火力毁伤理论,经过化繁为简和迭代升级,编修形成了火力毁伤相关教材,开创了从数学角度、技术层面研究战役火力毁伤问题的先河,有效解决了陆战场战役战术火力毁伤的量化计算问题,有力推动了作战指挥由定性决策向定量计算的转变。但随着信息技术的进步与战争形态的演进,原有理论作战制胜机理滞后、毁伤机理研究缺失、毁伤指标单一、计算方法不准等诸多问题日益显现,已难以适应新编制、新理论、新装备和新弹药的发展变化,难以满足毁伤模式由面覆盖压制毁伤向点打击精确毁歼的转变需求,与信息化、智能化战争需求不相符,与现代战争精算细算理念不匹配,迫切需要对其进行整体重塑。

遵循“科学、协同、优化、融合、标准”的工程化理念,对火力毁伤基本概念、制胜机理、标准体系、毁伤效应、目标分析、计算方法、效果评估、数据采集和任务规划等若干问题进行系统研究,进而探寻火力毁伤规律、明晰火力毁伤原则、重塑毁伤标准体系、建立目标分析方法、重构毁伤计算方法、创新效果评估方法和标准化任务规划流程,对于推动火力毁伤理论整体重塑具有重要意义。

1.2 研究的目的和意义

运用系统工程方法,聚焦毁伤专业术语不规范、毁伤机理不明晰、标准体系不适用、目标分析不全面、毁伤计算不准确、数据采集不规范、效果评估不精确等系列难点问题,建构形成彰显时代特征的火力毁伤理论,突破陆战场火力毁伤行动的迷雾,最大限度地发挥毁伤力量的作战效能,提升火力毁伤行动的效率。

1. 创新火力毁伤理论是适应毁伤制胜机理演进的必然要求

原有火力毁伤理论是基于机械化战争时代大规模阵地攻防作战进行构建的,注重对有生力量、作战平台等单个目标的物理损伤,未考虑“毁点—断链—破网—瘫体"的体系毁伤效果,毁伤目的以剥夺目标的生命力、机动力为主,未考虑体系的信息力、认知力。但随着信息处理、人工智能等技术的迅猛发展,战争形态加速演进,武器装备快速发展、毁伤模式不断演变,攻防对抗的复杂性、多样性、不确定性显著增大,火力毁伤行动的制胜机理也在发展变化。要使毁伤制胜机理紧跟时代步伐、具备时代特征,就必须对火力毁伤理论进行创新,探寻信息化时代的火力毁伤行动基本规律、基本原则,实现毁伤制胜机理由"能量主导、歼敌为主、以量取胜"向"信息主导、精打瘫体、以快打慢"转变。

2. 创新火力毁伤理论是精确高效运用火力的必然需求

军队规模与结构和力量编成改革后,结构编组整体优化、精打能力大幅增强、快反能力明显提高,作战能力得到了跃升。各级指挥机构在筹划运用火力时,迫切需要明晰新编成各种火力的打击精度、抗扰能力、毁伤效能、同时突击目标数量、生存率等指标,以及在联合火力打击体系中的贡献率和能承担的任务份额,以便做到量敌用兵、视情用弹,实现精选打击目标、精定毁伤指标、精算火力需求、精用打击力量、精配武器弹药和精评毁伤效果,破解上述难题需要进行火力毁伤理论创新,建立毁伤精确评估的指标体系,创建目标工程化分析方法,规范典型目标物理特性、功能特性、时敏特性和要害部位分析的方法流程,构建预先精确评估方法体系,论证典型目标的毁伤效果精确评估方法,制定典型目标物的毁伤评估标准,优化对典型目标的打法战法,进而为精确高效运用陆战场火力提供理论支撑。

3. 重构火力毁伤标准化体系是适应火力运用模式转变的必然要求

随着精确控制、高效毁伤等技术的迅猛发展,武器装备正加速向更远、更准、更快、更猛、更巧的方向发展,突击目标类型更加丰富、毁伤任务更加多样、作用手段更加多元,陆战场火力结构组成日益复杂,火力平台差异性大,各类弹药制导原理、弹道特性及毁伤机理各不相同,火力多域异构特性十分明显,火力运用模式正持续由概略向精确转变,原有的单一有效性毁伤指标难以适应精确火力运用模式的演变,势必会影响火力的精确筹划与毁伤效果的精确评估。坚持以战斗力为标准的火力毁伤能力导向,聚焦单个具体目标、目标系统和目标体系的有效毁伤需求，建立彰显信息化陆战场特色的毁伤指标体系，构建兵器、弹药与目标的标准化架构，建立火力单元的打击能力评估指标体系，对于指导精确火力筹划、检验评估部队的火力打击能力、牵引火力打击部队的建设发展和火力运用模式转变均具有重要意义。

4. 创新火力毁伤计算方法是落实精算细算理念的重要保证

传统火力毁伤理论，采用标准化思想和相似性原理，建立了标准师法、标准目标法 2 种计算方法，统一了标准目标、标准兵器、标准弹药 3 种衡量尺度，初步解决了战役火力毁伤量化计算问题，但理论给出的计算方法主要采用战斗力指数模型进行推导，是一种机械化战争时代粗算概算的计算方法，与具有智能特征的信息化作战格格不入，更未考虑信息化战争时代弹药毁伤作用机理与目标的多样化，已不能适应新编制、新理论、新装备、新弹药发展，更不符合信息化战争时代精算细算理念，迫切需要对其进行创新发展。开展火力毁伤计算方法体系创新，研究论证由直接计算法和标准计算法组成的火力毁伤计算方法体系，对于推进火力毁伤精算细算理念落实具有重要支撑作用。

5. 创新目标工程化分析方法是提升目标精确分析水平的关键所在

战场目标是构成攻防双方作战体系的基本因素，是军事行动打击、封控、夺取或者保卫的对象，在作战中具有十分重要的地位与作用。就军事目标体系而言，作战目的解析为作战目标，最终将其转化为指向战场目标的作战行动，使战场目标成为作战行动和作战目标的现实支撑；从作战体系博弈对抗来看，战场目标是军事能力的物化标志，是攻防作战的指向对象，直接影响作战的进程与结局。信息化战争时代的陆战场，目标种类多元、性质多样、分布广泛，与机械化战争时代相比具有更为复杂的相关性、动态性和隐蔽性，要提升目标精确分析水平，就必须将现代工程技术方法广泛运用于目标分析“庙算、谋算、精算”中，渗透于目标分析的全过程，实现目标分析过程图表化描述、目标价值计算模型化规范、目标分析成果可视化展现，大幅提升目标分析精确化水平。

6. 创新毁伤效果评估方法是精确调控打击行动的重要保证

毁伤效果评估，是综合考虑作战目的、战场环境、毁伤力量等多种因素，对打击效果进行综合分析判断的过程,是调控打击行动与调整打击计划的主要依据,是保证火力毁伤任务圆满完成的重要环节。受毁伤效果评估理念、评估方法和评估手段等多种因素的制约,各国军队在实施火力毁伤效果评估的过程中,仍以粗犷式定性评估为主,存在评估信息获取不到位、评估方法构建不科学、评估时效差和精准度低等系列问题,难以适应“信息主导、火力主战、毁伤主控、联合主胜”的作战理念,迫切需要从理论层面厘清毁伤效果精确评估概念,创新毁伤效果评估方式方法,制定典型目标的毁伤标准,解决评估方法不精确、目标毁伤标准缺乏等系列问题,对于提升火力打击行动的精确调控质效具有重要意义。

1.3 国内外研究现状

1.3.1 国外研究现状

美俄等军事强国早在第二次世界大战前便开展了火力毁伤相关理论的研究工作,形成了系列研究成果,并广泛应用于火力打击辅助决策与武器系统研制领域,火力毁伤理论研究水平一直位居世界前列,其理论转化路径、工程化实现方法值得我们深入学习和借鉴。

俄军一直将火力毁伤视为作战行动最重要的组成部分,认为火力毁伤在达成作战目的方面作用突出,把筹划计划火力、毁伤资源质量与数量列为影响毁伤效果的重中之重。通过梳理第二次世界大战以来的数百个战役战斗经验数据,俄军规范了集团军战役军团、师(旅)战术兵团等不同层级作战力量计划火力的方法与步骤,建立了一套覆盖全面的火力毁伤基础数据体系,创建了以标准师法为核心的战役战术火力毁伤标准化计算方法,构建了结构完整、内容齐全、层次分明的战役战术火力毁伤理论,实现了指挥决策由一般经验型向量化计算型转变。近年来,俄军结合战争实践,对火力毁伤理论进行了优化完善,在火力毁伤辅助决策系统研发上取得了一些突破,火力筹划与评估效率有所提升,但从掌握的文献资料来看,俄军火力毁伤理论仍未摆脱战斗力指数法的烙印,毁伤计算模型陈旧、计算颗粒度较粗、筹划效率比较低,并仍将战役火力筹划计算列为研究的重点，基于目标的火力毁伤精算细算尚未取得突破性进展。

与俄军关注战役火力毁伤计算不同，美军高度重视目标火力毁伤计算与评估工作，早在 20 世纪 40 年代便启动火力毁伤标准的研究工作，聚焦毁伤评估领域，制定并颁布实施了各类标准，涵盖了与毁伤效能评估相关的战斗部毁伤威力分析、目标易损性分析、武器系统毁伤效能和典型目标弹药消耗标准等诸多内容，为毁伤效能评估技术与方法发展发挥了积极作用。海湾战争以来，美军对各军兵种毁伤效能评估资源进行整合，形成统一的火力毁伤评估标准、毁伤评估工具与手段，为毁伤效果预测与评估建立通用的技术标准及行动实施指南，制定并发布了武器弹药毁伤效能评估标准、工程化技术实施标准，成系统设计开发火力毁伤评估模型、建模软件、内嵌式工具及相关数据库，目前正在快速向系统集成优化、全面迭代升级的方向发展。

美国通过开展目标易损性分析、弹药毁伤威力分析和毁伤机理研究等工作，形成了一支规模数量庞大、专门从事毁伤研究的专业化科研队伍和实验室群，既有国家重点实验室，又有各军兵种研究机构、大学研究院所，如桑迪亚国家实验室（Sandia National Laboratories，SNL）、劳伦斯·利费莫尔国家试验室（Lawrence Livermore National Laboratory，LLNL）、陆军研究实验室（Army Research Laboratory，ARL）、海军研究实验室（United States Naval Research Laboratory，NRL）、空军研究实验室（Air Force Research Laboratory，AFRL）等。另外，编有专门采集数据的作战试验部队，工业部门、任务部队、科研机构良性互动、一体捆绑、高效协作，在理论转化应用、工程化技术实现方面取得较大突破。与美国类似，法国、加拿大等其他国家也建有系列从事毁伤研究的科研机构，形成了一支专业化的毁伤研究人才队伍，如加拿大军械研究和发展中心、法国弹道研究所等，在火力毁伤研究领域也取得了一些成果，通过成果转化，有效提升了自身军队的火力打击辅助决策能力。

通过分析文献资料，在火力毁伤研究领域，以美国为首的北约国家军队具有参研单位多、分工明确、研究系统全面的特点，同时还特别重视武器设计部门与防护工程研究机构的联合协作，进而为武器设计研制奠定了坚实的技术基础。具体来说，在毁伤效能研究方面，通过武器系统毁伤效能测试与战争实践，其收集了各种火力平台、武器弹药对不同目标的毁伤威力数据、弹目毁伤作用数据，建立了科学合理的目标毁伤判据库、内容翔实的毁伤效能数据库，编撰了面向各军兵种作战部队的《联合弹药效能手册》，建立了完善的常规武器弹药毁伤破坏函数和毁伤效能数据库，论证提出了实用化毁伤评估方法，为各军兵种作战部队拟制作战计划、研制武器装备、论证弹药储备需求等提供技术与方法支持，实现火力筹划与弹药保障的精确化和标准化。

1.3.2 国内研究现状

经过多年的建设发展，我国在火力毁伤研究领域取得了丰硕的研究成果，初步形成了火力毁伤理论体系，有力提升了火力毁伤量化决策水平。20世纪末期，国内开展了火力作战指挥领域的研究工作，较为系统地研究了各层级火力作战指挥机构的编成、权责关系和实施火力作战指挥的基本方法等相关内容；进入21世纪后，相关科研院所借鉴美俄等军事强国，建立了战役战术火力毁伤理论，提出了筹划火力、计算兵力和弹药需求的理论。为检验火力毁伤理论毁伤基础数据的准确性与可靠性，还组织了实弹射击毁伤效能检验活动，对标准炮、标准弹、标准目标，以及其他典型火炮、弹药和目标进行实弹射击试验，研究建立了战场人员、装备和工事目标的打击效果数据检测方法、毁伤程度评估方法，采集了部分火力毁伤效能基础数据，完善形成了以标准师法和标准目标法为基本方法的火力毁伤计算方法体系，建构形成了我国第一代战役战术火力毁伤理论。

21世纪初，国内相关单位先后组织了多次毁伤效能专项试验活动，对新型火力平台、武器弹药和典型目标进行毁伤效能检验评估，专门研究了毁伤效能现场数据采集方法与评估分析方法。另外，还先后组织了多次毁伤效能检验试验，在标准规范、数据资源、基础技术、设备设施、仿真评估等多个方面开展研究，采集部分新研武器弹药毁伤数据，研编了多型主用弹药效能手册，在软件平台建设与测试系统研制上取得了较大进步。

同时期，随着作战实验系统建设的大力推进，毁伤计算方法也得到了快速发展，基本形成了基于弹道终点效应的毁伤模拟计算、基于射击理论的毁伤解析计算、基于标准师法和标准目标法的毁伤概略计算的方法体系。基于弹道终点效应的毁伤模拟计算，通常适用于对战役目标进行毁伤效果计算模拟，计算颗粒度精细、模型分辨率高，通常需要分析目标易损性，实时模拟弹药的弹道特性和弹目交会过程。比如，模拟评估杀伤爆破类弹药的毁伤效力时，需要仿真计算弹药的侵彻效力、破片效力、冲击波效力和爆破效力；模拟评估反装甲类弹药的毁伤效力时，需要仿真计算弹药的穿甲或破甲效力；另外，实现高分辨率模拟仿真，除了需要构造目标几何结构仿真建模，构建目标物理损伤与功能损伤匹配映射关系，还需要有大量效力评估准则数据支撑，计算模拟数据量庞大，通常不适合进行规模上量的战役火力筹划。基于射击理论的毁伤解析计算，对目标防护力进行简化处理，通过使用毁伤幅员与毁伤目标所需命中弹数等基础数据进行表征，落点的位置通过射击准确度和射击密集度指标进行模拟计算，利用指数毁伤率计算对目标的毁伤程度。该方法虽具有较好的实用性，但仍需要大量基础数据作为支撑。基于标准师和标准目标的火力毁伤计算方法，适用于战役军团以上规模的火力毁伤计算，计算颗粒度粗、精度差，难以达到信息化战争时代精算细算的要求。

1.4 主要研究内容

火力毁伤理论从内容框架体系上主要包括基本概念内涵与制胜机理、火力毁伤标准化体系、毁伤作用机理、目标分析工程化、火力毁伤计算方法、毁伤效果精确评估、毁伤威力数据采集与分析等内容。

1.4.1 毁伤概念内涵与制胜机理研究

着眼火力毁伤理论创新需求，对“火力毁伤”“目标易损性”“毁伤等级”“毁伤标准”“毁伤威力”“毁伤效应”“毁伤效能”“毁伤效果”“毁伤指标”“工程化”“火力毁伤工程化”等若干概念进行辨析，厘清毁伤概念内涵和主旨，规范毁伤专业术语定义。基于武器弹药发展和毁伤模式的演进，研究探寻需求牵引、力量互补、结构毁瘫、精确毁伤、快速打击、机动聚优 6 条火力毁伤行动基本规律，以及信息主导、整体毁伤、聚优毁伤、精打要害、快速机动、适时评估和密切协同 7 条火力毁伤行动的基本原则，如图 1 – 1 所示。

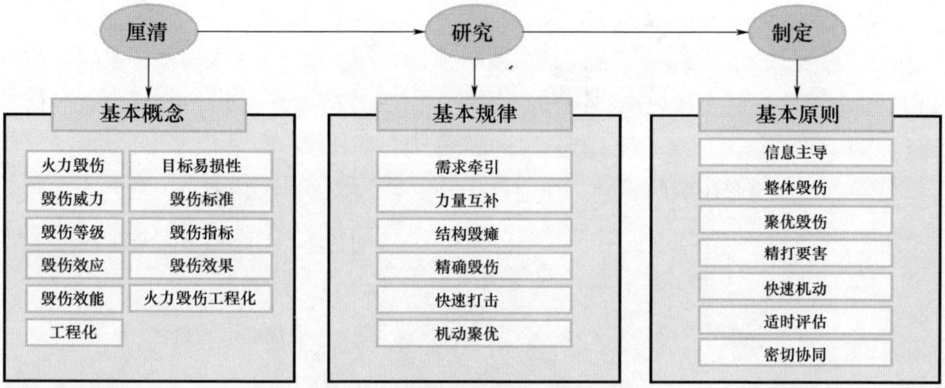

图1-1　毁伤概念与制胜机理

1.4.2　火力毁伤标准化体系研究

聚焦单个具体目标、目标系统和目标体系有效毁伤需求，建立彰显信息化陆战场特色的火力毁伤标准化体系。火力毁伤标准化体系主要由毁伤指标、打击能力、计算方法、标准目标、标准兵器和标准弹药6部分组成。毁伤指标主要包括有效性、可信度、经济性、时效性和任务完成率5类。打击能力指标细化区分为情报侦察、指挥控制、火力毁伤、综合防护、机动投送、信息通联、作战保障7类。其中，情报侦察能力指标包括目标发现率、目标识别率、侦察时效性、整编时效性和定位精度5种，指挥控制能力指标包括态势处理、作战筹划、作战控制和效能评估4种，火力毁伤能力指标包括打击范围、突防概率、打击精度、毁伤威力、火力反应时间、同时打击目标数量、平均耗弹量和生存概率8种，综合防护能力指标包括抗毁生存、抗电子干扰、抗电磁脉冲、反电子侦察和平台自卫干扰5种，机动投送能力指标包括机动速度、单位时间投送量、机动投送距离、状态转换、环境适应、工具保障能力6种，信息通联能力指标包括网系构建、平台铰链和通信传输3种，作战保障能力指标包括技术准备、抢救抢修、弹药保障和工事构筑4类。火力毁伤计算方法包括直接计算法和标准计算法2种。标准目标包括标准目标物和标准集群目标2种。标准兵器包括标准压制兵器、标准攻坚兵器和标准反装甲兵器3类。标准弹药包括标准杀爆弹、标准侵彻弹和标准甲弹3类，如图1-2所示。

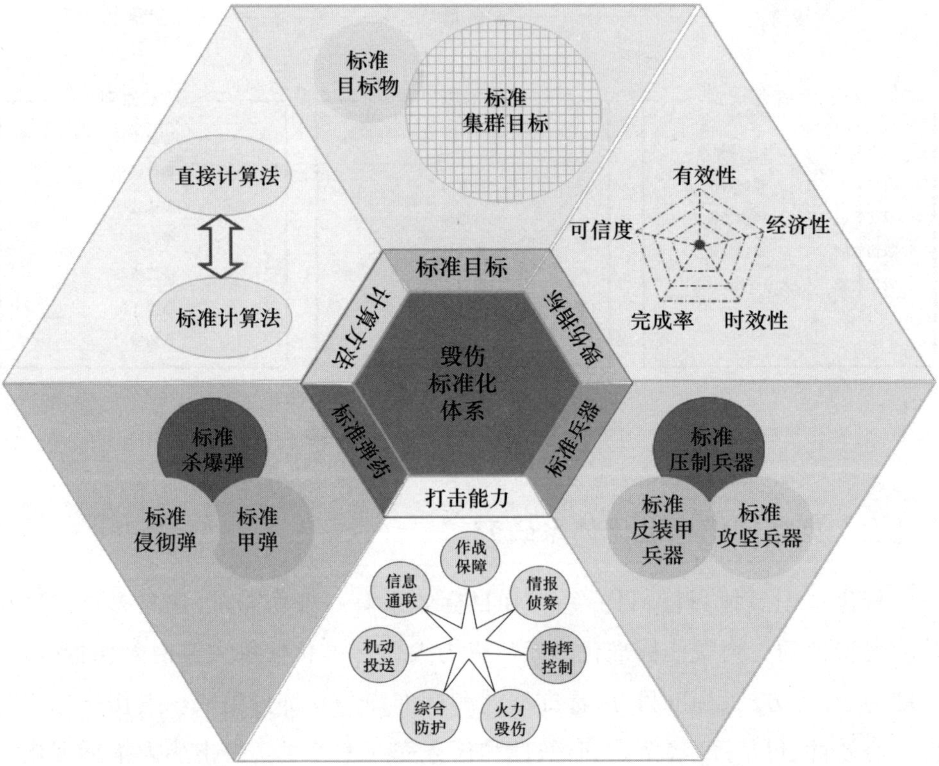

图 1-2 火力毁伤标准体系

1.4.3 毁伤作用机理研究

基于毁伤效应理论和武器弹药的发展现状,重点分析爆轰、破片、侵彻、聚能和新概念毁伤效应的基本现象与基本规律。其中,爆轰效应主要分析爆炸定义、爆轰波特点、影响装药爆轰因素、爆轰冲击波和空气冲击波参数、爆轰毁伤效应等内容,破片效应主要分析破片生成特点、破片空间分布、破片数及破片质量、破片初速、破片毁伤效应和定向破片控制技术等,侵彻(穿甲)效应主要分析贯穿现象、侵彻(穿甲)效力参数以及对金属装甲的穿甲效应和对混凝土的侵彻效应,聚能效应主要分析聚能现象、聚能金属射流、爆炸成型弹丸、杆式侵彻体和侵彻过程及特点,如图 1-3 所示。

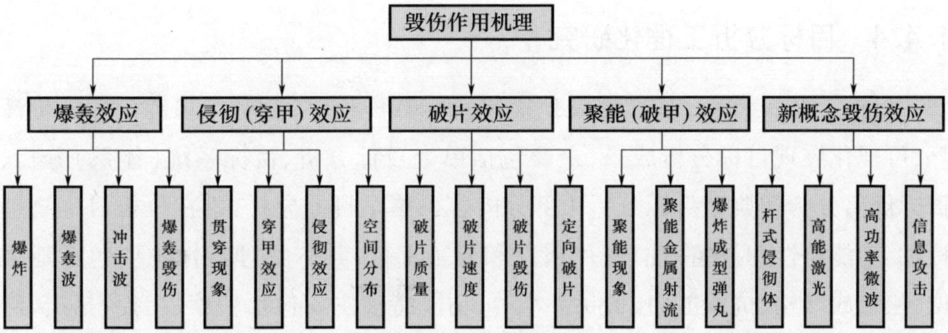

图1-3 毁伤作用机理

着眼高能激光定向能、高功率微波、碳纤维弹等新概念武器的建设发展，基于辐射能、信息能、电磁能等新质毁伤能量破坏原理，梳理研究高能激光毁伤破坏机理、高功率微波毁伤机理和信息干扰毁伤机理，系统分析对典型目标物的高能激光毁伤效应、高功率微波毁伤效应和信息攻击毁伤效应，为实施软杀伤毁伤效果评估奠定理论基础，如图1-4所示。

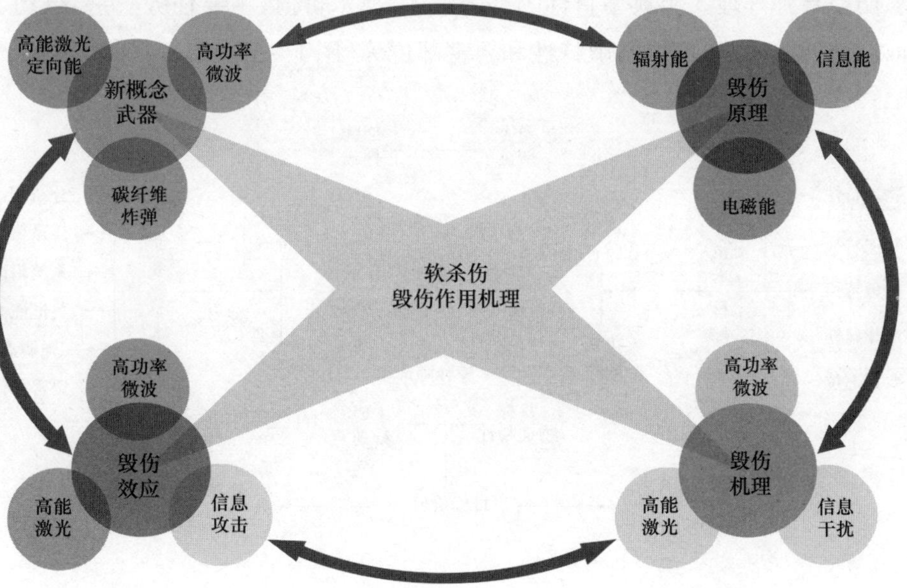

图1-4 软杀伤毁伤作用机理

1.4.4 目标分析工程化研究

目标分析工程化，是指图表化描述目标分析程序、模型化规范目标分析计算、可视化展现目标分析成果，主要包括单个目标分析、目标系统（体系）分析、目标价值分析和典型目标分析4部分内容。单个目标分析，重在分析目标物理特性、功能特性、时敏特性、法律属性和要害部位，其中物理特性主要包括地理位置、组成结构、抗毁能力、形状大小等，功能特性主要包括侦察、指控、打击、防护、保障等能力特征和可恢复性等，时敏特性主要包括目标机动能力、停留时间等，法律属性主要基于国际法分析和基于交战规则分析，要害部位主要包括目标功能作用发挥的关键部件、易损部位等。目标系统（体系）分析，重在系统梳理目标系统（体系）分析理论，研究体系构成、系统组成、关键能力、强弱点和要害目标分析方法要领。目标价值分析，重在建立目标价值分析指标体系和排序量化计算模型，考虑作战样式、作战环境、作战目的等因素影响，计算确定目标在作战体系中的价值排序。典型目标分析，主要分析雷达站、指挥所、坦克、机场、防空导弹阵地5类典型目标的部署样式、战术价值、主要任务、主要行动、目标物理特性、功能特性、时敏特性和要害部位等（图1-5）。

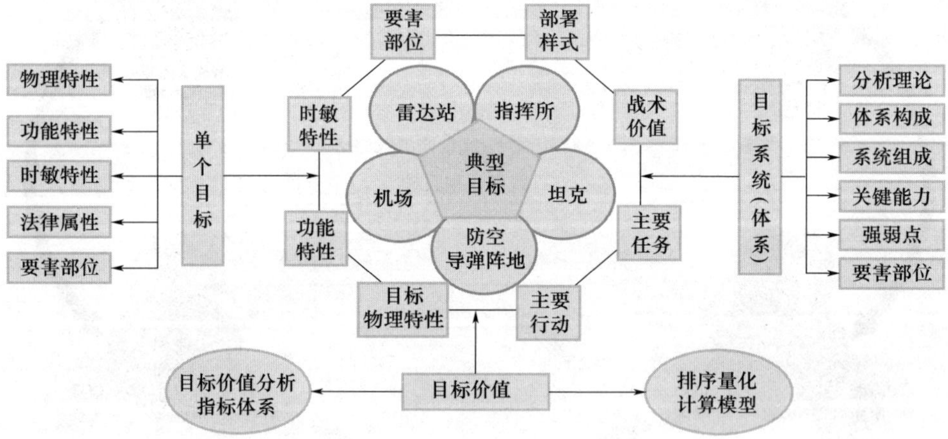

图1-5 目标分析工程化

1.4.5 火力毁伤计算方法创新研究

综合考虑作战目的、战场环境、弹药毁伤威力和目标易损性等因素，在系统研究目标命中毁伤律和坐标毁伤律的基础上，利用数理统计、筹划分析和毁伤仿真等工程化方法，量化分析线膛炮、远程火箭炮、反坦克导弹等武器弹药的毁伤威力、目标易损性和毁伤效能，基于陆战场火力作战指挥决策精算细算需求，研究提出由效应计算法和解析计算法组成的直接计算法，以及涵盖直瞄火力、中近程火力和远程精确火力的标准计算法，显著提高战役战术火力毁伤计算的精确性；采用标准化计算方法，按照区分量纲的方式，规范火力毁伤任务量、兵器需求量、弹药需求量、任务与资源分配和火力毁伤时间计算，创新形成信息化时代火力毁伤计算新方法体系，如图1－6所示。

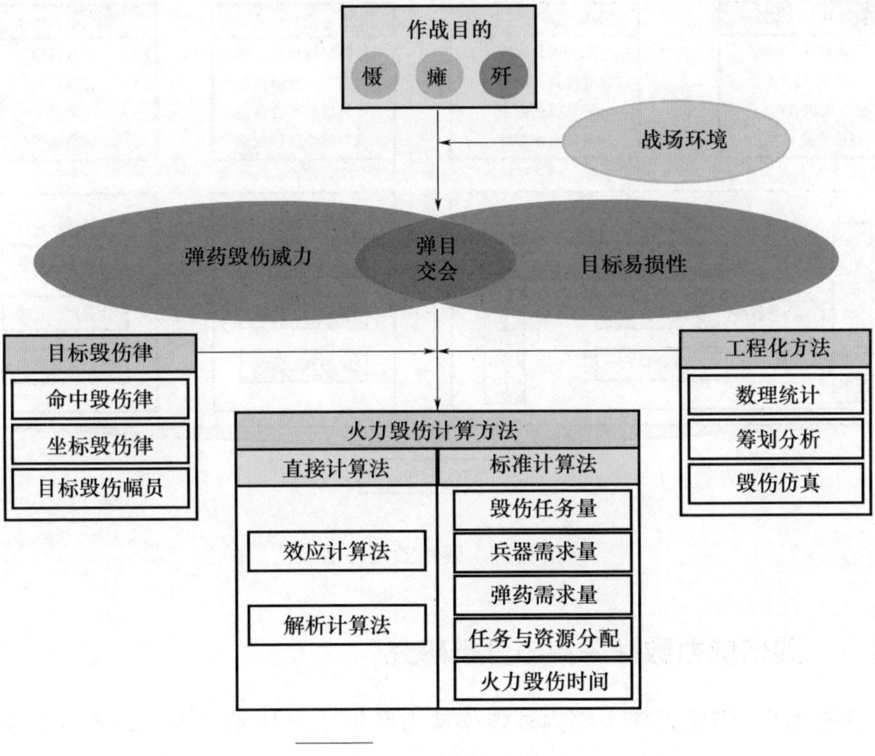

图1－6 火力毁伤计算方法

1.4.6 毁伤效果精确评估研究

借鉴吸收近年来国内外毁伤效果精确评估与应用研究的最新成果，围绕单个具体目标毁伤效果精确评估需求，研究形成了“信息评估法”“融合评估法”“经验评估法”“大模型智能化评估”4 种毁伤效果评估方法，建立了不同评估方法条件下评估结论置信度计算范式。着眼毁伤效果精确评估底座数据需求，对标联合火力毁伤标准，构建了由武器装备、设备、建筑设施、有生力量 4 大类组成的典型目标物毁伤标准体系。聚焦目标系统、目标体系作战能力下降率的关键指标，研究提出目标系统、目标体系毁伤效果评估方法，初步论证了毁伤效果精确评估组织模式，为高效运用火力提供理论与方法支撑，如图 1－7 所示。

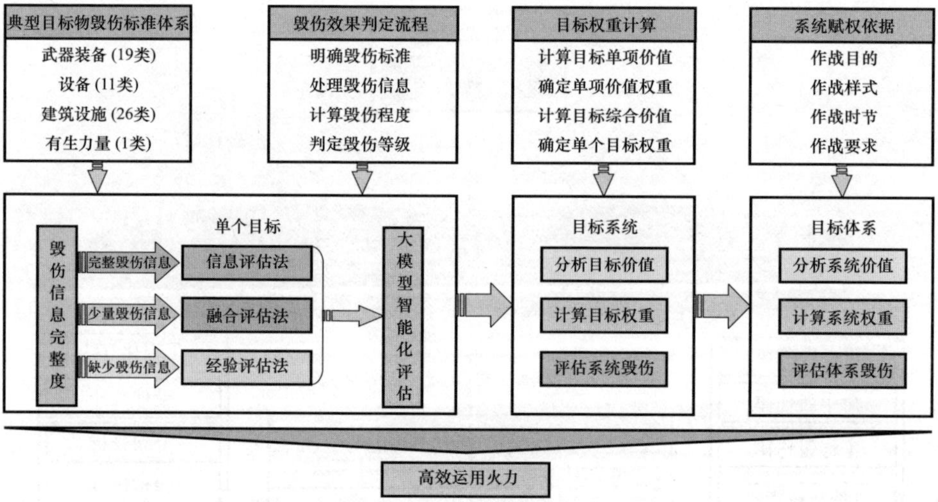

图 1－7 毁伤效果评估

1.4.7 毁伤威力数据采集与分析研究

通过吸收、借鉴近年来国内外毁伤威力数据采集技术与方法研究的最新成果，创新冲击波、破片、侵彻（穿甲）、聚能（破甲）等毁伤元的数据采集技术，本书作者提出动（静）态毁伤效应试验场的布设原则与方法。冲击波毁伤威力使用峰值超压、正压作用时间、比冲量等基本参数，以及爆炸 TNT 当量、毁伤距离、安全距离等综合参数表征;破片毁伤威力使用破片速度、质量分布、空间分布等载荷参数,以及穿孔密度、杀伤威力半径、杀伤面积、毁伤幅员等效应参数表征;侵彻(穿甲)威力毁伤威力使用杆芯速度、杆芯质量、杆芯材料结构等载荷参数,以及贯穿极限速度、贯穿极限厚度、侵彻极限深度等效应参数表征;聚能(破甲)毁伤威力使用射流材料密度、射流头部速度、射流直径等载荷参数,以及破甲深度、破甲孔径、孔容积等效应参数表征。通过开展静态、动态毁伤试验,布设相关原型、等效效应物和传感器,可采集到大量毁伤实验数据,而后经过工程计算和仿真实验便可获取试验弹药在不同条件下对不同目标的毁伤效能数据,如图1-8所示。

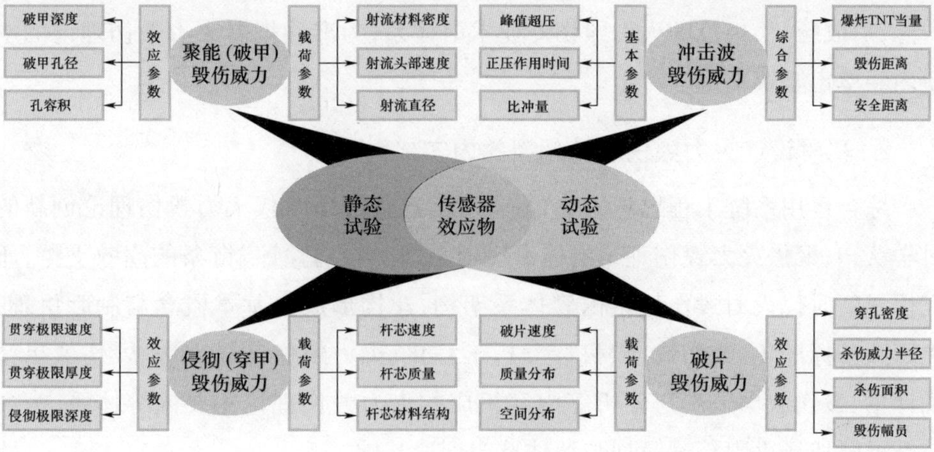

图1-8 毁伤威力数据采集与分析

1.5 研究思路与方法

1.5.1 研究思路

本书立足信息化时代火力毁伤理论的建设实际,以提高陆战场火力精确筹划与毁伤效果精确评估能力为目标,按照“坚持问题导向、植根实践探索、聚焦瓶颈突破”的逻辑思路,梳理火力毁伤理论的发展脉络,分析火力毁伤理论的短板弱项，通过植根于战训实践，明确信息化战争时代陆战场火力毁伤的内在机理，突破火力毁伤精确计算、目标工程化分析、毁伤效果精确评估、毁伤威力数据采集等瓶颈难点，有效解决火力毁伤理论系统性偏弱、时代性不足和原创性不强等问题。

1. 准确标定火力毁伤理论创新的逻辑起点

首先，从研究联合作战背景下力量编成"怎么打仗"入手，明确"打什么仗、在什么条件下打仗"等前提性问题，切实把立足点定合理，搞清火力毁伤理论创新的逻辑起点，而后清晰界定火力毁伤、目标易损性、毁伤等级、毁伤标准、毁伤威力、毁伤效应、毁伤效能、毁伤效果、毁伤指标、工程化、火力任务规划的概念内涵，形成统一、规范的火力毁伤专业术语体系，为准确把握火力毁伤理论的本质内涵奠定坚实基础。

2. 科学设计火力毁伤理论创新的内容架构

综合运用系统工程思想方法，深化对信息化战争时代火力毁伤理论创新的科学认知，聚焦火力毁伤理论的体系完整与"侦、控、打、评"链条的高效支撑，研究探寻新时代火力毁伤理论内容体系架构，建构形成由基本概念与制胜机理、火力毁伤标准化、毁伤效应、目标分析工程化、火力毁伤计算方法、毁伤效果精确评估、毁伤数据采集与分析等内容组成的火力毁伤理论主要内容体系，为高效开展陆战场火力精确筹划与评估奠定理论基础。

3. 积极探索火力毁伤理论重塑的实践路径

聚焦陆战场火力毁伤基本概念与制胜机理、火力毁伤标准化体系、毁伤效应、目标分析工程化、火力毁伤计算方法、毁伤威力数据采集与评估、毁伤效果精确评估 7 个领域性问题，开展陆战场火力毁伤与运用领域探索与实践。首先开展毁伤概念内涵与制胜机理研究，研究探寻火力毁伤行动基本规律与原则，分析爆轰、破片、侵彻、聚能和新概念武器毁伤效应的基本现象与规律；以火力毁伤标准化体系构建为基础，建立由毁伤指标、打击能力、计算方法、标准目标、标准兵器和标准弹药 6 部分组成火力毁伤标准化体系；以目标工程化分析为入口，论证单个目标分析、目标系统（体系）分析、目标价值分析和典型目标分析方法；以火力毁伤计算方法创新为突破，规范弹药毁伤效能计算、毁伤任务量计算和火力毁伤资源需求量计算,创新火力毁伤计算方法体系;以火力毁伤效果评估为重点,制定典型目标物的毁伤标准,规范毁伤效果评估内容与方法;以火力数据资源采集研究为补充,研究火力毁伤基础数据采集方法,制定火力毁伤基础数据采集规范,健全完善基础数据审核校验机制,如图 1 -9 所示。

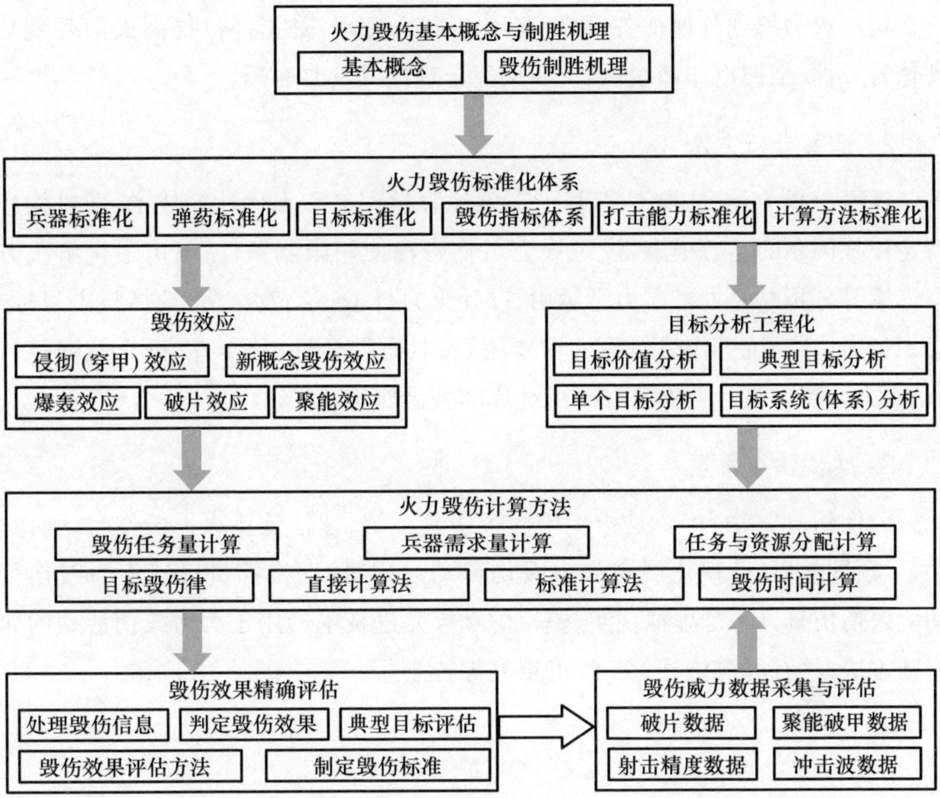

图 1 -9　内容框架与体系结构

1.5.2　研究方法

信息化、智能化战争时代的火力毁伤,高度依赖先进信息技术和指挥信息系统,在研究实施过程中,应将现代工程技术方法广泛运用于火力筹划与计划的“庙算、谋算、精算”全过程。图表化描述火力毁伤活动、模型化规范火力毁伤计算、流程化组织火力毁伤数据采集、可视化展现毁伤效果评估成果,已成为信息化战争时代组织火力毁伤活动的时代要求。

1. 数理统计方法

数理统计方法，主要是指基于概率统计、线性代数等数学模型，运用战争历史、实兵演练、靶场试验、毁伤实验等海量数据，挖掘、解析火力毁伤能力底数、毁伤行动规律、趋势动向的方法，具有确实性、稳定性强和可信度高等特点，广泛适用于火力筹划与评估各层次、各专业和全过程，是指挥员提高火力筹划与评估时效性、把握枢纽敏锐性、资源调配合理性的重要途径。

2. 运筹分析方法

运筹分析方法，主要是指基于军事运筹学理论和现代计算技术，通过构建特定作战问题的运筹模型，设定火力毁伤资源使用限制条件，寻求最优解决方案。运筹分析是筹划打击力量运用、设计火力打击行动及打法、选择打击目标、组织打击协同、统筹作战保障的重要手段，具有综合性、科学性、操作性强等特点，在火力筹划与计划中具有不可替代的关键作用。

3. 毁伤仿真方法

毁伤仿真方法，主要是指运用模拟仿真系统，评估计算火力毁伤行动时空关系、预期效果，可视化展现火力毁伤行动过程，辅助指挥员设计火力毁伤行动。毁伤仿真方法是虚拟现实、模拟仿真等先进技术运用于火力毁伤活动的典型新方法，具有可视化、可交互、可重复等特点。

第2章
基本概念与制胜机理

火力毁伤能力是部队核心作战能力的重要组成，是火力融入联合作战体系的“看家本领”。随着精确控制、信息处理、高效毁伤等技术的迅猛发展，以炮兵、航空兵为代表的陆战场火力“侦、控、打、评、保”各要素高效联动，火力突击能力持续增强，火力毁伤外延不断拓展，毁伤制胜机理快速演进，为匡正火力毁伤理论创新的逻辑起点，必须对火力毁伤相关概念内涵进行科学界定，以厘清其内涵和主旨，剖析毁伤制胜机理，探寻信息化时代火力毁伤规律与原则。

2.1 概念综合释义

克劳塞维茨指出：“任何理论首先必须澄清杂乱的、可以说是混淆不清的概念和观念。只有对名称和概念有了共同的理解，才可能清楚而顺利地研究问题，否则就不可能透彻地理解它们的内在规律和相互关系。”[1] 我国著名数学大师华罗庚教授曾经指出：“引入一个概念，可以节省无数次思考。”因此，在创新火力毁伤理论之前，必须综合释义“火力毁伤”“目标易损性”“毁伤等级”“毁伤标准”“毁伤威力”“毁伤效应”“毁伤效能”“毁伤效果”“毁伤指标”“工程化”“火力毁伤工程化”等相关概念，规范其专业术语定义。

2.1.1 火力毁伤

科学界定火力毁伤术语的定义之前，首先要厘清“火力”和“毁伤”两者的概念内涵。《中国人民解放军军语》对“火力”的定义是“弹药经发射、投掷或引爆后产生的杀伤力和破坏力”；俄军将火力定义为“各种武器为了毁伤目标而进行的射击”；美军对火力的定义是“致命和非致命武器的使用效果”。由于各国军队的发展水平和军事理论建设存在差异性，不同国家军队对火力的定义也有较大出入，但三者均承认了火力对敌方目标的杀伤、摧毁、破坏作用，可见三国对战争暴力性的认识是一致的。

毁伤从作用机理上可区分为“硬毁伤”和“软杀伤”。“硬毁伤”发生在陆、海、空、天这类有形物理几何空间内，主要通过机械能、化学能等毁伤能量对人员、装备、工事、阵地等具体目标进行杀伤和破坏；“软杀伤”通常发生在无形的网络电磁空间中，主要通过辐射能、信息能、认知能等毁伤能量在不导致人员伤亡或装备物理损坏的条件下，在一定时间内使人员失去战斗力或使装备效能降低乃至失效。从毁伤效果上看，毁伤可分为直接毁伤和间接毁伤。例如，行进的装甲集群目标遭火力突击属于直接毁伤，一般可通过量化计算确定毁伤程度。与直接毁伤不同，间接毁伤通常表现为某次火力突击行动对其作战行动的间接影响。比如，敌油料库遭火力摧毁，装甲部队机动能力丧失。很显然，相较于直接毁伤，间接毁伤分析需考虑的内容要素更多，定量分析的难度更大。由于火力毁伤理论是一门以量化分析为主要手段的军事科学，因此将“直接毁伤”和“硬毁伤”列为火力毁伤理论的重点研究对象。

梳理分析“火力”“毁伤”的定义之后，须进一步厘清“火力毁伤”的概念内涵。目前，《中国大百科全书》《简明军事百科词典》《兵器工业科学技术辞典》等权威工具书籍和《中国人民解放军军语》尚未收录火力毁伤的概念，百度百科也未搜索到相关词条，国内有火力毁伤相关文献对“火力毁伤”进行了释义，将其界定为“以火力对敌作战集团和具体目标造成损伤的过程及效果”。但其进行概念定义时，主要参考苏军火力毁伤理论概念体系，基于的战争形态是大规模兵团攻防作战的机械化战争，毁伤对象只限定为作战集团和具体目标两类，未包含单个具体目标、目标系统、目标体系 3 个层次的毁伤对象，未体现信息化武器装备广泛运用对火力毁伤带来的影响，未适应毁伤模式由面覆盖压制毁伤向点打击精确毁歼转变的新要求。随着智能控制、信息处理等新技术快速发展，战争形态正在加速演进，火力作战组织形式和对抗方式正在深刻变化，信息优势已成为制胜的主导因素，全域联合已成为制胜的基本形式，体系支撑、精确释能、结构破坏、以快吃慢已成为制胜的基本途径，火力毁伤的概念内涵必将同步演进，既要体现体系支撑性、打击精确性，更要体现层次性和综合性。综合上述考虑，本书将信息化时代的“火力毁伤”定义为“以网络信息体系为支撑，以精确武器弹药为主要手段，对敌单个目标、目标系统、目标体系实施的火力突击行动”,该定义既彰显了信息化时代火力毁伤的体系支撑要求,又体现了火力突击行动精确释能和体系赋能的本质属性,还包含了对敌单个具体目标、构成要素、整体部署的不同层级毁伤。

2.1.2　目标易损性

科学界定目标易损性术语定义之前,首先须厘清目标和易损性的概念内涵。2023 年版的《现代汉语词典》将目标解释为“射击、攻击或寻求的对象”和“想要达到的境地或标准”[2]。2011 年版的《军事目标学》认为:一般意义上的军事目标,一是指为了达成作战目的可能打击、控制、占领或防卫的对象;二是指国家和政治集团确立的在一定时期内,军事建设或军事斗争所要达到的目的、标准和水平[3]。《中国军事大辞海》中认为:“目标是搜索、攻击或保护的对象。”[4]《美军联合出版物(JP1 - 02)》认为目标指:“计划用军事力量占领或摧毁的一个地理区域,综合设施或单项设施。”美军参联会在《目标选定联合条令》中指出:“目标是一个地区、一座综合性建筑物、一个设施、一支部队、一种装备、一种战斗力、一种功能或某种行为。”[5]情报界的定义是“情报活动所指向的一个国家、地区、设施、机构或人员”。《中国人民解放军军语》虽未对“目标”进行解释,但对“军事目标”进行,明确、清晰的定义,认为“军事目标”是“具有军事性质或军事价值的打击或防卫的对象”,如军事设施、军事要地、军事机构、作战集团等。目标易损性中的“目标”很显然属于军事目标范畴,考虑到目标易损性研究范畴拥有具象化的特点,可将目标易损性中的“目标”界定为“具有军事性质或军事价值的打击或防卫的具体对象”。

易损性,亦称易毁性,《中国人民解放军军语》《中国军事大辞海》均未对其进行定义,仅有百度百科从人类社会应对灾害性事件的角度对其进行了界定,认为其是指“受灾体受到灾害破坏机会的多少与发生损毁的难易程度”,这很显然不适用于火力毁伤领域。美军认为易损性具有广义和狭义的双重含义,广义的易损性是指对于破坏的敏感性,包括避免被击中的考虑;狭义的易损性是指被一种或多种毁伤元击中后的敏感性。不难看出,广义的易损性包括对抗行动与方法措施,涉及的内容面广量多,对毁伤延伸拓展幅度过大,基于上述考虑,火力毁伤理论中的易损性可参照美军的狭义定义。

综合国内外目标、毁伤元和火力毁伤等毁伤专业术语定义，可以认为目标易损性是指目标物理结构在冲击波、破片、金属射流（JET）、爆炸成型弹丸（EFP）、杆式侵彻体（JPC）等毁伤元作用下，被破坏而导致功能受损的敏感程度，主要通过毁伤等级、毁伤律和毁伤等效模型进行综合描述。不同结构材质目标在不同毁伤元作用下，其易损性表现出较大差异性。比如，有生力量类目标和技术兵器类目标对冲击波、破片等毁伤元较为敏感，装甲类目标对金属射流、爆炸成型弹丸和杆式侵彻体等毁伤元更为敏感，工程设施类目标则对整体侵彻（爆）类战斗部的毁伤元具有更高的敏感度。

2.1.3 毁伤等级

目标毁伤的本质目的并不是追求目标物理结构的损伤与破坏，而是谋求目标遂行战斗任务能力的丧失或下降。为描述目标在毁伤元作用后的功能丧失或下降程度，表征目标不同的毁伤形式，通常使用毁伤等级来刻画目标的毁伤程度。

毁伤等级是按目标毁伤程度差异而做出的区别，不同国家军队对目标毁伤等级的划分有较大的差异性，同一支军队在不同作战样式下对毁伤等级划分也不一样。划分目标毁伤等级时，不仅要分析目标的地位作用、战术价值，还要考虑目标物理结构、易损性，更要分析其功能特性。目标的功能特性与目标物理结构紧密相关，毁伤元对目标的作用致使目标物理损伤和性能降低，从而影响目标的功能和战斗能力。在实际战场环境中，武器与目标之间作用体现为体系与体系的对抗、装备与装备的对抗，博弈对抗的时效性以及目标功能恢复能力对战斗结局具有非常重要的影响，因此划分目标毁伤等级时还需考虑毁伤持续时间的影响。

为规范毁伤等级的概念内涵，统一概念认知的逻辑起点，定义毁伤等级是对单个具体目标毁伤程度的等级划分，通常将其划分为无毁伤、轻度毁伤、中度毁伤、重度毁伤和摧毁 5 个等级。

2.1.4 毁伤标准

第六版《辞海》将“标准”定义为“衡量事物的准则，可供同类事物比较核对的实物”，寓有“榜样、规范”之意。《标准化工作指南第 1 部分：标准化和相关活动的通用词汇》(GB/T 2000.1—2002)中对"标准"的解释：为了在一定范围内获得最佳秩序，经协商一致制定并由公认机构批准，共同使用的和重复使用的一种规范性文件①。《武器系统分析》中这样论述"毁伤标准"，即"在不同的战术背景下不同的火器对各种目标进行射击时，认为目标被毁伤时所应出现的状态和基本要求"。[6]

综合上述各种定义，可将毁伤标准进行如下定义，即毁伤标准是衡量目标遭遇武器弹药攻击后是否达到预期毁伤要求的标准，是毁伤效果评估标准的简称，它反映了目标特性与武器弹药毁伤元参量之间的一种对应关系。换句话说，毁伤标准是各类武器装备和弹药对战场上不同类型目标进行火力打击后，对目标毁伤效果评估的一个标准，如图2-1所示。

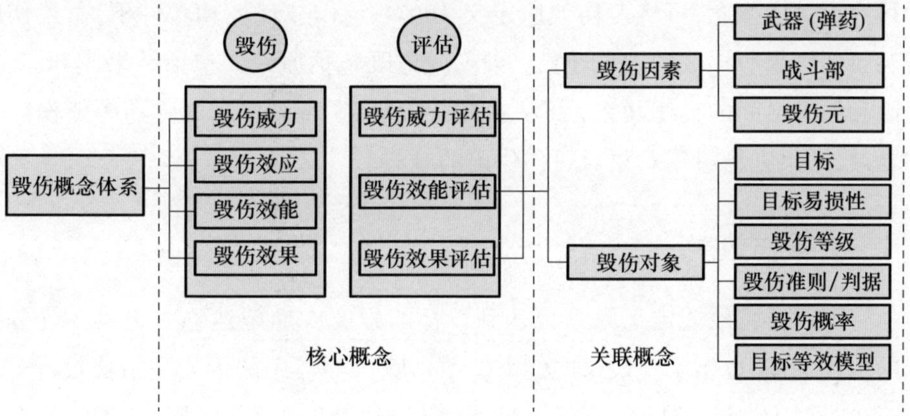

图2-1　毁伤概念体系关联性

2.1.5　毁伤威力

毁伤威力，是武器弹药战斗部、毁伤元等毁伤因素的毁伤性能与能力。毁伤威力可以从不同角度和方面进行表征与描述，概括起来表征方式主要包括以下2种：一是对威力参数或参数集合形式等数据进行定量表征，如破片速度、破片质量、冲击波超压、比冲量等；二是对目标等效靶、毁伤效应物和目标实体的毁伤作用结果进行定量表征，如某种材质靶板的侵彻厚度、贯穿厚度、密集杀伤

① http://wapbaike.baidu.com.

半径、杀伤面积等。前者反映武器弹药的本质毁伤性能，后者反映其对具体目标的毁伤能力。

2.1.6 毁伤效应

科学界定毁伤效应概念定义之前，首先必须明晰效应的定义内涵。百度百科认为效应是由某种动因或原因所产生的一种特定的科学现象，如法拉第效应、达尔文效应、光电效应等。第六版《辞海》将效应定义为“在有限环境下，一些因素和一些结果而构成的一种因果现象”，多用于对一种自然现象和社会现象的描述。从上述定义不难看出，效应体现为因果现象和因果联系中“因”的功效和“果”的响应。在参考上述效应定义的基础上，进一步借鉴兵器科学与技术学科终点效应概念，可将毁伤效应定义为在一定作战环境和条件下，由毁伤因素和毁伤结果所构成的因果现象。毁伤效应既包括原因又包括结果，本质上指原因和结果之间的具体联系，原因是指毁伤元、战斗部和武器弹药等毁伤因素的功效，结果则指毁伤对象对毁伤作用的响应。

2.1.7 毁伤效能

百度百科将效能定义为系统达到目标的程度或期望达到一组具体任务要求的程度，有时也指实现效果的能力。第六版《辞海》中的效能是指功效、作用，有时也指效力。综合上述定义，可见“效能”与“效应”有所区别，前者的要点在于系统功能与能力；后者的要点在于因果现象和因果联系，即功效和响应的关联特性。基于效能的概念内涵，可将毁伤效能定义为战斗部、武器弹药或武器系统毁伤目标并达到一定毁伤程度或效果的功能或能力。

2.1.8 毁伤效果

百度百科将效果定义为由某种动因或原因所产生的结果、后果。第六版《辞海》中的效果是指由某种力量、做法或因素产生的结果。从概念内容来看，上述两种定义基本相同，均强调了效果中的结果内涵。综合以上两种定义，可认定效果是由某种动机或原因所产生的结果或后果，相较于“效应”“效能”概念，它更加侧重对“结果”的描述或评价。基于上述剖析，可将毁伤效果定义为一定毁伤元、战斗部或武器弹药等毁伤因素对具体目标、目标系统和目标体系等毁伤对象所产生的实际毁伤结果。

2.1.9　毁伤指标

根据百度百科的定义，指标是“衡量目标的参数，是指预期中打算达到的指数、规范、标准，一般用数据表示”。第六版《辞海》将“指标”定义为“反映事物或现象数量特征的概念和数值”[7]。基于上述指标概念描述，可认为毁伤指标是衡量火力毁伤的参数，是对目标预期毁伤程度的数学期望。确定毁伤指标，是信息化战争时代精确作战指挥的客观要求，是定下决心的主要内容之一，是计算弹药消耗量和明确火力资源需求量的前提条件。毁伤指标确定准确与否，直接关系到火力打击行动的成效。

毁伤指标，从有效性视角主要区分为所需毁伤指标、标准毁伤指标、规定毁伤指标、可达毁伤指标和整体毁伤指标5种。所需毁伤指标，指为了达成作战目的，必须达到对敌火力毁伤的最低程度，该指标根据各个目标需要达到的毁伤程度的加权平均值确定。标准毁伤指标，指火力毁伤计算时所用的标准值。规定毁伤指标，指作战指挥员根据作战实际需要确定的毁伤程度。可达毁伤指标，指以现有火力打击兵器和弹药能够达到的对敌火力毁伤程度。整体毁伤指标，指火力打击力量在一次攻防作战中，对敌作战体系预期整体毁伤程度；根据目标等级区分、目标价值体系权重和单个目标的预期毁伤指标，综合加权求和。

毁伤指标还包括两个指标：一是对单个目标的毁伤指标；二是对目标系统、目标体系的综合毁伤指标，通常以百分数表示。

2.1.10　工程化

《中国大百科全书》《辞海》等迄今为止都未将“工程化”收录入册，但在现实的工作生活中，“工程化”表述可以说是耳熟能详了。在军事领域，早在“十二五”初期，原四总部（总参谋部、总政治部、总后勤部、总装备部）领导在建设发展布局规划中，就提出了力量结构建设要转型发展，装备建设发展要有工程思维与路线图的论断，在军事理论研究领域引起了热议。此后，军内外知名专家在学术论坛演讲中也反复提及“工程化”，并且使用“工程化”反映“正规化、标准化和规范化”。

相对于军事领域，软件行业则更早、更系统地提出并运用了"工程化"理念。20世纪60年代中期以前，软件设计、开发与维护没有统一的规范和有效指导，20世纪60年代后期，随着信息技术的迅猛发展，软件的代码量不断增大，软件的结构日趋复杂，小作坊式或者单打独斗式的软件设计环境在软件开发、升级维护等方面存在明显缺陷，诸如"千年虫"等严重软件危机频频发生，给社会经济、国防军队建设等带来了巨大隐患。为解决上述问题，人们开始将软件开发活动作为一类复杂的工程项目来看待，引入各种工程化的方法指导软件开发，包括各种科学原理与方法的应用、体系结构设计等内容，由此，20世纪60年代末产生了一个新的工程领域——软件工程。20世纪80年代，清华大学率先在计算机应用专业本科生中开设了《软件工程化》课程，而后进入了全面蓬勃发展的新时期，《软件工程化》中"工程化"就是系统工程理念的集中体现。

对于系统工程的定义，其他国家与我国存在一定的差异。以苏联为代表的原华约国家把系统工程看成"一种开展系统全寿命周期研究的科学技术"[8]；日本相关的资料文献认为系统工程是"一种综合分析和设计开发的应用技术"[9]；美国则认为系统工程是"具有关联逻辑性的活动和决策"[10]；我国战略科学家钱学森认为系统工程是"一种关于系统研制、实验与运用的科学方法"[11]，他将其上升到了方法论的高度，同时还指出该方法论不仅适用于具体的工程系统，还适用于抽象的社会系统，钱学森的观点也基本代表了我国对"系统工程"的认识与看法。从上述描述可知，既有把"系统工程"看成一种具体的科学技术的，又有把它看成设计科学的，还有把它看成一种方法论的，无论海内外学者如何定义系统工程，但对系统工程有一点是形成共识的，那就是系统工程横跨所有学科专业范畴，涉及军事、自然和社会等所有领域的交叉科学，其内核在于运用相互关联的系统观点，从宏观上高效利用各种资源，从而实现最高价值。因此，作为体现系统工程思想的"工程化"，可以看作是"系统、全局、融合、协调"理念的具体表现，具有"标准化、规范化、关联化和流程化"的内核特点。

2.1.11 火力毁伤工程化

火力毁伤工程化，采用系统工程方法，聚焦毁伤专业术语不规范、毁伤机理不明晰、目标分析不全面、标准体系不适用、毁伤计算方法不精确、火力规划不高效、数据采集不规范、毁伤效果评估方法不精确等系列难点问题，在充分发挥火力毁伤要素和计算机信息技术深度融合的最大效能的前提下，对目标分析、毁伤标准化体系、毁伤计算方法、毁伤效果精确评估、火力任务规划进行规范，标准化目标分析方法、目标选择程序和典型目标建模方法，探索对单个具体目标、目标系统、目标体系的分析方法，模型化和数据化各型弹药的毁伤效能，提出直接计算法和标准计算法2种火力毁伤计算方法，规范集团军、合成旅、炮兵旅等层级指挥机构实施火力任务规划的内容与流程，建立火力毁伤基础数据体系，确立基础数据收集与整理模式，制定火力毁伤基础数据标准，健全完善火力毁伤基础数据审核校验机制，进一步厘清毁伤效果精确评估“怎么评”“如何评”的思路方法。火力毁伤工程化的目的是解决火力筹划“算得准”、毁伤评估“评得好”的问题，关键是实现对系统工程思维方法的高效运用。

2.2 毁伤制胜机理

毁伤制胜机理，是运用火力作战力量和火力毁伤资源，达成预期毁伤效果的内在规律和基本原理。信息化时代，随着战争形态的不断演变，陆战场火力作战组织形式和对抗方式发生深刻变化，需求牵引、力量互补、结构毁瘫、精确毁伤、快速打击、机动聚优成为火力毁伤行动的基本规律，信息主导、整体毁伤、聚优毁伤、精打要害、快速机动、适时评估和密切协同成为组织火力毁伤行动的基本原则。火力毁伤制胜机理结构如图2-2所示。

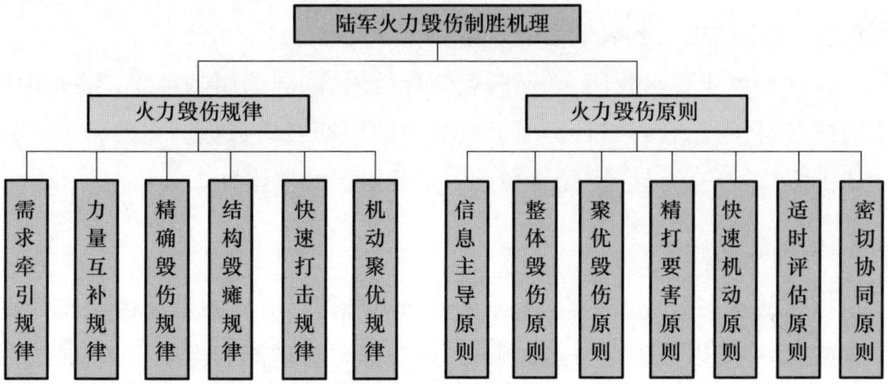

图2-2 火力毁伤制胜机理结构

2.2.1 火力毁伤规律

1. 需求牵引规律

作战目的是直接决定歼敌规模、毁瘫目标程度、控制区域大小、持续时间等预期效果指标的核心要素。不同作战目的决定不同作战任务,不同作战任务区分为不同火力毁伤任务要求,进而牵引不同火力资源需求量和投放量。对于主要遂行火力突击和火力支援任务的火力打击力量,只有在需要的时间、向需要空间提供需要的火力,才能达成预期的毁伤目标,支援合成部队完成预期的作战任务;否则,不仅完成不了任务,还会被敌毁伤。

需求牵引规律要求我们,必须根据"震慑""歼灭""击溃""瘫痪""消耗"等不同作战目的和被支援合成部队作战行动的需要,确定对敌目标体系的毁伤指标,量化确定火力资源需求量。它揭示了火力毁伤行动对作战全局的服务性和时效性,以及火力毁伤行动与被支援合成部队作战行动的协调性,是支配火力毁伤行动的根本规律。

2. 力量互补规律

信息化时代陆战场,火力组成结构日益复杂,火力臂长分布范围广,火力平台发射原理差异性大,弹药弹道特性、制导原理和毁伤机理不同,作战使用限制条件迥异,火力异构多样化特性明显,不同火力打击力量在反应时间、控制范围、打击精度、毁伤效能和同时毁伤目标数量等方面各有特色。因此综合运用各种火力打击力量时,应扬长避短、相辅相成,充分发挥各类火力打击力量的毁伤效能,以最小的投入获取最大的效益。

力量互补规律要求我们,必须树立综合运用、协同运用的理念,发挥多域异构火力的各自优长,合力组合运用达成对敌的预期毁伤目标。它揭示了火力打击力量的多样性、互补性、协同性和火力作战指挥的整体性。

3. 精确毁伤规律

机械化战争时代,受武器装备科技水平的制约,更多的是凭借经验和直觉指挥作战,始终难以突破战争迷雾限制,只有依靠对动能的极限追求,通过大规模面杀伤消耗对手实力达成战争目的。信息化战争时代,网络信息体系的发展运用和精确制导弹药广泛装备，为精细筹划、精选目标、精确打击、精准评估提供了物质技术支撑，推动了从大规模概略毁伤向有限规模精确毁伤转变。

精确毁伤规律要求我们，必须树立精确用兵和精确打击理念，做到精选突击目标、精准筹划火力、精确匹配毁伤手段和精确评估毁伤效果，实现对火力毁伤行动的精算、深算和细算。它揭示以精确毁伤为主要手段直接达成火力毁伤目的的规律。

4. 结构毁瘫规律

作战体系是由若干作战要素构成且为实现特定作战目的而相对独立存在的作战有机整体。现代作战体系，通常由各种复杂的结构构成，系统中各个结构因其地位作用不同，关键结构遭受破坏、失去功能，将对整个作战体系产生巨大影响，会导致整个作战体系瘫痪或崩溃。

结构毁瘫规律要求我们，必须树立歼击要害、破敌体系的理念，瞄准敌作战体系核心枢纽、关键支撑、主要力量和要害部位，突然、迅猛实施歼灭性打击，打其一点、瘫其一片、震撼全局。它揭示了各个目标在目标体系中地位作用大小不一，是支撑目标选择、确定总体毁伤指标的重要规律。

5. 快速打击规律

"以快打慢"是信息化时代陆战场火力打击行动的基本要求。快速打击，不仅要求火力平台射速快，更要求感知战场快、筹划决策快和打击实施快，在先敌一步、快敌一拍中掌握火力打击行动的主动。信息化时代陆战场，依托网络信息体系，基于通用态势图，实时共享战场态势，形成共同认知，实施同步协作筹划，精确计划、快速组织，精确控制、快速协同，精确打击、快速评估，建立直达末端的打击链路，及时预测作战需求、动态监控战场态势、灵活组织临机协同，显著提高火力打击行动效率。

快速打击规律要求我们，必须树立先敌一步胜过千军万马、快敌一拍成为制胜关键的理念，勠力做到目标发现快、指挥决策快、打击行动快、行动转换快。它揭示了以快打慢的火力毁伤制胜机理。

6. 机动聚优规律

信息化陆战场中，适时调整陆战场火力打击力量布势，灵活机动调动敌人、创造并捕捉打击时机，动中聚优，在重要方向、关键时节、主要行动上形成火力打击体系对抗优势，是达成毁伤目的和提高自身生存力的关键。

机动聚优规律要求我们，必须树立动态布势、即时聚优的理念，灵活编组运用火力打击力量，广域机动排兵布阵、立体机动抢势塑势，快速创造和利用优势窗口，火力、信息力汇聚融合、精准释放，毁瘫敌目标体系。它揭示了广域机动、动态布势的火力毁伤制胜机理。

2.2.2 火力毁伤原则

火力毁伤原则是对准备和实施火力毁伤的方法、步骤的本质要求，是战争和部队训练经验的总结，属于战役基本原则。

1. 信息主导原则

信息主导，指坚持把信息资源作为火力制胜的主导性资源，将网络信息体系作为维系火力毁伤行动的基础支撑，把制信息权置于夺取火力优势的优先地位，积极谋取信息优势，快速转化为作战指挥决策和火力毁伤行动优势。组织火力毁伤行动时，应发挥信息资源在支配火力毁伤能量投送过程中的主导作用，基于聚合一体的网络信息体系，使火力打击系统各个要素高度融合，实现侦察、指挥、打击、评估、保障等行动的一体化，进而在信息的调度支配下，使火力毁伤能量与火力毁伤资源投送更加快速、灵活、协调和自主，以期高效达成对目标的预期毁伤效果。

2. 整体毁伤原则

整体毁伤，又称全纵深火力毁伤，指综合运用逐次火力毁伤和同时火力毁伤两种方式对敌战役战术全纵深内的目标实施火力突击，目的是发挥各种火力打击力量的优长、提高对敌的整体毁伤效果，夺取和保持对敌的火力优势，在最短的时间内迅速达成预期火力毁伤目的。

3. 聚优毁伤原则

聚优毁伤，指依托信息处理、人工智能等技术聚合火力毁伤力量，突出网络聚能、信息赋能、体系释能，临机快速集中火力于主要方向、重要节点、关键时节。在组织火力毁伤行动时，应集中各种火力毁伤兵力兵器、情报侦察和作战保障力量，在攻防作战主要方向上和重要时节形成强大的火力突击力量；对影响作战全局的要害节点目标，一经发现立即精确运用火力予以歼灭。

4. 精打要害原则

精打要害，指对敌作战体系具有重要支撑作用，对加速作战进程具有极大功效，对敌军心士气具有震撼效应，以及对敌作战全局影响大、易奏效、难恢复的核心枢纽、关键节点、主要力量等，运用各种侦察力量对其实施精准识别、精确定位和实时跟踪，动用一切可用的精确打击手段对其实施精确摧毁，力求毁其一点瘫其一片、毁其多点瘫其全身，进而达到肢解敌防御体系的目的。

5. 快速机动原则

快速机动，指广域布势、即时聚优地组织火力毁伤力量的火力机动和兵力机动。组织火力毁伤行动时，一方面，应在规定打击窗口时间内迅即完成兵力部署和快速火力投送；另一方面，应提高火力毁伤力量自身的生存能力，避免在同一地域（阵地）驻留时间过长，以防止被敌火力毁伤。

6. 适时评估原则

适时评估，指按火力打击阶段、时节、波次划分，适时全面获取对目标的火力毁伤信息，深入分析对单个目标、目标系统和目标体系的物理毁伤、功能毁伤以及功能恢复情况，不断进行核实和印证，最终确定目标的毁伤效果评估结果及其置信度，为火力打击计划优化调整提供依据。

7. 密切协同原则

密切协同，指按任务、目标、时间和空间协调一致地使用各种火力毁伤兵器，并对其实施不间断的指挥。组织火力毁伤行动时，要根据各种火力毁伤兵器的毁伤能力及其作战使用原则和特点，统筹规划、合理配置，分配火力毁伤任务和打击目标，协调各种火力毁伤兵器的火力突击开始时间、持续时间。及时根据战场情况的变化，临机协调，修订计划，调整力量，确保火力毁伤任务的顺利完成。

第 3 章
火力毁伤标准化体系

构建火力毁伤标准化体系主要用于解决战役战术火力毁伤标准化问题，是火力毁伤理论的基石，其内容主要包括毁伤指标体系、打击能力标准化指标体系、标准兵器及其换算系数、标准弹药及其换算系数、标准目标及其换算系数等。标准化体系为火力毁伤理论建立了一个衡量的尺度，是战役战术火力毁伤计算与打击能力评估的基础。

3.1 概述

3.1.1 标准化体系建立的意义

信息化战争时代的火力作战不仅是攻防双方打击力量的对抗，更是敌我双方筹划决策能力的比拼。随着精确控制、高效毁伤等技术的迅猛发展，火力打击装备正加速向更远、更准、更快、更猛、更巧的方向发展，突击目标类型更加丰富、毁伤任务更加多样、作用手段更加多元，尤其是陆战场火力，其结构组成日益复杂，火力平台差异性大，武器弹药的制导原理、弹道特性及毁伤机理各不相同，导致信息化战争时代火力毁伤计算的复杂度呈几何级数增加，陆战场火力多域异构特性也更加明显，势必会影响陆战场火力筹划与评估效率的提升。

构建火力毁伤标准化体系，是化繁为简、破解迷雾和消除不确定性的有效途径，主要通过明晰毁伤指标体系，确定打击能力指标构成，建立兵器、弹药与目标标准化范式，从顶层设计上规范陆战场火力“怎么评”“评什么”的问题，既要提升火力毁伤计算的精准度，又要降低火力毁伤计算的复杂度，进而实现火力作战指挥决策的科学高效。

建立火力毁伤标准化体系，是实现火力毁伤标准化的前提。具体来说，就是在标准化体系构建过程中，须聚焦单个具体目标、目标系统和目标体系的有效毁伤需求，厘清毁伤指标的结构组成、基本内涵与适用范围，建立彰显信息化陆战场特色的毁伤指标体系，解决火力毁伤“评什么”的问题；须坚持以战斗力为标准的火力毁伤能力导向，规范形成打击能力评估指标体系，解决火力打击能力“怎么评”的问题；着眼毁伤力量与毁伤任务可量化，区分直瞄火力、中近程火力和远程精确火力，建立由标准压制兵器、标准攻坚兵器、标准反装甲兵器等组成的标准兵器体系，构建由标准攻坚弹药、标准反装甲弹药等组成的直瞄火力标准弹药，由标准无控杀爆弹药、标准制导杀爆弹等组成的中近程火力标准弹药，以及由标准压制弹药、标准攻坚弹药和标准反装甲弹药等组成的远程精确火力标准弹药，建立由标准目标物、标准集群目标组成的标准目标体系，回答战役战火力筹划“怎么算”的问题。火力毁伤标准化体系构建，对于指导精确火力筹划、检验评估部队的火力打击能力、牵引火力打击部队的建设发展均具有重要意义。

3.1.2　标准化体系架构

火力毁伤标准化体系主要由毁伤指标、打击能力、计算方法、标准目标、标准兵器和标准弹药6部分组成。毁伤指标主要包括有效性、可信度、经济性、时效性和任务完成率5类。打击能力指标细化区分为情报侦察、指挥控制、火力毁伤、综合防护、机动投送、信息通联、作战保障7类，其中情报侦察能力指标包括目标发现率、目标识别率、侦察时效性、整编时效性和定位精度5种，指挥控制能力指标包括态势处理、作战筹划、作战控制和效能评估4类，火力毁伤能力指标包括打击范围、突防概率、打击精度、毁伤威力、火力反应时间、同时打击目标数量、平均耗弹量和生存概率8种，综合防护能力指标包括抗毁生存、抗电子干扰、抗电磁脉冲、反电子侦察和平台自卫干扰5种，机动投送能力指标包括机动速度、单位时间投送量、机动投送距离、状态转换、环境适应、工具保障能力6种，信息通联能力指标包括网系构建、平台铰链和通信传输3类，作战保障能力指标包括技术准备、抢救抢修、弹药保障和工事构筑4类。火力毁伤计算方法包括直接计算法和标准计算法2种。标准目标包括标准目标物和标准集群目标2种。标准兵器区分直瞄火力、中近程火力、远程精确火力3种类型，分别选取反坦克导弹发射车、车载加榴炮、远程火箭炮3型火力主战装备作为标准兵器。标准弹药同样区分上述3种火力类型，直瞄火力选取一种制导攻坚弹为标准攻坚弹药、一种制导破甲弹为标准反装甲弹药，中近程火力选取一种杀爆弹为标准无控杀爆弹、一种制导炮弹为标准制导杀爆弹，远程火力选取一种杀爆弹为标准压制弹药、一种侵彻弹为标准攻坚弹药、一种末敏弹为标准反装甲弹药。火力毁伤标准化体系架构，兵器、弹药和目标标准化体系如图3－1、图3－2所示。

图3－1 火力毁伤标准体系架构

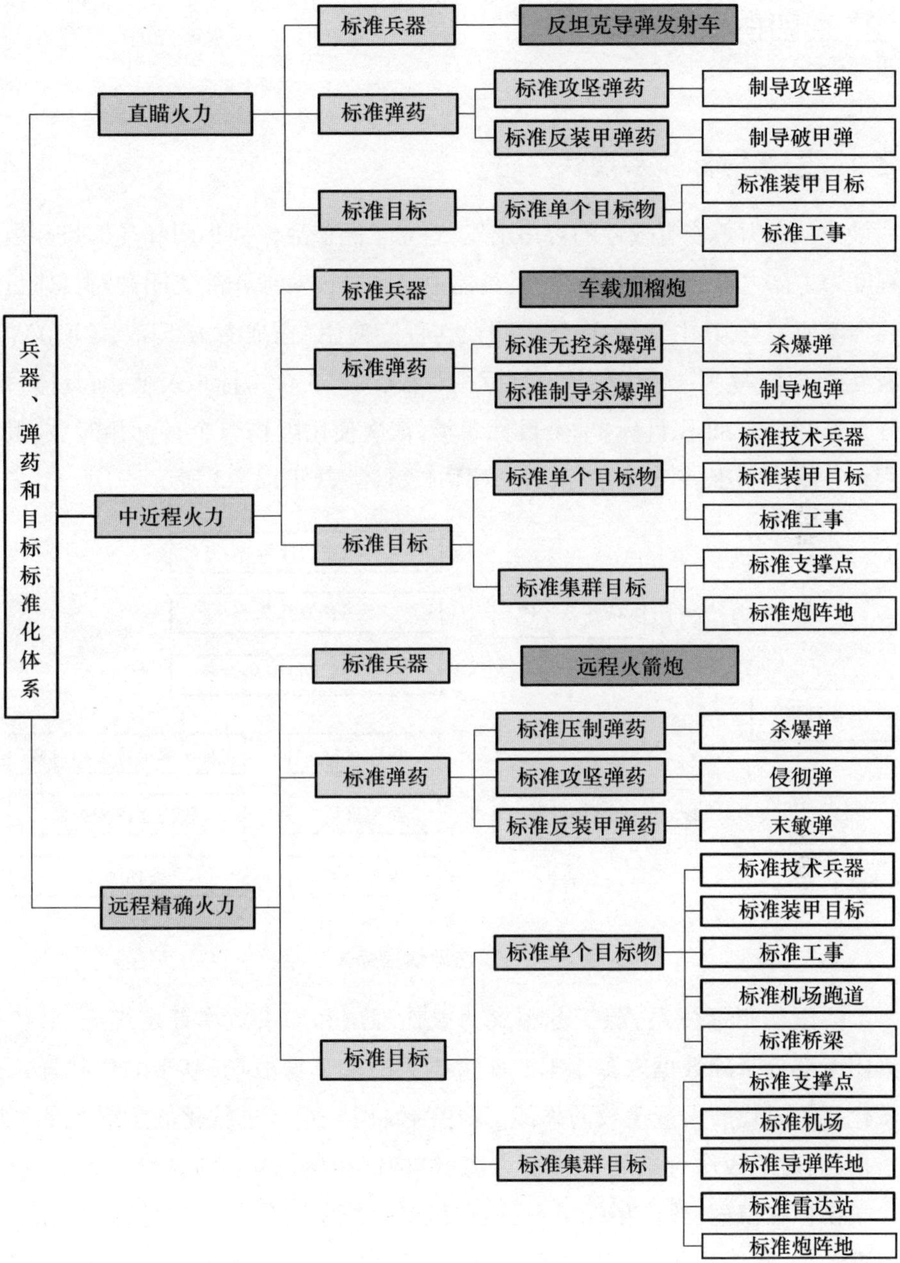

图3－2　兵器、弹药和目标标准化体系

3.2 毁伤指标体系

3.2.1 毁伤指标体系现状

俄军从火力毁伤有效性的视角出发,建立了涵盖敌作战集团和具体目标由毁伤程度为主体内容的毁伤指标体系,具体内容区分为对敌作战集团和对具体目标毁伤程度两大类,其中,对敌作战集团毁伤程度使用“作战潜力下降率(W_r)”“不可恢复损失率(M_r)”“毁伤敌基本目标相对数(N_r)”3 个指标来表征;对具体目标区分为集群目标、面积目标、单个目标 3 类,依次使用毁伤单个目标相对数、毁伤面积相对值、毁伤概率 3 个指标,毁伤评估指标体系如图 3-3 所示。

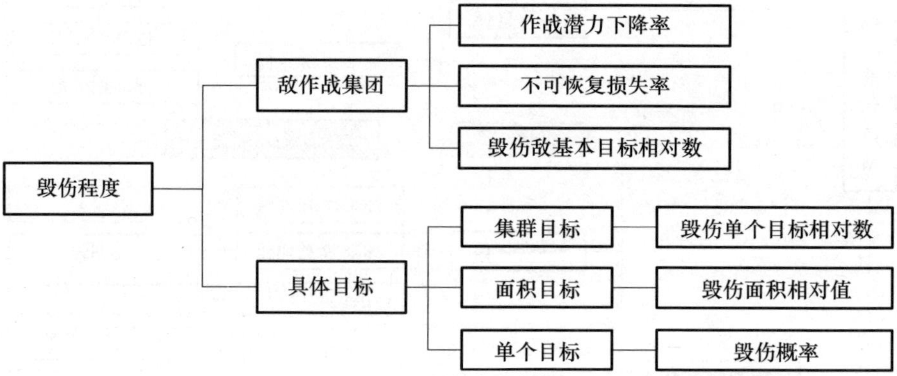

图 3-3 毁伤评估指标体系

上述毁伤指标体系,源于苏军火力毁伤理论和射击效率评定理论,其中作战集团大部分基础数据来源于第二次世界大战的苏德战场,基于的作战样式是机械化战争时代的大规模攻防作战,采用的毁伤方式是机械化战争时代的概略面杀伤,面对的毁伤对象是抗毁能力弱、结构简单的人员、装备和工事类目标,尽管毁伤标准模糊、毁伤指标单一,但在机械化战争时代仍具有较强的实用性,有力推动了“科学决策、量敌用兵”火力运用思想的贯彻落实,对于提高机械化战争时代火力运用科学化水平发挥了重要作用。

20 世纪 90 年代以来,随着战争形态由机械化向信息化的快速演变,毁伤方式逐渐由以概略面杀伤为主向以精确点毁伤为主转变。信息化战争时代的陆战场,目标的结构属性更加复杂,毁伤要求更加多样,部队的打击能力更加精准高效,打击手段选择更加丰富,战争迷雾不确定性更加突出,敌我对抗性更加激烈,仅以毁伤概率、毁伤相对数、作战潜力下降率、不可恢复损失率等有效性毁伤指标,难以适应信息化战争时代精确火力筹划与精确毁伤评估需求,难以科学评估火力对敌力量的毁伤效果。

3.2.2　毁伤指标体系构建

为破解上述难题,可从信息化战争陆域作战火力毁伤制胜机理入手,建立了由单一目标、目标系统、目标体系 3 类指标组成的毁伤指标体系,如图 3－4 所示。

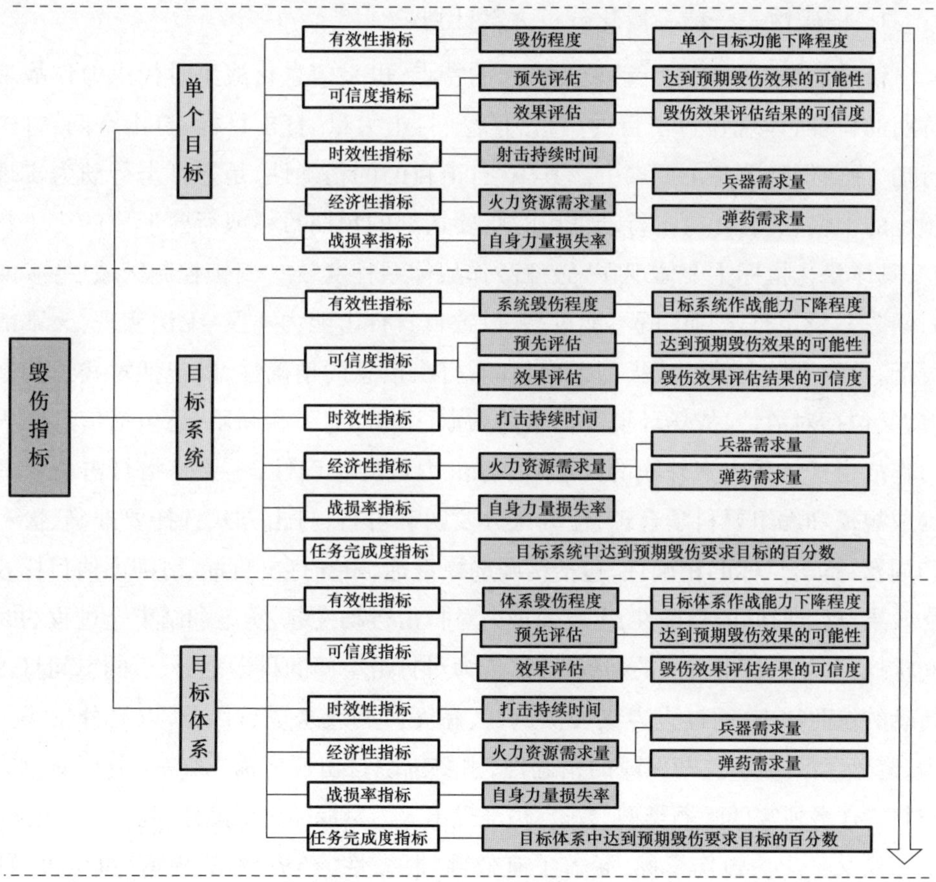

图 3－4　火力毁伤指标体系

其中,单个目标毁伤指标主要包括有效性、可信度、时效性、经济性和战损率指标。有效性指标使用毁伤程度表征,它的含义是单个目标功能下降程度;可信度指标,区分为预先评估、效果评估 2 种,其中预先评估时的含义为达到预期毁伤效果的可能性,效果评估时的含义是指毁伤效果评估结果的可信度;时效性指标使用射击持续时间表征;经济性指标使用兵器、弹药两种火力资源需求量表征;战损率指标是指对单个目标达成预期有效性毁伤指标时自身力量的损失率。目标系统和目标体系毁伤指标,主要包括有效性、可信度、时效性、经济性、战损率和任务完成度 6 种指标,前 5 种与单个目标毁伤指标基本一致,任务完成度指标的含义是指目标体系(系统)中达到预期毁伤要求的百分数,主要用于表征战役战术火力打击任务的完成度。

1. 精确性——精确量化分析方案计划

精确性是火力作战行动最为突出的特点,也是信息化战争时代火力作战最鲜明的特征,体现在打击目的、打击信息、打击力量、打击目标、打击空间、打击行动、弹药保障等各个要素中。其中,打击目的的精确性,是指打击行动为实现预定的上级意图,在打击行动结束时所要达到的预期目标或所要形成的终止状态,具体量化指标主要体现在“毁瘫敌作战体系程度”或“封锁控制区域、持续的时间”等,设定打击目的既不能过高,以致自身打击能力不及、无法实现,又不能过低,导致难以有效达成火力毁伤目的;打击信息的精确性,既包括对我情的掌握,又包括对敌情、战场环境等信息的获取、分析、加工和利用,还包括信息在火力作战指挥体系内聚外联的准确性;打击力量的精确性,主要是指打击力量的编成规模和编组要科学合理、任务区分要明确可行,打击方式选择要准确、恰当和周密;打击目标的精确性,包括精确选择目标、精准打击目标、精细评估目标毁伤效果;打击时间的精确性,主要表现为对打击行动发起、实施和结束全过程的时间掌控要精准;打击空间的精确性,体现为对打击空间的科学划分、不同空间打击行动的彼此呼应,通过火力支援协调线、高度协调线来进行区分,以充分发扬火力,避免误击误伤;弹药保障的精确性,主要围绕打击任务需求,综合分析测算完成打击任务所需的弹药类型、数量,精准提出火力资源需求保障建议。

定义的火力毁伤指标,涵盖了有效性、时效性、经济性、战损率、可信度、任务完成度等内容要素,每个指标都采取量纲或无量纲数值表征方式,目的是满足精确化火力作战需求，达到精确量化要求，满足计算机模拟、兵棋推演、实兵实弹演习等方式手段的检验评估需求，便于对火力打击行动方案和火力打击计划进行修订和完善，提升火力打击行动方案计划的科学合理性。

2. 层次性——科学筹划战役战术火力资源

信息化陆战场中，作为火力毁伤对象的作战目标具有明显的层次性，既有具体的单个目标，又有支撑侦察预警、指挥控制、火力打击、防空反导、支援保障等能力生成的作战目标系统，还有支撑敌体系能力生成的作战目标体系。毁伤指标是反映火力打击力量对火力毁伤对象作用过程和毁伤效果的概念和数据，也必须有明显的层次性，它不仅要能表征对点目标、横宽目标、面积目标等单个具体目标的作用过程和毁伤效果，还要能表征对敌作战系统、作战体系等目标集合的作用过程和毁伤效果，更要能有效满足战区陆上作战分中心、作战集群和作战群队等各级合成部队指挥机构火力筹划与毁伤评估的需求，以及火力打击单元(平台)对单个具体目标的打击方法选择、打击手段匹配和弹药消耗量确定。

基于以上考虑，将毁伤指标定义为“对敌单个目标、目标系统和目标体系作用过程和毁伤效果的指标”。在这个定义中单个目标指一个功能紧密耦合的具体目标，数量上是一个，不是多个，性质属性上它可能是单一功能的点状、线状或面状目标，如营(连)指挥所、工事、桥梁、集结步兵等，又可能是具有复合功能的集群目标，如连(排)支撑点、防空导弹阵地、机场等，单个目标毁伤指标是评估具体目标的物理和功能毁伤效果的核心指标；目标系统是陆战场中具有同类功能具体目标的集合，通常按作战功能要素进行区分，比如以对台决战决胜为例，按照目标系统区分主要包括侦察预警、抗登陆、联合制空、联合制压、联合制海、支援保障等各类目标系统，目标系统毁伤指标是指挥机构用于评价作战阶段效果、转换约束的核心指标；目标体系是陆战场中当面之敌的整体力量，为方便对应当面之敌的作战体系，使用目标体系来进行表征，相对于目标系统，它是系统之系统，故谓之目标体系，目标体系毁伤指标是评价战略目的和预期任务效果达成度的核心指标。

3. 综合性——综合评估火力打击行动效果

信息化联合作战陆战场的火力毁伤指标体系纵贯单个目标、目标系统、目标体系 3 个层次，横向涵盖有效性、时效性、经济性、战损率、可信度和任务完成度等多个指标，形成了由下至上、有效衔接、紧密耦合、要素齐全的火力毁伤指标体系。从火力毁伤指标体系构成上看，单个目标毁伤评估是目标系统和目标体系毁伤评估的前提，目标系统和单个目标毁伤评估是目标体系毁伤评估的支撑，单个目标的毁伤指标数值直接影响目标系统、目标体系的毁伤指标数值，影响程度大小取决于单个目标在体系中的地位与作用、打击目的和预期行动效果。从火力毁伤指标关联性来看，每个具体指标都具有紧密耦合性，比如，有效性指标值越高、打击(射击)持续时间越长，自身战损率通常会越大；再如，火力打击行动投入的火力资源越多，有效性指标值(毁伤程度)就会越大，敌具体目标的功能下降率或整体力量的作战能力下降率也会越大。因此，在筹划与评估战役战术战斗各层级火力打击行动时，应综合运用有效性、时效性、经济性、战损率、可信度和任务完成度等指标，综合评估不同阶段时节火力打击行动效果，为火力打击计划调控完善提供科学支撑。

3.2.3 有效性指标

1. 毁伤程度

毁伤程度 E(extent)，是表征火力毁伤有效性的数值指标。单个具体目标的毁伤程度 E_{t0}，用于表征目标的功能下降率；目标系统毁伤程度 E_{t1}、目标体系毁伤程度 E_{t2}，用于表征遭打击后敌目标系统、目标体系作战能力的下降率。

单个目标、目标系统和目标体系毁伤程度之间的数学关系如下：

$$E_{t1i} = \sum_{j=1}^{n} \alpha_{ij} \cdot E_{t0ij} \tag{3.2.1}$$

$$E_{t2ij} = \sum_{i=1}^{m} \sum_{j=1}^{n} \alpha_{ij} \cdot E_{t0ij} \tag{3.2.2}$$

式中：α_{ij} 为第 i 类系统目标中第 j 个单个具体目标的权重；E_{t0ij} 为第 i 类系统目标中第 j 个单个具体目标的毁伤程度；E_{t1i} 为第 i 类系统目标的毁伤程度；E_{t2ij} 为目标体系的毁伤程度。

2. 毁伤等级

毁伤等级 G(grade)，是对单个具体目标毁伤程度的等级划分，通常划分为无毁伤、轻度毁伤、中度毁伤、重度毁伤和摧毁 5 个等级,其中轻度毁伤对应毁伤程度取值范围为(0.05,0.2),中度毁伤对应毁伤程度取值范围为[0.2,04),重度毁伤对应毁伤程度取值范围为[0.4,0.6),摧毁对应毁伤程度取值范围为[0.6,1)。.

可用特征函数 $G(x)$ 表示毁伤等级集,$E(x)$ 表示毁伤程度函数值,x 表示随机毁伤事件,则毁伤等级、毁伤程度的数学表达式如下:

$$G(x)=\begin{cases}\text{摧毁} & 0.6\leqslant E(x)\\ \text{重度} & 0.4\leqslant E(x)<0.6\\ \text{中度} & 0.2\leqslant E(x)<0.4\\ \text{轻度} & 0.05\leqslant E(x)<0.2\\ \text{无} & E(x)<0.05\end{cases} \tag{3.2.3}$$

3.2.4 可信度指标

可信度 C(credibility),是毁伤评估的置信度指标。预先评估时,用于表征达成预期毁伤效果的可能性;效果评估时,用于表征评估结论的可信度;可信度指标数值 0.5 是大小概率事件的临界值,对指挥机构筹划运用火力与评估打击效果具有重要意义。

3.2.5 时效性指标

时效性 T(timeliness),是描述火力毁伤力量实施火力毁伤行动的时间性指标。信息化陆战场对火力毁伤行动的时效性要求越来越高,平均火力毁伤时间越短,单个目标、目标系统和目标体系采取防护行动就越少,对目标的毁伤效果就会越好。评估对单个具体目标火力毁伤行动的时效性时,通常使用平均射击持续时间表征,单位通常为 min;评估对目标系统、目标体系火力毁伤行动的时效性时,通常使用火力打击持续时间表征,单位通常为 h 或者天。

3.2.6 经济性指标

经济性 C(cost effect),是表征火力毁伤力量实施火力毁伤行动的资源消耗量的指标。评估对单个具体目标火力毁伤行动的经济性时,通常使用平均弹药消耗量表征,单位通常为发、炮标准或者炮基数;评估对目标系统、目标体系火力毁伤行动的经济性时,通常使用兵器、弹药等火力毁伤资源投入量表征,兵器单位为门或件,弹药单位为千标弹。

3.2.7 战损率指标

战损率 R_d(rate on damage),是描述火力毁伤力量实施火力毁伤行动时自身损失率的指标,通常使用无量纲的百分比表征。评估对单个具体目标、目标系统和目标体系火力毁伤行动的战损率指标,通常使用遭敌打击后战损的火力平台数量,与参加火力毁伤行动的火力平台总投入量的比值表征,计算公式如下:

$$R_d = \frac{N_d}{N_s} \tag{3.2.4}$$

式中:N_d 为遭敌打击后战损的火力平台数量;N_s 为参加火力毁伤行动的火力平台的总投入量。

3.2.8 任务完成率指标

任务完成率 R_c(rate on task completion),是描述火力毁伤力量实施火力毁伤行动时预期毁伤效果达成度的指标,通常使用无量纲的百分比表征。评估火力毁伤力量的任务完成率指标,通常使用达到预期毁伤要求的目标数量与赋予打击任务的总目标数之间的比值表征,计算公式如下:

$$R_c = \frac{N_{dm}}{N_{sm}} \tag{3.2.5}$$

式中:N_{dm}为达到预期毁伤要求的目标数量;N_{sm}为赋予打击任务的总目标数。

3.3 打击能力指标化

3.3.1 基本思路

打击能力分析是科学高效运用火力的前提,是实现作战决策“火力为基”、作战进程“火力为轴”、资源保障“火力为重”的基础。为了量化分析打击能力,采取“层层剥皮、解剖麻雀”的方式，聚焦支撑火力打击能力生成的情报侦察、指挥控制、火力毁伤、综合防护、机动投送、信息通联和作战保障7个能力要素，按照能力指标数据化的思路方法，建立以关键指标为核心、一般指标为基础的打击能力指标体系，通过能力指标图形表格化的方式，分析评估敌我双方的火力打击能力，火力打击能力指标基本思路如图3－5所示。

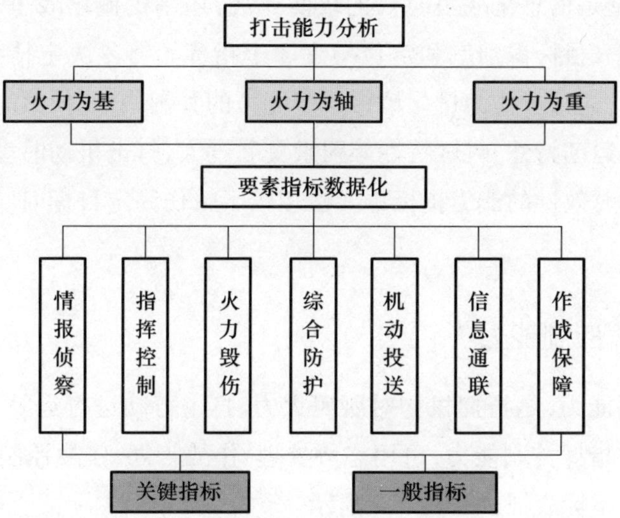

图3－5　火力打击能力指标化基本思路

3.3.2　情报侦察能力

情报侦察能力，是指综合运用各类侦察监视情报力量手段，响应情报需求，实施情报搜集，对所获情报进行融合处理、分析研判和分发应用，进而实现服务作战决策、支撑作战指挥、保障部队行动的能力。为了量化表征情报侦察能力，可用目标发现率、目标识别率、侦察时效性、整编时效性和定位精度5种指标，结构组成如图3－6所示。

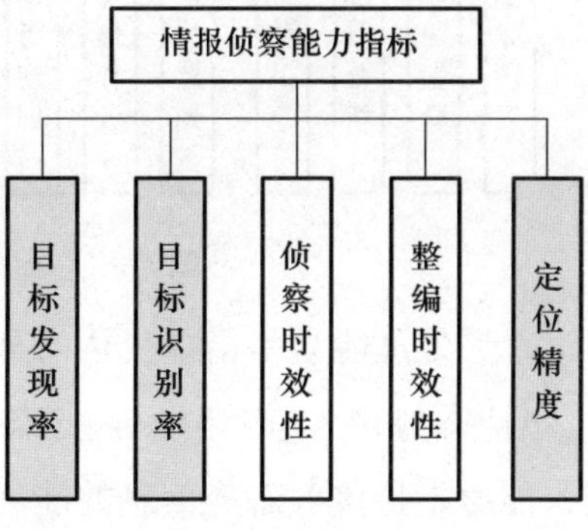

图3－6　情报侦察能力指标结构组成

目标发现率，指发现目标数量的比例，用百分比表征；目标识别率，指情报侦察力量发现并识别目标数量的比例,用百分比表征;侦察时效性,指情报侦察力量执行侦察任务的时间效用,是从提出侦察需求到侦察实施的时间差,用百分比表征;整编时效性,指反映情报加工处理的时间效用,单位通常为 min;定位精度,是指侦测目标的位置与目标实际位置的距离误差,单位通常为 m。

不同战争形态和作战样式下,情报侦察能力各个二级指标的地位作用会有所变化,但无论是信息化战争时代的攻防作战,还是机械化战争时代的攻防作战,目标发现率、目标识别率和定位精度 3 个指标始终是决定情报侦察能力高低的核心指标,通常可作为量化情报侦察能力的关键指标,侦察时效性、整编时效性则与目标运动特性、时敏特性等因素关联度大,打击机动时敏目标时,侦察时效性和整编时效性的能力指标重要性相较于毁伤固定目标时,其重要性将会大幅度提升。

3.3.3 指挥控制能力

指挥控制能力,是指挥机构对所属火力、打击行动进行运筹和协调控制的能力。为量化指挥控制能力,可用态势处理、作战筹划、作战控制和毁伤评估 4 大类聚合能力指标表征,如图 3－7 所示。

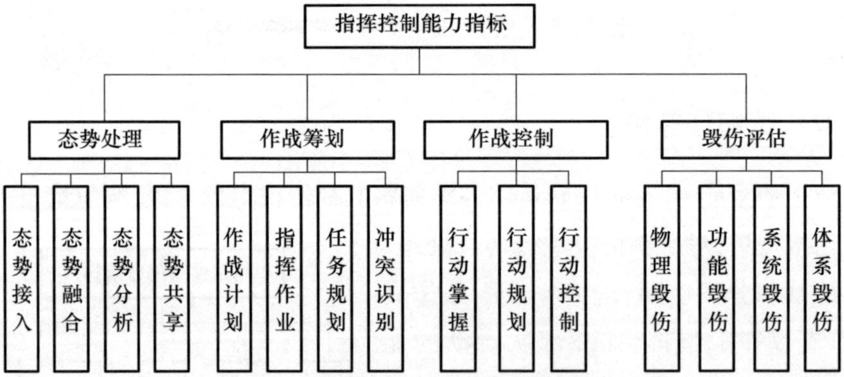

图 3－7　指挥控制能力指标结构组成

态势处理能力是指挥机构对战场态势信息进行融合处理、分析和共享的能力,包括态势接入、态势融合、态势分析、态势共享 4 小类聚合能力指标。态势接入能力是指接入态势信息的能力,主要包括接入完整度、态势信息接入量、态势信息接入时延、态势信息接入速率、态势信息接入准确率 5 个指标。接入完整度，指态势信息接入完整度的比例，用百分比表征；态势信息接入量，指对敌情、我情、友情、战场信息的接入数量，单位为批/条；态势信息接入时延，指接入态势源所用时间，单位为 s；态势信息接入速度率，指单位时间内接入的态势批数，单位为批/s；态势信息接入准确率，指正确接入态势的比例，用百分比表征。态势融合能力是指综合敌情态势，汇集作战空间我情态势、专题态势和战场环境信息，融合处理形成集敌情、我情和战场环境信息于一体的战场综合态势的能力，主要指标包括信息显示完整度、态势要素完备率、态势融合正确率、态势处理容量、融合时延和数据信息关联度 6 个指标。信息显示完整度，指处理后呈现的态势信息占全部态势信息的比例，用百分比表征；态势要素完备率，指态势信息要素的数量比例，用百分比表征；态势融合正确率，指能够正确融合态势信息的比例，用百分比表征；态势处理容量，指同一时间可处理的最大目标批数，单位为批；融合时延，指融合完成时刻与信息要素接入时刻之差，单位为批；数据信息关联度，指动态目标信息与静态基础数据关联融合应用的比例，用百分比表征。态势分析能力是指融合形成综合态势后，辅助指挥员分析态势信息的能力，主要指标包括态势分析功能完备率，分析时延，分析正确率，态势查询功能完备率，态势记录功能准确率，整编工具满足度，态势信息统计、查询、分析模型满足度，专题态势满足度。态势共享能力是指向下级指挥所、指挥席位、武器平台共享态势信息的能力，主要指标包括更新周期、态势分发准确率、态势分发保障率、态势分发时延。更新周期，是指态势更新的周期，单位通常为 min；态势分发准确率，是指准确态势信息所占比例，用百分比表征；态势分发保障率，是指态势信息能够保障分发到作战单元的比例，用百分比表征；态势分发时延，是指态势分发所用时间，单位为 s。

作战筹划能力是运用辅助决策手段支持作战筹划和决策的能力，包括作战计划、指挥作业、任务规划、冲突识别 4 类聚合能力指标。作战计划能力是指指挥员组织指挥机构实施指挥作业，辅助计算作战力量、优选打击手段、确定兵力编成、规划作战任务，消解时、空、频域冲突，支持各方向、各战场、各时节诸军兵种作战行动推演，快速拟制和临机调整各类作战和保障方案计划，明确作战协同计划的能力，主要指标包括筹划用时、临机调整用时、筹划兵力规模、兵力种类覆盖率、行动种类、行动种类覆盖率、火力种类、火力种类覆盖率、行动要素支持度、作战计划水平、筹划作业工具支持度、模型算法满足度、数据信息完整度、筹划容量满足度、筹划作业工具满足度、筹划数据信息满足度。指挥作业能力是指对作战目的、规模、兵力运用等重大问题进行全面分析运筹,按照流程化作战程序实施指挥决策,对作战行动、作战要素和作战资源进行精确统筹管理的能力,主要指标包括指挥所数据指挥引导最大容量、并行作业机构数量、基于预案快速生成作战指令时间、指挥员和指挥机关指挥作业水平。任务规划能力是指组织火力任务规划,并根据执行情况临机调整的能力,主要指标包括支持火力种类、支持火力种类覆盖率、决策支持用时、决策要素支持度、支撑数据完备性、关键环节支撑度、指挥员和指挥机关火力任务规划水平。冲突识别能力指标,是指根据时空冲突规则发现火力冲突的能力,主要指标包括可识别冲突类型、识别完成时间、冲突识别正确率。

作战控制能力,是指将作战命令指令送达末端,按照作战计划对部队执行作战任务的情况进行监控、对协同行动进行控制的能力,包括行动掌握、行动规划和行动控制 3 小类聚合能力指标。行动掌握能力,是指按照联合作战方案计划、战场实时情况以及突发事件等,对陆、海、空、天、网、电等各作战领域部队行动实时掌握的能力,主要指标包括行动类型、行动类型覆盖率、作战行动状态实时掌控度、作战行动状态监控手段、控制指令传递范围、控制指令传递成功率、控制指令传递时延、指挥交接成功率、指挥员和指挥机关行动掌握水平。行动规划能力,是指根据作战计划和作战进程,对当前和未来作战行动中的作战力量、打击手段、兵力编成等进行实时调整优化和统筹规划的能力,主要指标包括规划打击目标数量、规划打击目标覆盖率、规划火力种类、规划火力种类覆盖率、规划火力打击范围、规划兵力行动规模、规划联合行动规模、指挥员和指挥机关行动规划水平。行动控制能力,指充分把握作战时间和空间因素,对作战部队和行动进行实时控制,最大限度地发挥作战效能的能力,主要指标包括协同控制容量、协同控制范围、资源协同类型覆盖率、资源协同时间、协同成功率、指挥员和指挥机关协同控制水平。

毁伤评估能力,是指辅助指挥机构对物理毁伤、功能毁伤、系统和体系毁伤程度进行评估的能力。物理毁伤效果评估能力,是指查明火力打击后单个目标坍塌、卷曲、破碎、坑洞等物理毁伤和运行状况,分析研判物理毁伤对目标作战功能造成影响的能力,主要指标包括评估范围、评估对象类型、评估结果可信度、评估用时。系统毁伤效果评估能力,是指在掌握单个目标物理毁伤与功能毁伤情况基础上，查明目标系统基础结构、核心节点、关键要害等损毁情况，分析研判目标系统整体功能削弱、失能失效程度的能力。体系毁伤效果评估能力，是指在掌握单个目标、目标系统物理与功能毁伤情况基础上，查明作战体系关键节点瘫痪、整体效能下降、系统重组恢复等情况，分析研判目标与系统、系统与体系之间物理关联、信息关联、逻辑关联的能力。

3.3.4　火力毁伤能力

火力毁伤能力，是指运用陆战场火力对不同空间不同类型目标实施硬摧毁的能力。为了量化火力毁伤能力，可用火力打击范围、火力打击精度、火力打击突防率、火力反应速度、同时打击目标数量、毁伤程度、平均弹药消耗量、打击目标时长和生存率等能力指标表征。火力打击范围，表征火力所能覆盖的最大范围，单位为 km；火力打击精度，无控弹药使用目标覆盖率表征，精导弹药使用目标命中率表征，用百分比表征；火力打击突防率，表征成功突防武器弹药占成功发射武器弹药总数的比例，用百分比表征；火力反应速度，是自明确打击任务起至火力平台发射出第一发弹药所需的时间指标，单位为发/min；同时打击目标数量，是各类火力单元对同一类型目标能够同时打击的最大数量，单位为目标个数；毁伤程度，是打击目标功能下降程度的数值指标，用百分比表征；平均弹药消耗量，是达到预期毁伤程度所需弹药消耗量的数学期望，单位为枚或发；打击目标时长，是打击目标用时的算术平均值，单位为 min；生存率，是生存的火力打击平台占动用的火力平台总数的比值，用百分比表征。火力毁伤能力指标体系结构组成如图 3－8 所示。

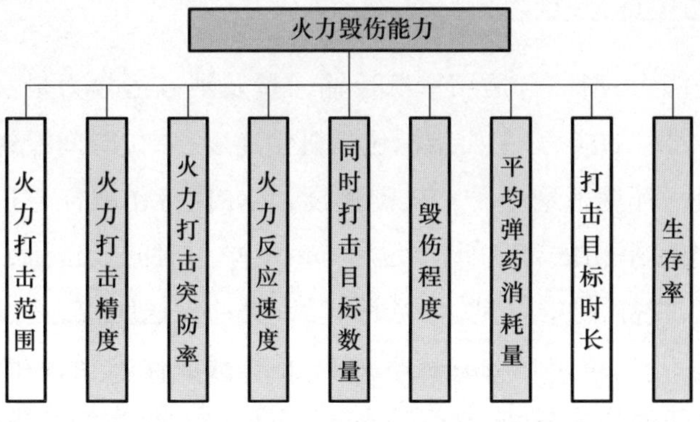

图 3－8　火力毁伤能力指标体系结构组成

3.3.5 综合防护能力

综合防护能力,指作战空间抵御敌方对我作战体系打击与破坏的能力。为了量化综合防护能力指标,可用抗毁生存、抗电磁脉冲、反电子侦察和平台自卫干扰等能力聚合指标表征。抗毁生存能力,是指装备、设施等通过自身加固等手段实现抗毁顽存的被动防御能力,主要指标包括抗火力打击成功率、抗定向能打击成功率、抗电磁打击成功率、防护范围、防护覆盖率、抗爆当量、耐冲击性等。抗电磁脉冲能力,指使电子设备和系统免受或减轻高能电磁脉冲打击的能力,主要指标包括保护频率范围、能量衰减率、耐受场强、上升沿时间、重复频率、耐受电流。反电子侦察能力,指为防止敌方截获并利用己方电磁辐射信号而进行的电子防御能力,主要指标包括反侦察类型、雷达信号被侦察率、通信信号被侦察率、光电信号被侦察率、掩护目标被发现率、保护频段覆盖率、虚假目标产生数量、反电子侦察作用范围等。平台自卫抗干扰能力,指各类作战或保障平台,综合运用电子对抗手段,干扰诱骗敌制导系统、来袭武器的末制导系统,保护平台自身安全的能力,主要指标包括威胁告警成功概率、对制导系统告警距离、虚警率、干扰诱骗目标类型、多手段协同运用能力、对制导系统干扰欺骗最大作用距离、虚假目标产生数量、敌制导系统跟踪连续性下降程度、对来袭武器末制导系统告警距离、对来袭武器末制导系统探测距离压缩率、来袭武器末制导系统干扰诱偏距离、持续诱骗时间、来袭武器末制导系统干扰欺骗成功概率。

3.3.6 机动投送能力

机动投送能力,指综合运用军队运输力量及地方运输力量,向预定地区投送兵力、物资、器材的能力,主要指标包括机动速度、单位时间投送量、机动投送距离、状态转换、环境适应 5 种。机动速度,是在执行作战任务过程中,特定地形条件下,每小时平均机动速度,单位是 km/h;单位时间投送量,是在单位时间内投送的人员、装备、物资总量,单位是 t/天;机动投送距离,是投送人员、装备和物资的最远距离,单位是 km;状态转换,是作战或保障平台在机动状态与作战作业状态之间的切换时间,单位是 min;环境适应,是在野战条件下能适应的地形,用枚举表征。

3.3.7　信息通联能力

信息通联能力,是指将信息准确、完整、迅速地传送到目的地的能力,主要包括网系构建、平台铰链和通信传输 3 类聚合能力指标。网系构建能力,是指快速构网、建链,完成通信组织建立、调整的快速反应能力,主要指标包括组网用时、通信调整敏捷度、通信连接响应度、用户数、接入成功率、可兼容业务种类、可兼容通信手段等。平台铰链能力,是指将情报侦察、通信、指挥控制和武器平台结合成为一个有机整体,实现人—机、机—机之间的高效实时自动信息交互的能力,主要指标包括互操作数据链种类、链路传输速率、信息更新速率等。通信传输能力,是指将信息传输到目的地的能力,主要指标包括传输带宽、传输时延、骨干传输速率、用户速率、误码率、丢包率、传输可通率、传输载体利用率等。传输带宽,是某传输链路在单位时间内传输的数据量,单位是 Mb/s;传输时延,是信道传输用时,单位通常为 ms;骨干传输速率,是骨干传输链路满足不同业务传输需求的最大传输速度,单位是 bit/s;用户速率,是用户接入后,信道提供传输服务时的传输速度,单位是 bit/s;误码率,是错误数据所占的比例错误的数据量/传输的全部数据量,用百分比表征;丢包率,是网络中丢失的数据包数量,用百分比表征;传输可通率,是传输稳定通信时间所占比例,用百分比表征;传输载体利用率,是已利用传输带宽所占比例,用百分比表征。

3.3.8　作战保障能力

作战保障能力,指运用人力、物力、财力资源和多种手段,保障作战行动顺利实施、人员和武器装备处于良好状态的能力,主要指标包括技术准备、抢救抢修、弹药保障和工事构筑 4 类。技术准备能力指装备使用前,依托技术准备装备进行检查、测试和调整的能力,主要指标包括配套率完好率、检测效率、通用性、环境适应性。抢救能力,指运用抢救装备在战时野战环境条件下,使受损、战伤和故障的大型装备脱离险境的能力,主要指标包括配套率完好率、响应时间、机动速度、抢救效率、抢救规模、抢救作业准备时间、抢救作业时间、抢救后送量。弹药保障能力,指为部队及时、精准提供弹药,满足部队作战实际需求的能力,主要指标包括弹药保障完成率、安全管控装备配备率、弹药安全管控装备完好率、弹药检修装备配套率、弹药检修装备完好率、技术问题处理时间、在储弹药统计分析能力。工事构筑能力,指在野战条件下,构筑工事、阵地、道路、指挥所等工程设施的能力,主要指标包括构筑时间、土方量和作业率等。

3.4 兵器标准化

依据火力的最大控制距离和毁伤作用机理,可将标准兵器区分为直瞄火力、中近程火力和远程精确火力 3 种不同类型的标准兵器。

3.4.1 直瞄火力标准兵器

直瞄火力是指用于毁伤坦克、工事等重点目标的反坦克导弹、火箭筒、无后坐力炮和突击炮等火力平台的火力。根据陆战场直瞄类火器的发展变化,并考虑陆战场直瞄火力平台应具有的典型代表性,选择反坦克发射车为直瞄火力标准兵器。

3.4.2 中近程火力标准兵器

中近程火力是指最大射程不超过规定射程且能对陆战场目标实施压制射击的火炮、火箭炮等火力平台的火力,主要用于打击支撑点、炮阵地等集群目标,以及技术兵器、轻型装甲等点状目标。基于陆战场中近程火力平台的发展变化,并考虑陆战场中近程火力平台应具有的典型代表性,选取车载加榴炮为中近程火力标准兵器。

3.4.3 远程火力标准兵器

远程火力是指最大射程不小于规定射程且能对陆战场目标实施毁歼的远程火箭炮、常规导弹发射架等火力平台的火力。基于陆战场远程火力的发展变化,并考虑陆战场远程火力平台应具有的典型代表性,选取远程火箭炮为远程火力的标准兵器。

3.4.4 兵器换算系数求取

兵器换算系数是同类非标准兵器与标准兵器战斗效果的等效比。通常采用弹药消耗比值法、战斗力指数法等不同方法反映各型兵器的战斗效能。在毁伤理论创新研究过程中,为了与标准弹药消耗量为主要特征的标准计算体系相适应,主要采用"弹药消耗比值法"。表征兵器战斗效能的主要因素包括4项:一是打得着目标的概率,反映兵器的火力反应能力;二是达到预期毁伤程度所需的弹药消耗量,主要反映弹药效力,使用平均弹药消耗量表示;三是单位时间内的发射速度,反映兵器的火力性能;四是生存概率,反映兵器的机动和防护性能。

1. 战斗效能换算

综合考虑"火力反应能力""平均弹药消耗量""兵器火力性能""兵器生存能力"4项主要因素,标准兵器使用标准弹药的战斗效能计算公式如下:

$$X_{oo} = P_{so} P_{oo} \frac{N_{too}}{N_{oo}} \tag{3.4.1}$$

式中:X_{oo}为标准兵器使用标准弹药时战斗效能;P_{so}为标准兵器打得着目标的概率;P_{oo}为标准兵器的生存概率;N_{oo}为达到毁伤程度所需弹药消耗量;N_{too}为标准兵器单位时间发射的弹数。

第i种兵器用j种弹药的战斗效能可表示为

$$X_{ij} = P_{si} P_{ij} \frac{N_{tij}}{N_{ij}} \tag{3.4.2}$$

式中:X_{ij}为i型兵器使用j型弹药时战斗效能;P_{si}为i型兵器打得着目标的概率;P_{ij}为i型兵器使用j型弹药的生存概率;N_{tij}为i型兵器单位时间发射j型弹药的弹数;N_{ij}为达到毁伤程度所需i型兵器发射j型弹药消耗量;N_{tij}为i型兵器单位时间发射j型弹药的弹数。

由此可见,兵器的战斗效能可理解为生存概率、打得着目标的条件概率与单位时间条件毁伤概率的乘积,即:

$$K_{bij} = \frac{X_{ij}}{X_{oo}} = \frac{P_{si} P_{ij} N_{tij}}{P_{so} P_{oo} N_{too}} \cdot \frac{N_{oo}}{N_{ij}} = \frac{P_{si} P_{ij} N_{tij}}{P_{so} P_{oo} N_{too}} \cdot K_{nij} \tag{3.4.3}$$

式中：K_{bij}为 i 型兵器的换算系数；K_{nij}为 j 型弹药相对于标准弹药的换算系数。

2. 主要参数求取

1）兵器生存概率

综合考虑兵器机动力、装甲防护力、射击效能、信息通联、完成任务时间等因素进行求取。

2）打得着目标概率

打得着目标概率与目标运动特性状态、各种兵器火力反应时间、单位时间内发射弹数等诸因素有关。

3.5 弹药标准化

陆战场目标体系主要由人员、装备和工事 3 类子目标组合构建而成，根据火力类型区分、弹目匹配适宜性和弹药毁伤作用机理，弹药标准化体系主要包括直瞄火力标准弹药、中近程火力标准弹药和远程火力标准弹药。

3.5.1 直瞄火力标准弹药

陆战场反坦克导弹、小口径加农炮、无后坐力炮、突击炮等直瞄火力，从战斗部毁伤作用机理进行区分，主要包括破甲弹和攻坚弹 2 种类型。综合考虑直瞄火力弹目匹配适宜性，以及实现武器弹药反装甲毁伤能力与攻坚毁伤能力的可量化，分别选取一种制导攻坚弹为直瞄火力的标准攻坚弹药、一种制导破甲弹为直瞄火力的标准反装甲弹药。直瞄火力标准弹药如表 3-1 所示。

表 3-1 直瞄火力标准弹药

序	弹种类型	弹种名称
1	标准攻坚弹药	制导攻坚弹
2	标准反装甲弹	制导破甲弹

3.5.2 中近程火力标准弹药

信息化战争时代，精确制导弹药比重大幅增加，精确作战特征日益凸显。

我国火力毁伤教程对中近程火力只规范了一种标准弹药，显然已难以适应精确制导弹药快速发展的现实情况，迫切需要对其进行优化完善。考虑到中近程火力无控杀爆弹与制导杀爆弹的运用时机、毁伤目标特性、战术任务要求存在较大差异性，在标准弹药选取上，区分为无控杀爆弹和制导杀爆弹两种类型。其中，全面覆盖无控杀爆弹选取一种杀伤爆破榴弹（中等装药、瞬发引信、间瞄射击）作为标准无控杀爆弹；制导杀爆弹选取一种制导炮弹为标准制导杀爆弹（中等装药、瞬发引信、间瞄射击）。无控杀爆类弹药主要用于压制支撑点、炮阵地等幅员类目标，制导杀爆弹主要打击技术兵器、轻型装甲等点状目标。中近程火力标准杀爆弹如表 3－2 所示。

表 3－2　中近程火力标准杀爆弹

序	弹种类型	弹种名称
1	标准无控杀爆弹	杀伤爆破榴弹
2	标准制导杀爆弹	制导炮弹

3.5.3　远程火力标准弹药

陆战场远程火箭炮、中近程常规导弹等远程火力，从弹药战斗部毁伤作用机理进行区分，主要包括杀爆弹、侵彻（爆）弹、末敏弹 3 类制导弹药。为表征陆战场远程火力弹目匹配适宜性，以及实现远程火力的压制毁伤能力、攻坚毁伤能力和反装甲能力可量化，选取杀爆弹为标准压制弹药，侵彻弹为标准攻坚弹药，末敏弹为标准反装甲弹药。远程火力标准弹药如表 3－3 所示。

表 3－3　远程火力标准弹药

序	弹种类型	弹种名称
1	标准压制弹药	杀爆弹
2	标准攻坚弹药	侵彻弹
3	标准反装甲弹药	末敏弹

3.5.4　弹药换算系数求取

弹药换算系数是同类非标准弹药与同类标准弹药的毁伤效果等效比。依据上述定义，根据建立的标准弹药体系，基于各类弹药的毁伤能力，区分弹药打击精度，建立杀伤爆破弹、攻坚弹药和反装甲弹药换算系数模型。

1. 杀伤爆破弹

杀伤爆破类弹药毁伤效能，主要使用打击精度与弹药毁伤效能进行衡量。

1）无控杀爆弹

无控杀爆弹可选取一种杀伤爆破弹作为杀伤力基准值，其值为50。假定该杀伤爆破弹填装三硝基甲苯（TNT）炸药质量为8.5kg，炸药威力系数为1.0，其爆炸TNT当量为8.5kg。在计算其他无控弹药杀爆毁伤能力时，取其与此杀伤爆破弹输出能量之比的立方根为弹药毁伤效能倍数，由此可得该弹药的毁伤效能，如下：

$$D_S = \sqrt[3]{\frac{W_{TNT}}{8.5}} \times 50 = 24.5 \times \sqrt[3]{W_{TNT}} \tag{3.5.1}$$

其中标准无控杀爆弹毁伤效能无量纲值 $D_{S0} = 50$，$W_{TNT} = mp$，m 为战斗部内装药质量，p 为装药类型系数，具体见表3-5，非标准同类弹药的换算系数如下：

$$I = \frac{D_S}{D_{S0}} \tag{3.5.2}$$

2）制导炮弹

制导炮弹可选取一种制导炮弹为杀伤力基准值，其值为50。假定该制导炮弹战斗部配备AIX-2钝黑铝高能炸药质量为6.6kg，炸药的威力系数1.66，其爆炸TNT当量为11kg。在计算其他无控弹药杀爆毁伤能力时，取其与此制导炮弹输出能量之比的立方根为弹药毁伤效能倍数，由此可得弹药的毁伤效能，如下：

$$D_S = \sqrt[3]{\frac{W_{TNT}}{10.96}} \times 50 = 22.5 \times \sqrt[3]{W_{TNT}} \tag{3.5.3}$$

其中标准制导炮弹毁伤效能无量纲值 $D_{S0} = 50$，$W_{TNT} = mp$，m 为战斗部内装药质量，p 为装药类型系数，具体见表3-4。非标准同类制导弹药的换算系数如下：

$$I = \frac{D_S}{D_{S0}} \tag{3.5.4}$$

表3-4 弹药装药类型系数

炸药类型	p系数取值
TNT	1.0
A(纯化黑索金)	1.44
B	1.3
AIX-1	1.7
AIX-2	1.66
JHL-2	2.14
HMX 奥克托金	1.36
RDX 黑索金	1.39
RDX/TNT	1.10
塑性炸药9404	1.26
太安 PETN	1.37
硝基甲烷	1.13
R-S	2.16
C4	1.36

2. 攻坚弹药

攻坚弹药主要用于毁伤工事类点状目标,通常是直瞄火器、远程火力所配属的侵彻(爆)类弹药。攻坚弹药的毁伤威力主要取决于战斗部装药量。比如,在求取远程火力攻坚类弹药换算系数时,可选取一种远程火箭炮侵彻弹的毁伤力为基准值。L为侵彻弹破坏40MPa钢筋混凝土的着靶深度,战斗部主装药$W_{TNT}=mp$,m为战斗部内装药质量,p为装药类型系数,其数据见表3-5。

$$D_q=L\cdot\sqrt[3]{\frac{W_{TNT}}{13.8}}\tag{3.5.5}$$

其中远程火力的标准攻坚弹的L为4m,即标准侵彻无量纲值可取$D_{q0}=4$,非标准侵彻弹换算系数如下:

$$I=\frac{D_q}{D_{q0}}\tag{3.5.6}$$

3. 反装甲弹药

反装甲弹药根据弹药毁伤机理可以区分为动能穿甲和聚能装甲两类，这两类弹药的侵彻能力均将对轧制均质装甲钢（RHA）的侵彻深度作为反装甲弹药的毁伤能力。

1）动能穿甲类

当动能穿甲类弹药的侵彻深度未知时，可通过下式计算其侵彻深度：

$$C=\frac{Pq}{10} \tag{3.5.7}$$

式中：q 为修正系数，动能穿甲弹时，其值取 1；P 可通过下式计算：

$$P=\left(\frac{vm^{0.5}}{Kd^{0.75}}\right)^{\frac{10}{7}} \tag{3.5.8}$$

式中：v 为弹速，m/s；d 为弹丸直径，m；m 为弹丸质量，kg；k 为材质系数，在无对应值时默认值取 2400。

2）聚能破甲类

当聚能破甲类弹药的侵彻深度未知时，可通过下式计算其侵彻深度。

$$C=\frac{Pq}{10} \tag{3.5.9}$$

式中：q 为修正系数，对于聚能破甲弹，q 的取值见表 3－5。

表 3－5　q 系数取值表

类别	q 系数取值
聚能射流	0.64
聚能杆式	5.0
爆炸成型	7.0

P 采用定长侵彻理论可通过下式计算：

$$P=1.065L \tag{3.5.10}$$

式中：L 为射流长度，m。

选取一种制导破甲弹作为标准甲弹，其中 $C_{Z0}=0.345$m（均质装甲，着角为 0°），非标准甲弹向标准甲弹的换算系数通过下式计算：

$$I=\frac{C_Z}{C_{Z0}} \tag{3.5.11}$$

3.6 目标标准化

3.6.1 标准单个目标物

基于目标功能属性、结构属性和防护特性，单个目标可分为技术兵器、装甲目标、工事和固定设施4类，区分为暴露、半掩蔽、掩蔽3个防护状态，标准单个目标的防护状态为半掩蔽状态。

1. 标准技术兵器

标准技术兵器主要包括运输车、雷达、通信枢纽、通信车、电子战设备、指挥车等车辆类目标，牵引火炮、高炮等火炮类目标和驻场的固定翼飞机、旋翼直升机等飞机类目标。技术兵器类目标未进行特殊的防护设计，防护能力大同小异，使用杀爆类弹药对其实施打击通常能够取得较好的毁伤效果。为了规范化表征对技术兵器类目标的压制火力毁伤任务量，便于计算压制兵器与弹药需求量，可选取外军某型牵引榴弹炮作为标准技术兵器，其他技术兵器与其进行战斗效能的等效转换。

2. 标准装甲目标

标准装甲目标主要包括坦克、装甲战斗车、装甲输送车、装甲侦察车、装甲指挥车等装甲类目标。装甲类目标机动性能强、防护性能高，通常使用破甲弹、穿甲弹等弹种对其实施打击。为规范化表征反装甲火力毁伤任务量，便于计算反装甲兵器与弹药需求量，选取外军某型坦克作为标准装甲目标，其他装甲目标与其进行战斗效能的等效转换。

3. 标准工事

标准工事目标区分为野战工事与永备工事两种类型，野战工事是临时组织构筑的辅助性工事，永备工事通常以钢筋混凝土构筑而成，通常包括地堡、堑壕、掩体、掩蔽部（所）、障碍物、火炮工事、菱形堡、班堡、小堡和地下指挥所等整体式建筑结构。为规范化表征对工事类目标的攻坚火力毁伤任务量，便于计算攻坚兵器与弹药需求量，选取永备工事班堡作为标准工事目标，其为内径2.5m、顶盖厚0.5～1.0m、墙壁厚0.5～0.8m钢筋混凝土整体结构的步兵火力工事和观察工事，工事外观形状以圆形为主，其他工事类目标与其进行换算。

4. 标准固定设施

标准固定设施区分为建筑、设施、综合3类，其中建筑类目标包括固定雷达站、机场指挥塔台、建筑物、跑道、机库、港口、码头、导弹发射井、铁路、高速公路和桥梁等，设施类目标包括输油管线、加油站（车）和弹药库（所）等；综合类目标包括军需库、综合库、军械库、修理所和军工厂等。为规范表征对固定设施类目标的火力毁伤任务量，便于计算火力毁伤兵器与弹药需求量，选取机场跑道、桥梁作为标准目标。

3.6.2 标准集群目标

1. 支撑点

敌在实施地域防御时，通常以连、排为单位构成支撑点式环形防御体系。支撑点主要由堑壕、掩蔽部、掩体等构成，以指挥（观察）为核心，坦克火力点、反坦克导弹等为火力骨干，组成坚固防御战斗阵地。其特点是：一是具有较大的正面和纵深。敌军一个排的战斗阵地正面为400～500m，纵深为200m以上，如图3-9所示。敌军一个连通常按2个排在前，1个排在后的防御队形设置阵地及配置兵力，其防御正面为1.5～2km，纵深1km，如图3-10所示。各连支撑点组成营的防御地域。二是防守严密，火力较强。支撑点内配置有坦克（步战车）、反坦克导弹、榴弹发射器及各种自动武器。在支撑点外围，通常设有反坦克和防步兵地雷、铁丝网等障碍物，并以火力加以控制。三是分散配置兵力兵器。支撑点内人员和战斗车辆呈疏散配置，以提高生存能力，同时保证有较强的侧射火力。四是遭到炮火袭击时，人员大多躲入工事或装甲车辆内，而当我军炮火一停，又迅速恢复其战斗状态。

排支撑点是一个系统目标，它主要由技术兵器、坦克和工事等组成，基于标准化理念，排支撑点可由标准技术兵器、标准装甲目标、标准工事和标准堑壕内步兵等聚合而成。

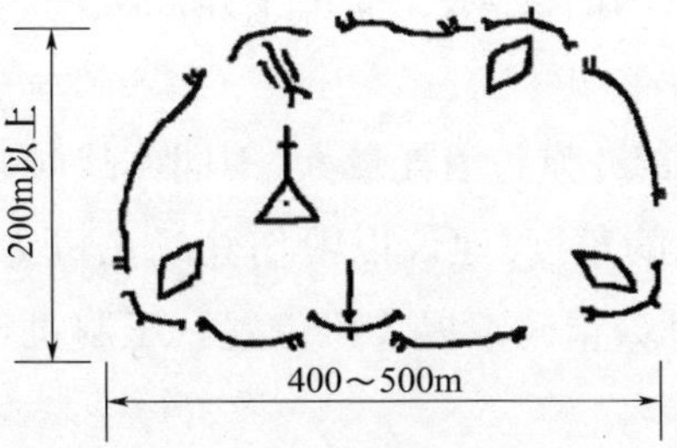

图3-9　敌军一个排的防御地域图

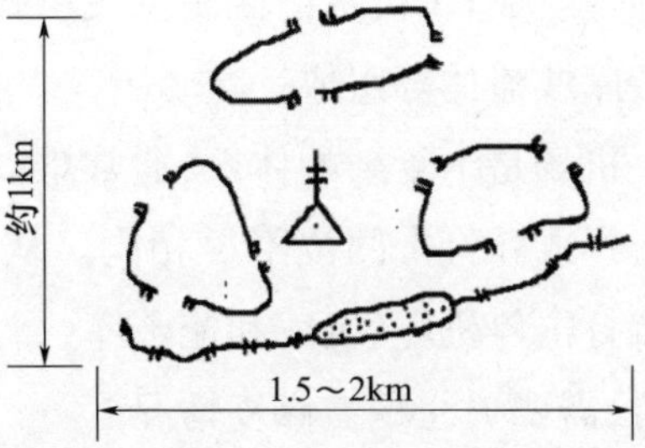

图3-10　敌军一个连的防御地域

因此,可假定排支撑点主要包括4类标准目标,即标准技术兵器标准装甲目标、标准工事和标准堑壕内步兵,对应的标准单个目标及数量如表3-6所示。

表3-6　标准排支撑点目标列表

标准单个目标	尺寸/m			目标状态	目标物数量/个
	长	宽	高(深)		
标准技术兵器	10.7	5.1	2.3	半掩蔽状态	1
标准坦克	9.8	3.7	2.1	半掩蔽状态	3
标准工事	3.5	3.5	2.0	半掩蔽状态	1
标准堑壕步兵	400	2	1.5	半掩蔽状态	4

2. 机场

机场是指飞机或直升机起飞、着陆、停放和组织、保障飞行活动的固定场所,是供航空兵部队进行作战、训练、武器装备维护,以及油料、弹药储存供给和人员生活保障的基础设施,也是军队空中作战力量的陆基依托。

从机场结构组成分析,可分为飞行活动区、飞行保障区、营区和飞机疏散区4个功能区(表3-7)。飞行活动区是供飞机起飞、着陆、滑行、停放以及维护使用的区域,主要由跑道、滑行道、停机坪、塔台和飞机防护工事等组成;飞行保障区是承担飞行活动保障任务的区域,一般设在飞行活动附近,主要由飞行管制室、气象台、导航台、机库、机棚、油库、弹药库、航材库等组成;营区是供驻机场部(分)队日常生活、办公区域,主要由部队办公区、宿舍区、家属区和生活服务设施等组成；飞机疏散区是供飞机疏散停放用的区域，主要由个体停机坪、飞机掩蔽库或掩体等组成。

机场是个复杂的体系，通常难以彻底摧毁，弹药消耗量大，不同作战阶段的打击样式和打击部位不尽相同。从效费比的角度，建议以毁伤驻场飞机为主，重点打击停机坪、机库和掩蔽库，需提前获取、精确掌握飞机位置。压制机场跑道时，需要关注跑道修复情况。

表 3-7　标准机场目标列表

标准单个目标	尺寸/m			目标状态	目标物数量/个
	长	宽	高(厚)		
标准跑道	2000	45	1.5	暴露状态	2
标准飞机	15.0	5.2	8.5	半掩蔽状态	8
标准塔台	15.0	15.0	25.0	暴露状态	1
标准掩蔽库	25.0	15.0	10.0	半掩蔽状态	10

通过上述分析，机场主要包括标准跑道、标准飞机、标准塔台、标准掩蔽库、标准弹药库、标准油库等。

3. 炮兵阵地

炮兵阵地是依托一定地形，在一定幅员上配置远距离压制火炮、火箭炮的地域，配置火炮可以是牵引火炮、自行火炮、火箭炮等，一般包括火炮射击阵地、发令所和弹药所。当配置牵引火炮时，还有牵引车辆；当配置自行火炮或火箭炮时，一般由火炮携行弹药，可以不设单独的发令所，主要通过弹药输送车保障弹药，见表 3-8。火炮射击阵地一般呈线性、波浪形等形状配置。

表 3-8　标准炮兵连阵地目标列表

标准单个目标	尺寸/m			目标状态	目标物数量/个
	长	宽	高(厚)		
标准技术兵器	10.7	5.1	2.3	暴露状态	8
标准弹药所	3.5	3.5	2.0	半掩蔽状态	1
标准发令所	3.5	3.5	2.0	暴露状态	1

4. 防空导弹阵地

防空导弹阵地是依托一定地形配置目标搜索、导弹发射装备和技术保障装备的地域，通常以武器系统为作战单元，在一定幅员上进行配置。防空导弹武器系统不同，其主要作战装备也不同，一般情况下，防空导弹武器系统包括1辆搜索雷达车、1辆指挥车、2~3个跟踪制导雷达车、4~6个导弹发射车、2辆装填车、2个运输车、1个电源车、1辆电子检测维修车和1辆机械维修车。有的武器系统将搜索雷达车和指挥车功能合一，称为搜索指挥车，将跟踪制导车和导弹发射车功能合一，称为发射制导车；也有的武器系统，将搜索、制导和发射功能集成在一起，统称发射站。防空导弹阵地通常由指挥所、搜索发射阵地、技术阵地等组成，配置幅员较大，一般情况下，发射车间距为0.5~2km，搜索雷达车配置在发射阵地中央，指挥车配置在发射车后方0.5~2km，装填车、检测维修车等构成的技术阵地配置在指挥车后方2km左右。防空导弹阵地目标列表见表3-9。

表3-9　防空导弹阵地目标列表

标准单个目标	尺寸/m			目标状态	目标物数量/个
	长	宽	高(厚)		
标准技术兵器	10.7	5.1	2.3	暴露状态	10

3.6.3 目标换算系数求取

针对不同目标类型与状态定义一系列标准目标，并通过易损性评估给出战场具体目标与标准目标之间的毁伤效果等效关系，求取非标准目标向标准目标的换算系数。目标标准化的意义：在评估各型适宜武器弹药对少量标准目标的毁伤效能的基础上，通过分析成千上万的战场目标与对应标准目标之间的等效关系，得到各型武器弹药对所有适宜打击战场目标的毁伤效能，为火力筹划与计划提供支撑。

1. 标准目标集

标准目标集是根据目标的易损性及其状态而抽象出来的，为目标标准化提供基准参照对象；另外，考虑到信息化战争时代目标类型多样、状态各异，易损性差别较大；定义几个标准目标作为参照对象难以满足需求，需要按照目标类型及状态定义一系列标准目标，形成标准目标集或标准目标体系，作为战场目标进行等效计算的参照。

2. 目标等效与换算系数求取

从武器弹药对目标毁伤效果的角度,考察战场实际目标与标准目标之间的对比关系,是目标标准化的关键,主要包括基于耗弹量的目标换算和基于易损性的目标等效两种方式。

1)目标换算

基于耗弹量的目标标准化,主要根据"平均标准弹药消耗量"进行目标换算。通过靶场实验,将标准目标 T_0^* 毁伤到标准毁伤程度(30%)所需的标准弹药量 A_0。再统计打击目标 T_i 达到标准毁伤程度所需的标准弹药量 A_i,可得到战场实际目标 T_i 对标准目标 T_0^* 的换算系数:

$$\alpha_i = A_i / A_0 \tag{3.6.1}$$

2)目标等效

从目标易损性的定义可知,若两个目标的易损性相同,则适宜打击的同种武器弹药命中这两个目标后导致其毁伤条件概率 $P_{\mathrm{D/H}}$ 相等,即可认为这两个目标"等效",用符号"≅"表示。通常情况下,若两个目标的易损性近似相等,也可以认为这两个目标等效。

若同类目标 T_{ij} 与 T_{ik} 的易损性相似,即

$$P_{\mathrm{D/H}}(T_{ij}) = P_{\mathrm{D/H}}(T_{ik}) \text{或} P_{\mathrm{D/H}}(T_{ij}) = P_{\mathrm{D/H}}(T_{ik}) \tag{3.6.2}$$

则 T_{ij} 与 T_{ik} 等效,即

$$T_{ij} \cong T_{ik} \tag{3.6.3}$$

第4章 毁伤效应

毁伤效应是指武器弹药在一定的战场环境条件下对具体目标物的毁伤效果,从毁伤作用机理上讲,主要包括爆轰、破片、侵彻、聚能和新概念毁伤效应等内容。明晰掌握信息化时代武器弹药毁伤效应的现象表征和基本规律,是实现火力毁伤工程化的重要前提。本章基于国内外终点毁伤效应理论的最新发展,重点分析归纳毁伤效应的基本现象与基本规律,为火力毁伤工程技术实现提供基本知识和方法支撑。

4.1 爆轰效应

爆轰效应指炸药装药在空气、水和岩土等常规介质和环境中的爆炸与毁伤效应。所有装填高能炸药的杀爆、聚能等常规弹药战斗部均存在爆轰效应。爆轰效应与炸药装药在空气、水和岩土等典型自然介质与环境中爆炸、载荷形成与表征、与介质的动态耦合作用以及目标毁伤响应规律等密切相关。

4.1.1 爆炸定义

爆炸是一种极为迅速的物理或化学的能量释放过程,实施中主要由内能转变为光热辐射和做功等。爆炸机械做功主要原因是爆炸形成的高温高压气体的骤然膨胀,通常可分为两个阶段:①内能转化为强烈的压缩能;②压缩能急剧地向外膨胀,在膨胀过程中对外做功,造成被冲击物的变形、移动和破坏。就爆炸产生过程而言,爆炸大致可分为化学爆炸、物理爆炸以及核爆炸等。化学爆炸指由化学变化引起的爆炸,过程伴有新物质生成,如煤矿瓦斯爆炸、常规弹药战斗部爆炸等。物理爆炸指由物理变化引起的爆炸,过程未生成新物质,如蒸汽锅炉爆炸、高压气瓶爆炸等。核爆炸指由核反应引起的爆炸,过程有新元素生成,如原子弹、氢弹爆炸。炸药爆炸属化学爆炸范畴,必须满足3个要素:反应放热性、快速性和生成大量气体。三者互相关联、缺一不可,是炸药爆炸的必备要素。如图4-1所示。

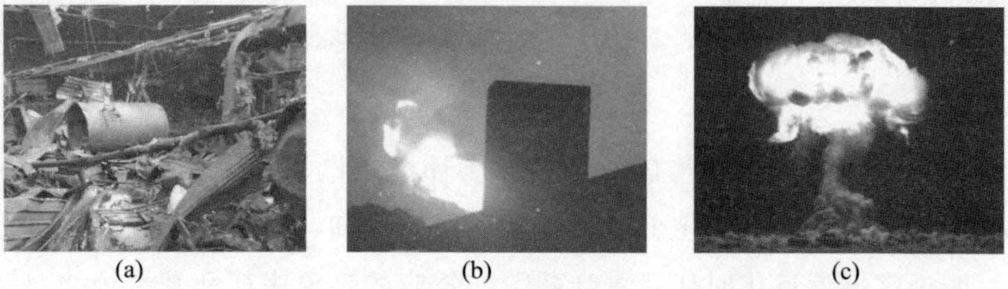

图4-1　爆炸示意图

(a)物理爆炸;(b)化学爆炸;(c)核爆炸。

4.1.2　爆轰波特点

爆轰波是一种伴有化学反应大量能量释放的强间断面的传播,其显著特点是冲击波剧烈压缩引起炸药快速化学反应,该反应进而支持冲击波的传播。在化学反应区的末端面之前温度达到最大值、在末端面处温度有所下降。爆轰产物压力和密度的变化,与压缩、膨胀程度密切相关,且在前沿冲击波处达到最大值。随着化学反应的进行,生成的气体产物不断膨胀,压力和密度不断下降,在化学反应区末端面处,压力大约下降到前沿冲击波处压力的1/2,密度大约下降到前沿冲击波处密度的1/3。爆轰过程中压力、密度和温度的变化如图4-2所示,其中P_0、ρ_0、T_0为初始压力、密度、温度;P_1、ρ_1、T_1为炸药受到前沿冲击波的冲击压缩时的压力、密度、温度;P_2、ρ_2、T_2为化学反应完成后的爆轰产物的压力、密度、温度。

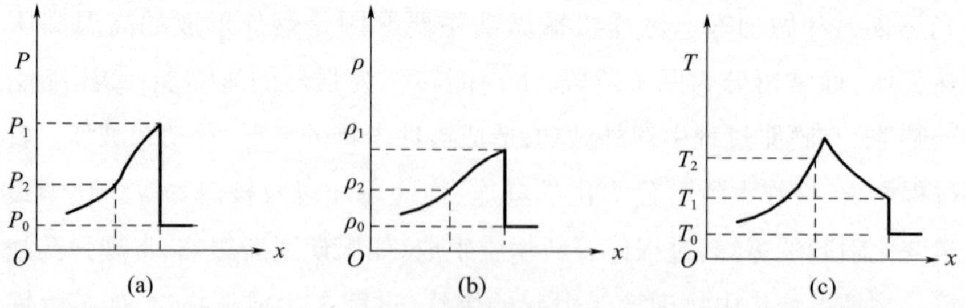

图4-2　爆轰过程中状态参数的变化图

(a)压力;(b)密度;(c)温度。

4.1.3　影响装药爆轰因素

炸药爆轰是以爆轰波的形式沿炸药高速自行传播的现象，是剧烈的化学变化，通常采用5个标志性参量评定炸药的爆轰性能，即爆热 Q_V、爆温 T、爆容 V、爆速 D 和爆压 p。除此之外，还使用威力和猛度两个概念表征爆炸作用性能。其中，威力是炸药爆轰产物对外界做功的能力，常用炸药内能和爆热来表征；猛度是指爆炸瞬间爆轰产物对外作用的猛烈程度，即炸药造成局部破坏作用能力，通常使用比冲量进行表征。

1. 装药直径和物理状态对爆速的影响

与可燃性混合气体燃烧一样，一定装药密度凝聚相炸药在燃烧过程中也存在一个临界直径，当装药直径小于某一定值时，爆轰波不能稳定传播；当装药直径超过这一定值时，爆轰波可以稳定传播，而且随着装药直径的增加，爆速不断增加；当装药直径大于另一临界直径定值时，其爆速不再增加，此时爆轰波以理想爆速传播。炸药的物理状态不同，临界直径的差别很大。液态、固态（铸装和压装）条件下TNT和其他类型炸药的临界直径如表4－1所示。

表4－1　炸药临界直径表

炸药名称	密度/(g/cm^2)	直径/mm
铸装2,4,6－三硝基苯甲硝胺（特屈儿）	1.60	5.7
液态TNT	1.46	62
铸装TNT	1.62	38
压装TNT	1.62	1.85～2.5
黑索金	1.0	6.0

2. 炸药颗粒度对临界直径的影响

一般情况下，炸药的颗粒度越小，装药临界直径越小。TNT、李戊四醇四硝酸酯（泰安，PETN）、三硝基苯酚（苦味酸）等炸药颗粒度对临界直径的影响数据如表4－2所示。

表 4-2　炸药颗粒度对临界直径影响表

炸药	密度/(g/cm^2)	颗粒度/mm	直径/mm
TNT	0.85	0.01~0.05	4.5~5.4
		0.07~0.2	10.5~11.2
泰安	1.00	0.025~0.1	0.7~0.86
		0.15~0.25	2.1~2.2
苦味酸	0.80	0.01~0.05	2.08~2.28
	0.70	0.05~0.07	3.6~3.7
	0.95	0.10~0.75	3.9~9.25

3. 装药密度对临界直径的影响

装药密度爆速的影响主要改变炸药的孔隙率，对于TNT、黑索金、泰安、奥克托金和特屈儿等单质炸药，若装药密度增加，其临界直径将会减小，主要是因为随着装药密度的增大，化学反应区中的压力和温度升高，化学反应加快，如图4-3所示。相较于TNT等单质炸药，混合炸药临界直径与装药密度的关系却恰恰相反，即随着装药密度的增大，其临界直径也增大，如图4-4所示。

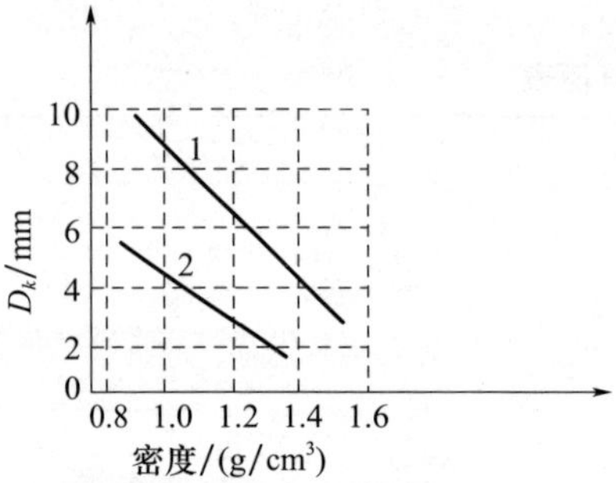

1—颗粒度为0.07～0.2mm；
2—颗粒度为0.01～0.05mm。

图4-3　TNT临界直径与密度

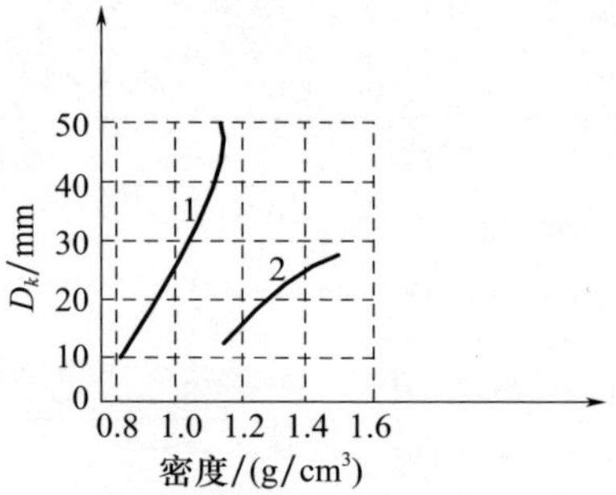

1—颗粒度为0.07～0.2mm；
2—颗粒度为0.01～0.5mm。

图4-4　混合炸药临界直径与装药密度

4. 外壳对临界直径的影响

当炸药有外壳存在时，临界直径会减小。表4-3列出了不同比例的硝酸铵/TNT混合炸药有无外壳时临界直径数据。从表4-3中数据可以看出，若有外壳存在时，其临界直径约为无外壳时的1/3。

表4-3　不同比例硝酸铵/TNT混合炸药临界直径数据表

硝酸铵/TNT混合比	78/22	88/12	94/6	97/3	100/0
外壳	临界直径/mm				
无	12	15	21	30	100
有	4	5	8	14	40

4.1.4　爆轰冲击波特点

1. 空气中爆轰

爆破战斗部装药在空气中爆炸时，当爆轰波到达炸药和空气界面时，瞬时在空气中形成强冲击波，其参数由炸药和介质性质决定。初始冲击波作为一个强间断面，其运动速度大于爆轰产物-空气界面的运动速度，导致压力波阵面与爆轰产物-空气界面的分离。产生的冲击波由正压区和负压区两部分组成，称为爆轰冲击波，如图4-5、图4-6所示。

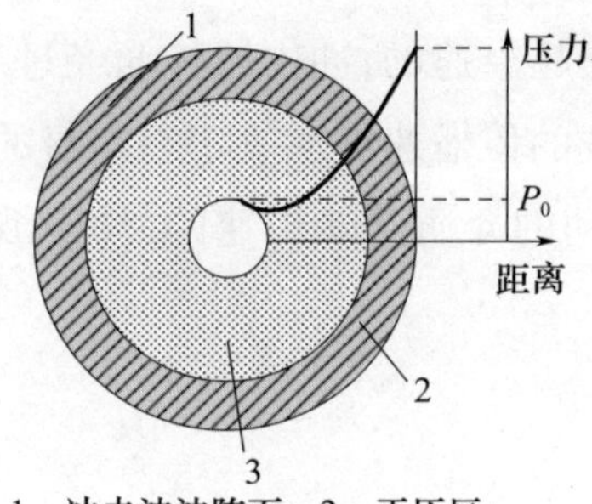

1—冲击波波阵面；2—正压区；
3—负压区。

图4-5　爆轰冲击波的形成和压力分布图

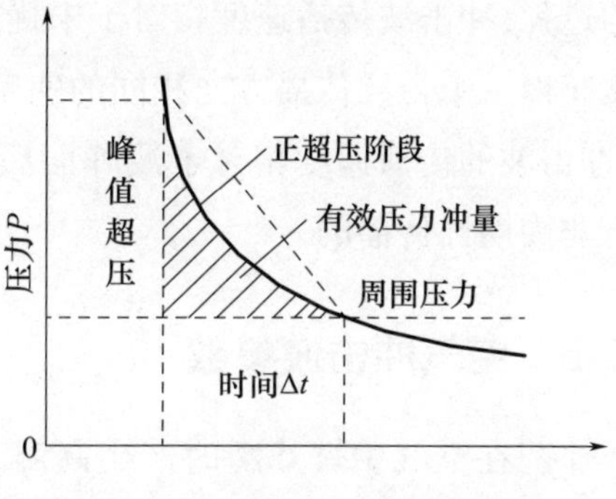

图4-6　爆轰冲击波压力衰减示意图

冲击波在传播过程中压力与传播速度快速下降的主要原因包括：冲击波波阵面的面积随着传播距离的增大而增大，即使无其他能量损耗，在波阵面单位面积上能量也将迅速减少；冲击波正压区随着波的传播不断拉宽，受压缩的空气量不断增加，使单位质量空气的平均能量不断下降；冲击波传播过程中，存在因空气受冲击绝热压缩而导致不可逆能量损耗的熵增，冲击波效力越强，不可逆能量损耗越大；冲击波传播过程中，波阵面压力在初始阶段衰减快，后期衰减较缓，传播一段距离后，冲击波衰减为声波，如图 4－7 所示。

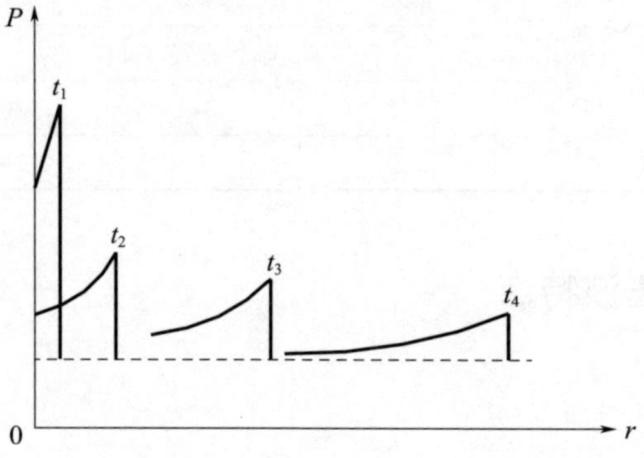

图 4－7　冲击波的传播示意图

2. 冲击波特点

冲击波是一种强压缩波，与弱扰动波相比，具有如下特点：冲击波阵面两侧介质参数相差一个有限量，不是一个微量；冲击波的传播过程是不可逆绝热熵增的过程；冲击波传播速度相对于未扰动介质是超声速的；冲击波传输经过后，介质获得一个与波传播方向相同的速度；冲击波的传播速度取决于它本身的强度；冲击波的传播速度相对于波阵面后已受扰动的介质是亚声速的；冲击波是进行非周期性传播的。

4.1.5　空气冲击波参数

炸药在空气中爆炸瞬时产生高温、高压类似于气体的爆轰产物，由于空气初始压力和密度很低，在爆轰产物中产生膨胀波（稀疏波），导致其快速膨胀和压力、密度的急剧下降，与此同时，爆轰产物强烈压缩空气，在空气中形成冲击波。

1. 空气冲击波参数

该参数用于描述空气冲击波参数主要包括冲击波峰值超压、冲击波比冲量、冲击波传播速度、质点速度以及随时间和空间坐标的变化关系、冲击波持续时间、冲击波波长等参量，下面重点对冲击波超压持续时间、比冲量、波长等参数进行说明。

冲击波超压持续时间是空气冲击波的一个重要特征参数，它是影响冲击波对目标的破坏作用的一个重要的标志参数，包括正压持续时间和负压持续时间。冲击波的正压持续时间符合爆炸相似律。

比冲量是指超压—时间关系曲线所包含的面积，也就是说，冲击波比冲量不仅取决于冲击波的峰值冲压，也与冲击波超压的持续时间密切相关。

冲击波波长分为压缩波波长和稀疏波波长，其中压缩波波长为压缩空气层的厚度，其值等于当地声速与冲击波正压持续时间的乘积，稀疏波波长为当地声速与冲击波负压持续时间的乘积。当地声速与空气密度、温度等因素有关。

2. 影响冲击波效力因素

空气冲击波的参数特征与炸药种类、爆炸环境、炸药长径比、装药运动速度等因素密切相关。炸药种类不同，其爆热、爆温、爆容、爆速、爆压等爆炸性能参数大不相同，产生的爆轰冲击波也大不相同。目前，简单处理方法是将一种非TNT炸药的爆热与TNT炸药的爆热比较，非TNT炸药的药量换算为TNT药量的Q_{vi}/Q_{vT}倍，其中Q_{vi}为非TNT炸药的爆热，Q_{vT}为TNT炸药的爆热。另外，炸药爆炸环境不同，爆炸产生的冲击波也会发生较大的变化。

1）爆炸环境的几何特征对冲击波的影响

冲击波与爆炸环境的几何特征关系密切。按照爆炸环境的几何特征不同，爆炸可以分为在无限空气中爆炸、在高空中爆炸、在低空中爆炸、在普通地面爆炸、在两端开口的坑道内爆炸、在一端开口的坑道内爆炸、在密闭空间内爆炸和在有泄爆面的空间内爆炸等。

在地面发生爆炸时，炸药的爆炸TNT当量是在无限空气中爆炸的1.6～2倍。在高空中爆炸时，炸药的爆炸TNT当量是在无限空气中爆炸的P_{01}/P_0倍，其中P_{01}为高空中的大气压力，P_0为海平面的大气压力。

在一端开口的坑道内爆炸，炸药的爆炸TNT当量是在无限空气中爆炸的$4\pi r^2/S$，其中S为坑道截面积，r为冲击波传播距离；在两端开口的坑道内爆炸，炸药的爆炸TNT当量是在无限空气中爆炸的$2\pi r^2/S$。

不规则地面会明显地影响冲击波效应强弱。平缓向上的斜坡能够使冲击波增强，而陡峭向上的斜坡能使冲击波形成马赫波，并产生更强的冲击波。向下的斜坡或者山脊会引起冲击波的膨胀和减弱。

2)地面介质的性质对爆炸波的影响

在土壤地面上爆炸时,土壤会吸收爆炸传递到地面的一部分能量,并造成土壤地面成坑和产生反射波,剩余的一部分能量则以冲击波的形式在空气中传播。在距爆心较近的地面处,入射波会得到增强,但增强的幅度会小于入射波峰值;在距爆心较远处,入射波增强幅度较小,其衰减速度小于无限空气域中的衰减速度。同时,爆炸在土壤中产生的应力波远大于空气中的应力波,并随着成坑深度的增加,应力波明显减弱,土壤的成坑过程及反射波的形成是迅速完成的,造成空气冲击波在波峰之后得到加强。

在混凝土地面上爆炸时,爆炸传递到混凝土地面的能量大部分不是被地面吸收,而是转变为反射波传播到空气中。由于爆炸瞬间空气冲击波和能量的传递同时发生,在经过很短的时间后,反射波才开始形成,在此时刻,入射波在空气中已传播了一段距离,因此入射波在第一次波峰结束后,遇到地面传来的反射波而得到加强,并且冲击波的衰减速度明显比空气中的衰减速度慢。混凝土地面在爆炸瞬间吸收的能量一部分使混凝土发生塑性变形,另一部分通过混凝土使其下的土壤成坑并产生反射波。

3)装药长径比

假设圆柱形装药的半径和长度分别为 r_0 和 L,当冲击波传播距离 $r > L$ 时,可近似看成球形装药的爆炸;当 $r < L$ 时,炸药的爆炸 TNT 当量是在无限空气中爆炸的 $2r/L$ 倍。

4)装药运动速度

当装药运动速度与爆轰产物平均飞散速度相等时,运动装药爆炸相较于静止爆炸其能量会增加 1 倍以上,动爆冲击波场与静爆冲击波场也存在明显差异。根据能量相似原理,可将动爆装药动能看成装药量的增加,炸药的爆炸 TNT 当量是静止爆炸时的 $(Q_{vi} + u_0^2/2)/Q_v$ 倍,其中,Q_v 为炸药的爆热,u_0 为炸药的运动速度。

4.1.6 爆轰毁伤效应

装填猛炸药爆破战斗部利用炸药爆炸产生的爆轰产物和冲击波破坏目标,

主要用于毁伤陆战场中有生力量、建筑物和轻型装甲等各类目标。爆破战斗部内通常装有高能炸药，在各种介质中爆炸时，介质将受到爆炸产物的强烈冲击。爆轰产物具有高压、高温和高密度的特性，对于一般高能炸药，爆轰产物压力为20～40GPa，温度为3000～5000℃，密度为2.15～2.37g/cm^3，爆轰产物作用于周围介质，将在介质内形成爆轰冲击波传播，爆轰冲击波携带爆轰能量可使介质产生变形、破损等毁伤效应。

爆破战斗部在空气中爆炸时，炸药能量的60%～70%通过空气冲击波作用于目标，给目标施加巨大压力和冲量。在爆炸的同时，爆破战斗金属壳体还将破裂成许多向周围飞散的破片。在一定范围内，具有一定动能的破片也能起到杀伤作用，但与冲击波的作用威力相比，作用处于从属位置。爆破战斗部在水中爆炸时，以水中冲击波、气泡脉动和二次压力波为主要特征，形成的水中冲击波和二次压力波对较远距离目标实施破坏作用，而被水介质包围的爆轰产物形成的气泡脉动、二次压力波对水下近距离目标实施破坏作用。爆破战斗部在岩土中爆炸时，在岩土介质中形成爆轰冲击波，产生局部破坏作用和地震效应。局部破坏作用造成爆腔和破坏性漏斗坑，爆轰冲击波的传播和由此引起的地震效应能导致地面建筑物和防御工事被震塌和震裂。一般认为，爆破战斗部在空中爆炸主要靠空气冲击波作用，在水中爆炸主要靠水中冲击波和气泡脉动，在岩土中爆炸主要靠局部破坏产生毁伤效应。

爆破战斗部是通过炸药爆炸后形成高温、高压、高速膨胀的爆轰产物及介质冲击波对目标实施破坏的战斗部，主要由传爆药柱、壳体、高能炸药、传爆序列组成，按照对目标作用状态的不同可分为内爆式和外爆式两种。内爆式战斗部是指进入目标内部才爆炸的爆破战斗部，如打击建筑物的侵彻爆破弹、破坏地下指挥所的钻地弹和打击舰船目标的半穿甲弹等。内爆式战斗部对目标产生由内向外的爆破性破坏，可能同时涉及多种介质中的爆炸毁伤效应。很显然内爆式战斗的武器弹药必须直接命中目标；外爆式战斗部是指在目标附近爆炸的爆破式战斗部，它对目标产生由外向内的挤压性破坏，主要涉及空中、水中爆炸效应。与内爆式战斗部相比，它对武器弹药的制导精度要求可以降低，但其脱靶距离应不大于冲击波的破坏半径。

4.2 破片效应

破片是最基本的毁伤元,具有速度高、质量小、数量多和覆盖面大等特点,通常由金属壳体在内部炸药爆炸作用下猝然解体而产生,也可延伸到球形、连续杆、离散杆等多种形式的预制破片,其特征参数包括破片数量、破片速度、破片质量分布、破片空间分布等。破片效应是指破片毁伤元对有生力量和飞机、车辆等技术装备的杀伤破坏作用。根据破片的生成途径可分为自然破片、预控破片和预制破片3种类型。

4.2.1 破片生成特点

1. 自然破片

自然破片具有破片厚、初速高、大小不均匀、形状不规则等特点,在空气中飞行速度衰减较快,其战斗部外壳通常由高碳钢、高强度或预热处理合金钢等高脆性材料构成,战斗部炸药爆轰时,战斗部壳体在爆轰产物作用下发生膨胀、变形、破裂乃至破碎,壳体破碎后形成分散的破片,爆轰产物对破片仍存在一定的加速作用,直到爆轰产物加速作用与空气阻力作用抵消为止。由普通低碳钢等延性材料构成的战斗部壳体则呈现拉伸和剪切两种破坏形式,且破裂规律随着壳体厚度增加而改变。

在薄壁壳体中,初始破裂为剪切破裂,且破裂始于外表面,其刚好与静压理论所预测的结论相反;当壳体超过一定厚度时,就会出现剪切和拉伸两种破裂,而拉伸破裂开始于外表面;在很厚的壳体中,拉伸破裂则从内壁开始。

自然破片数量、质量和速度等参数与装药性能、装药质量比、壳体材料性能及热处理工艺、起爆方式等密切相关,提高自然破片战斗部威力性能的主要途径是选择与其装药性能相匹配的优良的壳体材料。

2. 预控破片

预控破片是通过对战斗部壳体内外表面刻槽(图4-8)和药柱刻槽等技术措施控制破裂的具体部位。根据不同的技术途径,主要分为刻槽式、聚能衬套式两种结构形式。刻槽式战斗部是在一定厚度的壳体上，按规定方向和尺寸加工制作出相互交叉的沟槽，形成菱形、正方形、矩形或平行四边形的小块。刻槽可在钢板轧制直接成型，而后将刻槽完成后材料焊接成战斗部壳体，以便能大幅度降低成本。刻槽式战斗部爆炸后，在高温高压爆轰气体的作用下急剧膨胀，在刻槽薄弱环节处破裂，形成较规则的破片。

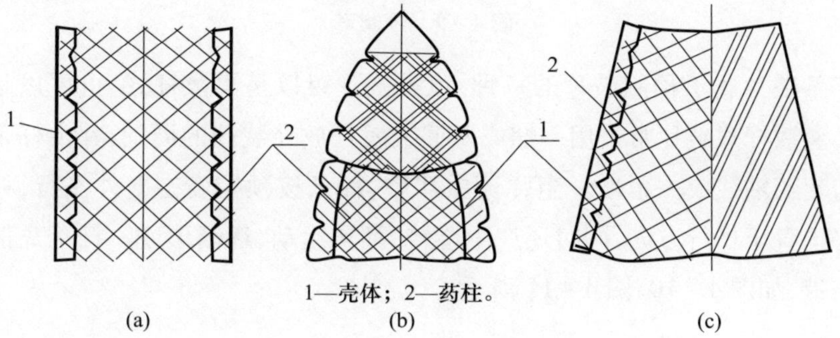

图 4-8　不同刻槽示意图

(a) 内表面刻槽；(b) 外表面刻槽；(c) 内外表面刻槽。

药柱刻槽战斗部通过在药柱上设置带聚能槽的衬套，战斗部外壳是无缝钢管，衬套由塑料、硅橡胶制成，并带有特定尺寸的楔形槽，衬套与外壳的内壁紧密相贴，有铸装法装药后，装药表面形成楔形槽，战斗部爆炸时，楔形槽产生聚能效应，将壳体切割成预定设计破片。

预控破片的特点是大小均匀，形状基本规则，最大限度地避免了金属壳体形成过大或者过小的破片，同时依据需求，通过选定最有效的破片尺寸和形状，可以获得最佳飞散形式和速度。

3. 预制破片

预制破片是将预先加工好的破片嵌埋在壳体基体材料中或用粘结剂粘在炸药周围的蒙皮上，炸药爆炸后，预制破片被爆炸作用高速飞散毁伤目标。预制破片的典型形状有圆柱形（图 4-9）、瓦片形、立方体、球形、短杆、箭形体等。预制破片的质量、形状、速度在弹药或战斗部设计中几乎完全可以控制，对于目标能够产生最佳的散飞效应。预制破片的特点是破片大小和形状规则，能量利用率高，杀伤效果较好，但在装填系数相同的情况下，预制式战斗部的破片初速比整体式或半预制式破片的飞散初速要低10% ~15%。

图4-9 预制环

杆条破片属于预制破片的一种，该类破片可以是离散杆式，也可以是连续杆式。离散杆式破片常采用一捆或两捆金属杆放在装药的周围，其中杆条纵轴通常与装药轴线成一角度。当弹药爆炸后，杆条按预控姿态向外飞行，杆条长轴始终垂直于飞行方向，同时还产生旋转、翻转运动，逐渐形成一杆条离散的切割杀伤带，如图4-10、图4-11所示。

图4-10 连续杆

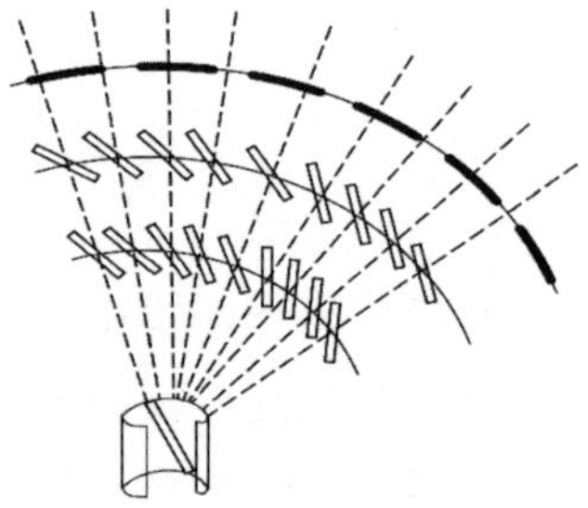

图4-11 离散杆

连续杆式破片结构比较独特，常用一捆金属杆并围成圆筒形置于装药周围，杆条纵轴与装药轴线平行，并且通过焊接使诸杆首尾相连，串联在一起，当弹药战斗部爆炸后，受装药爆炸力的作用，处于折叠状态的连续杆逐渐展开，形成一个以1200 ~1500m/s的速度不断扩张的连续杆式杀伤环，它能切割与其相遇空中目标的组成构件，使目标失去平衡或遭到致命杀伤。

4.2.2 破片空间分布

杀爆战斗部通常采用轴对称回转结构，其破片一般都在战斗部的周向均匀布置。当杀爆战斗部爆炸时，其破片周向均匀飞散，球形、圆柱形、锥形、圆弧形

4种不同形状战斗部静态爆炸条件下的破片飞散形式各不相同，如图4－12所示。

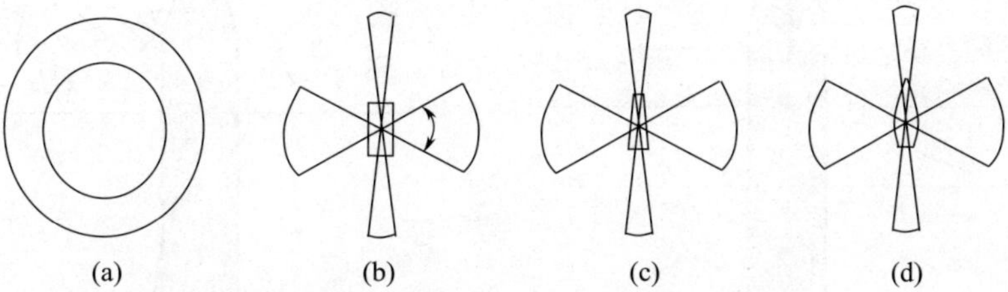

图4－12 典型爆破战斗部空间飞散分布示意图

(a)球形结构；(b)圆柱形结构；(c)圆台形结构；(d)圆弧形结构。

其中球形战斗部爆炸破片分布均匀，圆柱形战斗部爆炸90%飞散方向为侧向(图4－13)，圆台形和圆弧形战斗部起爆后大部分破片向半径小的方向飞散。杀爆战斗部破片的散布范围较大，且随动态飞散角的增大而增大，造成破片的利用率低，毁伤效果不够理想。

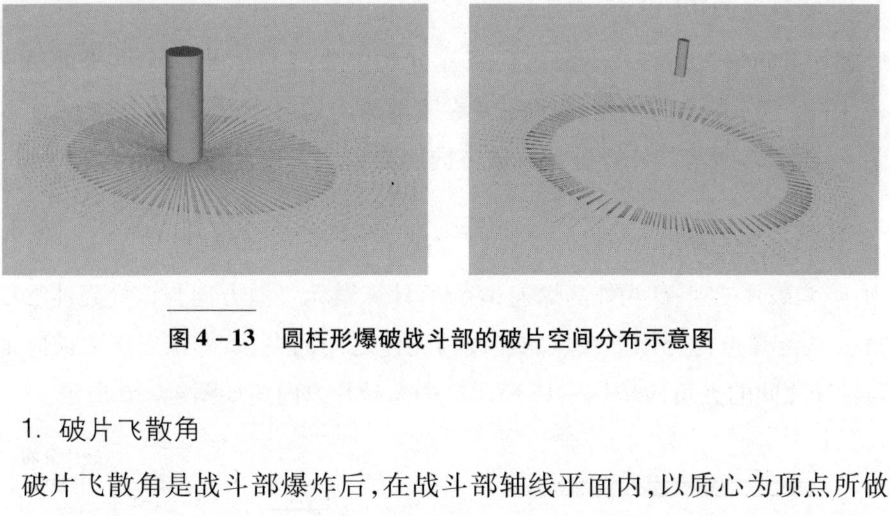

图4－13 圆柱形爆破战斗部的破片空间分布示意图

1. 破片飞散角

破片飞散角是战斗部爆炸后，在战斗部轴线平面内，以质心为顶点所做的包含90%有效破片的锥角。常用Ω表示破片静态飞散角，Ω_v表示动态飞散角，动态飞散角为静态飞散角叠加落速v_c的结果，通常情况下静态飞散角要大于动态飞散角，φ_1、φ_2分别为破片飞散方向的两个边界与射弹轴线的夹角，于是破片动态飞散角$\Omega_v=\varphi_2-\varphi_1$，如图4－14所示。

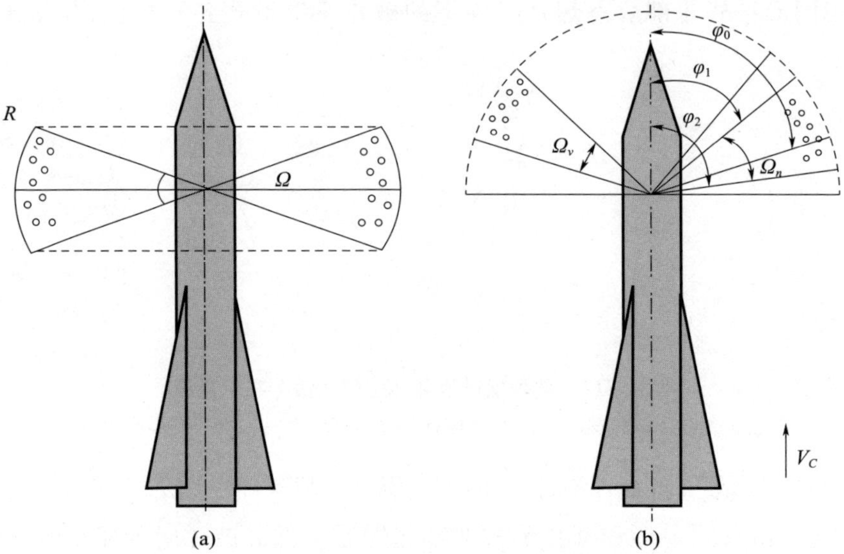

图 4-14 破片飞散角示意图

(a)静态飞散角;(b)动态飞散角。

2. 破片方向角

破片方向角是指破片飞散角内破片分布中心线与战斗部赤道平面所夹的角,常用φ_0表示静态方向角,假设破片在飞散角内均匀分布,则$\varphi_0=(\varphi_2+\varphi_1)/2$,如图 4-14(b)所示。计算破片飞散方向经典公式为泰勒公式,如下:

$$\sin\delta=\frac{v_0}{2D}\cos\alpha \tag{4.2.1}$$

式中:v_0为破片初速;D为炸药爆速;δ为所计算微元飞散方向与该处壳体法线的夹角;α为起爆点与壳体上该点的连线与壳体之间的夹角,即该点爆轰波阵面法线与轴线之间的夹角,如图 4-15 所示。静态破片方向角如图 4-16 所示。

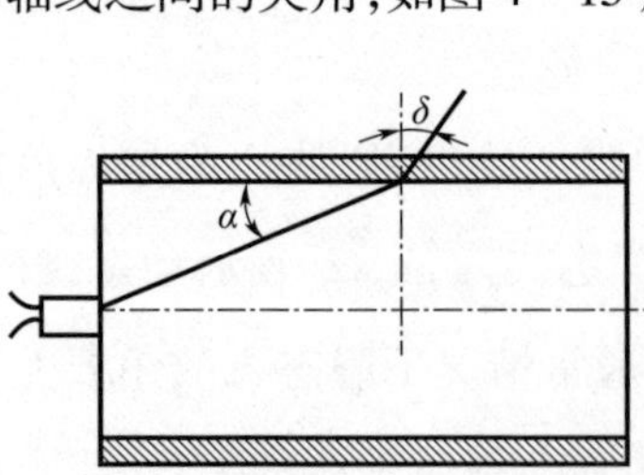

图 4-15 泰勒公式参数示意图

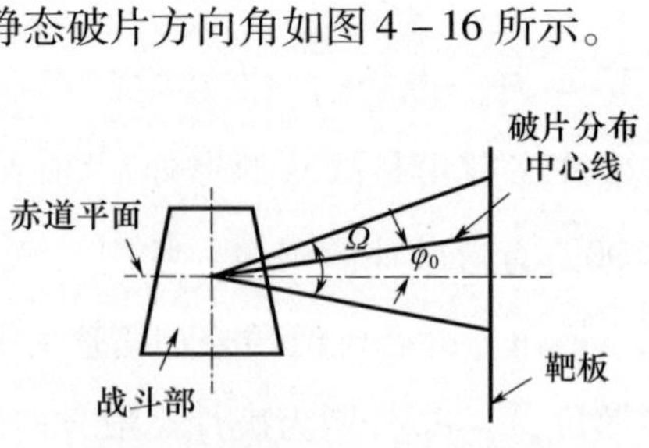

图 4-16 静态破片方向角

夏皮罗对泰勒公式进行了改进，使之适用于非圆柱体情况，如下式所示，式中 ϕ 为计算点处壳体法线与轴线的夹角（图 4 - 17）。

$$\tan\delta = \frac{v_0}{2D}\cos\left(\frac{\pi}{2} + \alpha - \phi\right) \tag{4.2.2}$$

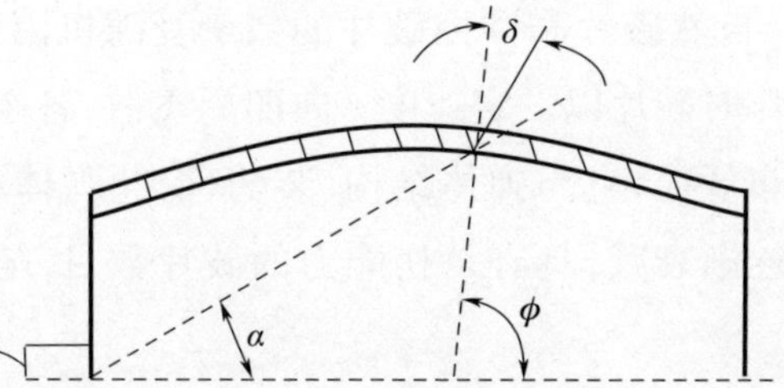

图 4 - 17　夏皮罗公式

3. 破片空间分布影响因素

圆锥形、圆柱形、鼓形 3 种结构外形的战斗部破片飞散角和方向角如图 4 - 18所示，鼓形飞散角最大，圆锥形、圆柱形飞散角最小；方向角则以圆锥形为最大，鼓形和圆柱形的方向角均较小。根据泰勒 - 夏皮罗公式理论计算可知，鼓形外表面为圆弧，其破片飞散角最大，圆锥形外表面与轴向成一锥角，破片倾向前方，其方向角最大。

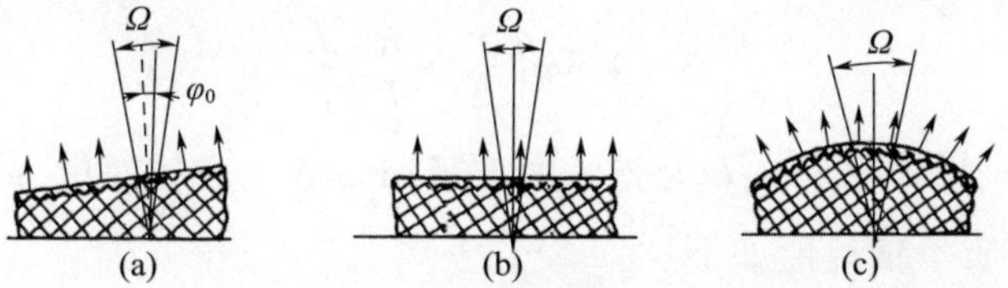

图 4 - 18　不同外形战斗部破片飞散角和方向角

（a）圆锥形；（b）圆柱形；（c）鼓形。

战斗部起爆方式一般分为一端起爆、两端起爆、中心起爆和轴线起爆 4 种类型，由泰勒 - 夏皮罗公式可知，破片飞离战斗部壳体时，总是朝爆轰波的前进方向倾斜某一角度 σ。若两端起爆时，由于破片从两端向中间倾斜，飞散角较小，方向角为 0。轴线起爆时，破片皆垂直于壳体表面飞散，方向角为 0，飞散角较小。中心起爆时，飞散角较大，方向角为 0。一端起爆时，方向角最大，飞散角稍大。当起爆点向战斗部几何中心移动时，方向角逐步减小，移至中心时，变成中心起爆，方向角为0。

4.2.3 破片数及破片质量

除预制破片外，自然破片和预控破片的数量受随机因素影响，不是一个确定的数目。弹丸爆炸时破片以一定速度 v 向四周飞散，各个方向飞散密度与破片大小有一定的分布规律，它与弹体结构、装药种类、弹体材料等有直接关系。在飞行中破片速度逐渐衰减，具有杀伤能力的破片数目，随着飞行距离的增加而减少。

弹体在爆炸后形成破片总数 N 及其质量分布规律，是衡量弹体破碎程度的标志，同时也是计算弹丸杀伤作用的重要依据。使用理论计算方法预先计算战斗部爆炸后产生的破片总数及其质量分布是一件十分困难的事，目前尚未彻底解决。在工程计算中，常用如下经验公式计算战斗部壳体壁较厚且1g以上的破片总数：

$$N = 3200\sqrt{M} \cdot \alpha(1-\alpha) \tag{4.2.3}$$

式中：M 为弹体金属与炸药质量之和，kg；α 为炸药装填系数，$\alpha = m/M$。

对于壳体壁厚度较薄的战斗部，且装填TNT炸药的弹丸，可使用下式近似估算破片数量，即

$$N = 4.3\pi\left(\frac{L}{2}+\frac{R}{\delta}\right)\frac{L}{\delta} \tag{4.2.4}$$

式中：R 为壳体内半径，mm；L 为壳体内半径，mm；δ 为壳体厚度，mm。

破片平均质量估计值如下：

$$\overline{m}_f = k\frac{m_s}{N} \tag{4.2.5}$$

式中：m_s 为金属壳体质量；k 为壳体质量损失系数，其值为0.8～0.85。

4.2.4 破片初速

战斗部壳体破碎瞬间的膨胀速度是破片初速，破片初速是破片的重要性能参数，直接影响着破片的杀伤威力。破片初速与战斗结构、壳体材料、壳体形状、装药量、装药形状、装药种类、起爆点位置和顺序等多个因素有关，以下列出

几种主要因素。

1. 战斗部长径比对破片初速的影响

战斗部长径比对破片初速度影响很大。由于端部效应，战斗部两端破片初速度低于中间部位的初速度，因此不同战斗部长径比，其端部效应所引起的炸药能量损失不同。如图4－19所示，随着战斗部长径比的增加，破片的初速增加，但是当长径比等于1.5时，破片初速趋于稳定；当长径比小于1.5时，其对破片初速影响显著。

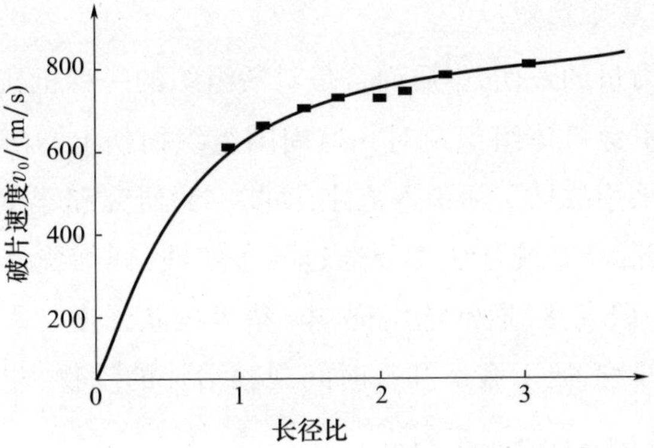

图4－19 装药长径比对破片初速度的影响

2. 壳体材料对破片初速的影响

壳体材料的塑性对破片初速的影响较大，塑性高的壳体，在爆轰产物作用下壳体能够充分膨胀，壳体半径膨胀到最大临界半径才破裂，可以获得最大初速。塑性低的壳体，在爆轰产物作用下壳体破裂较早，即壳体破裂发生在破片获得最大速度之前。除了壳体材料的塑性，壳体材料的屈服极限和强度极限通过壳体的破裂行为和破裂半径而影响破片的初速度。

3. 装药约束对破片初速度的影响

在长径比$L/D>2$的圆柱形装药中，端部效应影响较小，且随着L/D的值增大，端部效应对破片初速度的影响越来越小。由于端部稀疏波的影响，很少有破片能达到古尼方程预测的破片初速度。

4.2.5 破片毁伤效应

破片战斗部主要用于杀伤人员目标、其他有生力量、低生存能力的地面目标和空中目标。破片的毁伤威力主要包括破片对目标的杀伤面积、杀伤概率、杀伤能力。单个破片对目标的毁伤包括破片对目标的撞击、侵彻、震塌、贯穿、引燃等。单个破片的毁伤效果与破片的质量、形状、速度、破片与目标的接触面积等因素密切相关,杆状破片还与撞击角度关系密切。

1. 对有生力量毁伤效应

破片对有生力量的毁伤,本质而言是对活组织的一种机械破坏作用。破片动能主要消耗在贯穿机体组织及对伤道周围组织损伤上。研究破片对有生力量毁伤机理通常采用战场实际调查统计、动物实验研究和非生物模拟实验3种方法,其中战场实际调查统计法主要通过战争实践,详细统计破片对人员的杀伤情况,动物实验研究法,通常选用狗、羊、猪等皮肤强度与人体相近、差异小,具有一定可侵彻厚度,便于搬运和长时间观察治疗的动物,非生物模拟实验法常用肥皂、明胶、黏土、新鲜猪牛肉等。

25mm松木板强度大致与人体胸腹腔强度相同,毁伤效能实验中常采用25mm松木板作为效应靶,破片贯穿25mm松木板所需的动能和比动能如表4-4所示。

表4-4 贯穿25mm松木板动能和比动能值

破片质量(形状)	动能/J	比动能/(J/cm^2)
0.5g(方形)	24.3	128.0
1.0g(球形)	35.3	111.0
1.0g(方形)	54.0	123.0
5.0g(方形)	104.0	117.0

2. 对技术兵器目标毁伤效应

破片对技术兵器防护目标毁伤主要包括击穿要害部件造成机械损伤、引燃油箱造成起火、引爆弹药舱造成爆炸破坏。

根据能量守恒准则,破片作用于目标动能应不小于目标材料的平均动态变形功才能造成穿孔，即 $E_{im} \geqslant E$，式中 $E_{im} = 1/2 m_f v_b^2$ 为破片撞击目标时的动能，E 为致使目标发生动态破坏时所需要的变形功。目标动态破坏变形功如下式：

$$E = k_1 b \sigma_b A_S \tag{4.2.6}$$

式中：k_1 为比例系数，取决于目标材料的性质和打击速度，对于硬铝，在打击速度不大于 2500m/s 时，$k_1 = 0.92 + 1.023 v^2 \times 10^{-6}$；$b$ 为目标材料厚度，m；σ_b 为目标材料的强度极限；A_S 为破片与目标遭遇面积，m^2。

破片击穿要害部件，通常以击穿单位厚度硬铝目标比动能 E_b 来衡量，其他材料可用等效硬铝厚度来表示。按照总强度等效的原则，对地厚度为 b 的靶板材料，若靶板材料强度为 σ_b，则其等效硬铝靶的厚度 b_{A1} 如下式：

$$b_{A1} = \frac{b \sigma_b}{\sigma_{A1}} \tag{4.2.7}$$

式中：σ_{A1} 为硬铝的强度极限。不难得出等效铝靶的穿靶能量如下式：

$$E = k_1 b_{A1} \sigma_{A1} A_S \tag{4.2.8}$$

由于破片在飞行中可能发生旋转、翻滚等姿态改变，A_S 是一个变值，其范围为 $A_{S\min} \leqslant A_S \leqslant A_{s\max}$。因此，有时 A_S 采用破片与目标遭遇面积数学期望值 A 表示。由此可见，一枚破片穿透目标的最小动能与破片和靶板的接触面积有关，且必须满足下式：

$$\frac{E_{im}}{A} \geqslant \frac{k_1 b_{A1} \sigma_{A1} A_S}{A} \tag{4.2.9}$$

定义 $E_b = \dfrac{E_{im}}{b_{A1} A}$ 为破片打击硬铝目标的体积比动能，则破片着靶比动能：

$$E_b = \frac{m_f v_b^2}{2 b_{A1} A} \tag{4.2.10}$$

式中：m_f 为破片碰靶时的质量，kg；v_b 为破片碰靶时的速度，m/s。于是得到破片击穿靶板必须满足下式：

$$E_b \geqslant k_1 \sigma_{A1} \frac{A_S}{A} \tag{4.2.11}$$

除了击穿的毁伤作用，破片还可能存在对目标引燃、引爆的可能。引燃概率随着炸点高度增加而减小，主要是因为大气温度和压力随高度增加而降低，导致引爆的因素很多，主要有破片形状、飞散参数、弹药炸药参数、壳体结构及材料、弹目交会条件等，由于涉及因素多，目前尚未形成统一的计算公式。

4.2.6 定向破片控制技术

弹药攻击目标时，破片呈圆锥形向四周分散，而目标只能位于战斗部一个方位，只占杀伤区的很小一部分，因此只有少量破片飞向目标，大部分破片成为无效破片。经统计大部分情况下目标仅占战斗部破片环向空间的若干分之一，破片利用率仅为1/12～1/8。

定向战斗部通过调整环向能量分布，增加目标方向的毁伤元或能量，进而提高战斗部对目标的杀伤效率。定向战斗部在目标方向上实现能量集中，其破片不仅可轴向集中而且能周向集中，进而使能量集中在更小的目标范围内形成定向杀伤。其中，沿轴向破片分布的定向增益可用聚焦或分束聚焦设计解决；沿周向破片分布的定向增益可采用偏心起爆式（图4－20）、可瞄准式、爆炸变形式（图4－21）等不同途径解决。其中，爆炸变形式定向战斗部兼有定向增益高、结构简单可靠和作用时间短的优点，是目前解决周向增益难题的有效途径。

破片聚焦式战斗部采用破片集束，降低破片飞散角，使破片在爆炸后轴向集中在一个较窄的“飞散角”区域内，形成密集环状破片流，对目标结构“切割杀伤”，增大了战斗部对目标的毁伤效果。单束聚焦式杀伤战斗部的缺点是破片覆盖目标的宽度窄，对引战配合要求较高，难以应对战场上高速机动目标。为解决上述问题，研究人员提出了双束破片聚焦战斗部的设计理念，采用上述结构的战斗部，具有破片飞散区域大、引战配合效率高和毁伤效果好的优点。

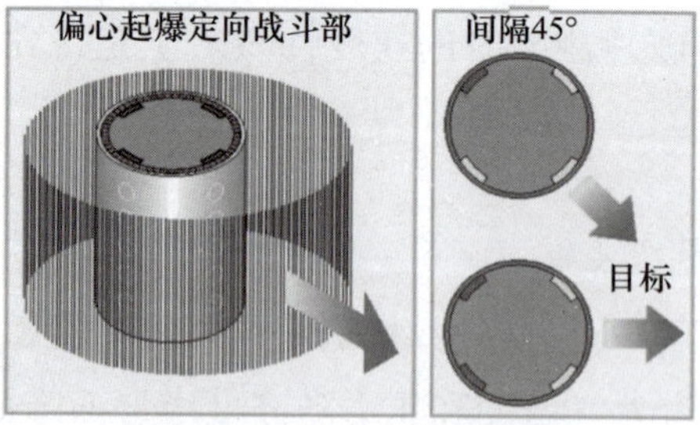

图4－20　偏心起爆式结构

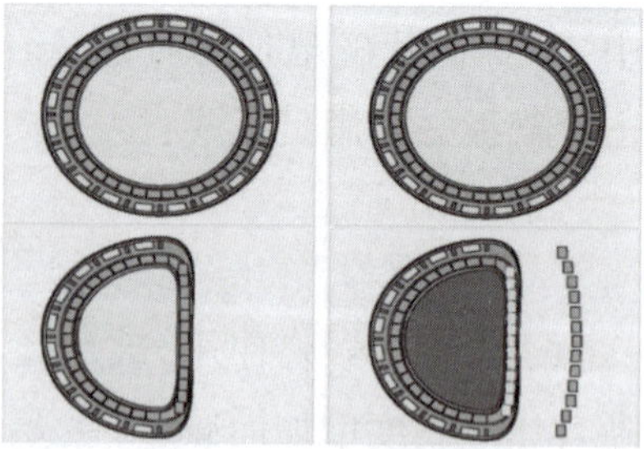

图4－21　爆炸变形式起爆

4.3　侵彻（穿甲）效应

侵彻效应是指弹丸凭借自身动能撞击目标引起的侵彻和破坏作用。一般来说，弹丸撞击岩土、钢筋混凝土等目标引起的侵彻和破坏效应称为侵彻效应，弹丸撞击具有坚硬外壳坦克、舰船等引起侵彻和破坏作用称为侵彻（穿甲）效应。侵彻（穿甲）作用的毁伤元可以是侵彻战斗部、破片、射流、爆炸成型弹丸、穿甲弹等，射流、爆炸成型弹丸对装甲侵彻一般称为破甲效应。本节内容主要论述弹丸对混凝土侵彻效应、超高速碰撞现象及其对目标的破坏，以及弹丸对金属装甲的穿甲效应和穿甲（侵彻）效应的应用。

4.3.1　基本概念

穿甲弹和侵彻战斗部对目标的侵彻和破坏作用是弹丸终点效应理论研究的重要组成，与其相关概念主要有目标、弹体和靶板等，其中弹体是指能完成穿甲和侵彻作用的穿甲弹和侵彻战斗部，目标是指弹体具体破坏的对象，如坦克、步战车、飞机、舰船、导弹、指挥所、机场跑道和地下工事等，靶板是指目标上直接受到弹体冲击的局部位置，比如坦克上被穿甲弹命中的具体装甲。

侵彻是指弹体钻进靶板的作用过程，从侵彻结果来看，主要包括贯穿、嵌埋和跳飞 3 种情况，当弹体碰撞靶板时，侵入靶板而未穿透称为嵌埋，完全贯穿靶板称为贯穿，未能穿透靶板又未嵌埋靶板内部，而是被靶板反弹回去的现象称为跳飞，如图 4－22 所示。

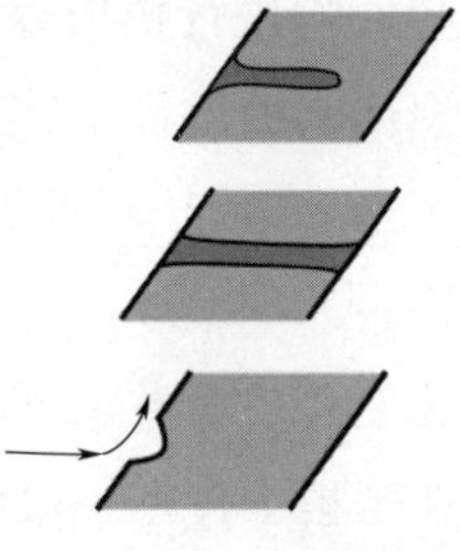

图 4－22　侵彻三种基本结果

1. 侵彻（穿甲）体

根据结构和材料性质不同，穿甲弹分为普通穿甲弹和杆式穿甲弹，普通穿甲弹的长径比 $L/D \leqslant 5$（L 为弹体长度，D 为弹体直径）。小口径普通穿甲通常是实心的，大口径普通穿甲弹内部装有少量炸药，研究穿甲效应时，一般不考虑弹体内部少量装药引起的后效作用。杆式穿甲弹长径比范围为 $L/D = 10 \sim 35$，由于其弹性较好,飞行过程中的速度下降为 45 ~ 80m/s。

制造穿甲弹材料有高强度合金钢、碳化钨、钨合金和贫铀合金等,使用这些材料制成的穿甲弹在侵彻装甲时表现出力学性质、破坏形式各不相同。按照弹头的尖锐程度可以将穿甲弹分为尖头弹和钝头弹,根据弹头母线形状的不同又可以将穿甲弹分为锥形弹、卵形弹和平头弹等。卵形弹特指弹头母线由圆心在弹头和弹尾交界线上、同时过交界点的圆弧组成,通常使用弹体头部母线圆弧半径 R 和弹体直径 d 的比值来描述卵形弹头部形状,以 $R/d>1$ 为尖头弹。尖卵形弹是一种较为优化的弹体头部形状,具有较好的穿甲和侵彻效力,使用度较高,如图 4 - 23 所示。

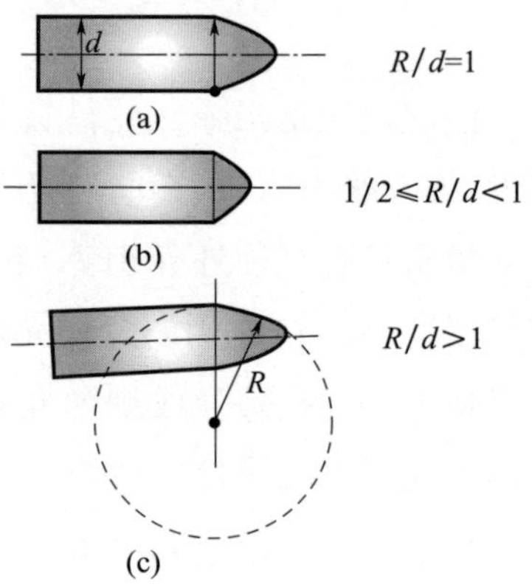

图 4 - 23　卵形弹

(a)界限;(b)钝头;(c)尖头。

2. 靶板

穿甲弹和侵彻战斗部需要打击不同类型的战场目标,为了研究弹体对目标的作用效果,通常采用结构和材料性质各不相同的靶板来进行模拟和等效。

1)按边界影响进行靶板分类

弹体在侵彻靶板过程中,应力波在靶板后表面的卸载和后表面的变形对侵彻过程都会带来一定影响,根据影响程度不同,可将靶板分为半无限靶、厚靶、中厚靶和薄靶。

半无限靶是指在整个侵彻过程中,背面后表面对侵彻过程中不产生影响。厚靶指弹体在靶板中侵彻一段距离后,才受到靶板后表面的影响。中厚靶指在弹体侵彻全过程中,始终受到靶后表面的影响。薄靶指在侵彻过程中,靶板中的应力和应变在厚度方向上没有梯度。

在实际应用过程中,通常使用弹体应力波来回传播一次时靶板中应力波来回传播的次数 N 来表示靶板背面边界的影响程度,即

$$N=\frac{\dfrac{2L}{C_{\mathrm{ep}}}}{\dfrac{2H_{\mathrm{t}}}{C_{\mathrm{et}}}}=\frac{LC_{\mathrm{et}}}{H_{\mathrm{t}}C_{\mathrm{ep}}} \tag{4.3.1}$$

式中：L 为弹体长度；H_t 为靶板厚度；C_{ep} 为弹体中弹性波速；C_{et} 为靶板中弹性波速。当 N 趋向0时，靶板可以当作半无限靶；当 $0 < N \leqslant 1$ 时，靶板可当作厚靶；当 $1 < N \leqslant 5$ 时，靶板可以当作中厚靶；当 $N > 5$ 时，靶板可以当作薄靶。

2）按靶板结构组成分类

根据靶板结构组成不同，可将其分为均质靶、非均质靶、间隔靶板、复合靶板和反应装甲等。均质靶和非均质靶一般是指各种厚度范围内的单层整体靶板，均质靶在各个方向上均具有相同的力学性能和化学成分，是各向同性的。根据硬度不同又可分为高硬度靶板、中硬度靶板和低硬度靶板。均质靶可以通过提高材料的力学性能、增加靶板厚度与法向角来提高抗弹能力。虽然均质靶难以抵御现代反坦克弹药的攻击，但它仍然是坦克防护最基本的装甲类型，而且其他类型的装甲多是在此基础上改进而成的。其他类型靶板防护性能，通常使用均质靶板来进行表征。

非均质靶板在各个方向上的力学性能和化学成分并不相同，其特点是装甲表经渗碳或淬火后，具有较高的硬度，且内部保持较高的韧性。坚硬表面层容易使弹丸的头部破碎或产生跳弹，高韧性的内层能更多地消耗弹丸动能，使弹丸侵彻能力下降。

间隔靶板是指靶板具有间隙或者装有其他部件的双层或多层靶板，其作用是使弹体遭到破坏并消耗弹丸的动能，改变弹丸的侵彻姿态和侵彻路径，提高防护能力。国外某型三层间隔靶板系统如图4－24所示，第一层为9.5mm的薄装甲钢板，第二层为38mm厚的碳素软钢板，第三层为76mm厚的装甲钢板。弹体在穿透间隔靶板系统的第一层时，飞行姿态受到扰动，并产生质量和速度损失，从而影响对下一层靶板的穿甲作用。

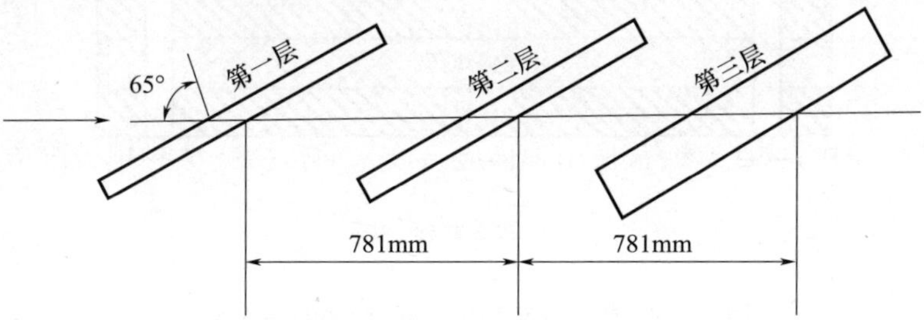

图4－24 国外某型三层间隔靶板系统

复合靶板一般由两层或多层装甲板之间放置夹层材料组成，夹层材料可以是玻璃纤维板、碳纤维板、尼龙、陶瓷、铬刚玉等。不同复合装甲主要在装甲板的厚度配比、夹层材料可以是玻璃纤维板、碳纤维板、尼龙、陶瓷、铬刚玉等。不同复合装甲主要是在装甲板的厚度配比、夹层材料的种类和比例及几何形状上变化。国外某型复合装甲结构如图 4－25 所示。

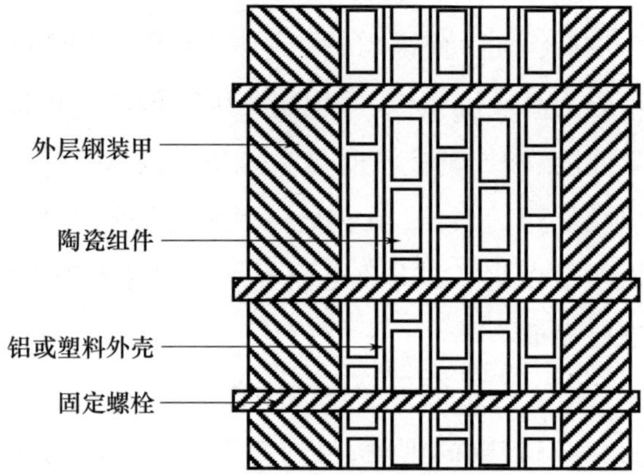

图 4－25　国外某型复合装甲结构

反应装甲一般是指爆炸式反应装甲。“三明治”式反应装甲块的基本结构如图 4－26 所示，由面板、背板和钝感炸药夹层组成。当弹丸撞击反应装甲时，炸药起爆，驱动面板和背板相背运动。运动金属板和高速飞散爆轰产物对弹丸产生不对称作用，进而使弹丸发生偏转甚至断裂，从而降低对主装甲的侵彻能力。

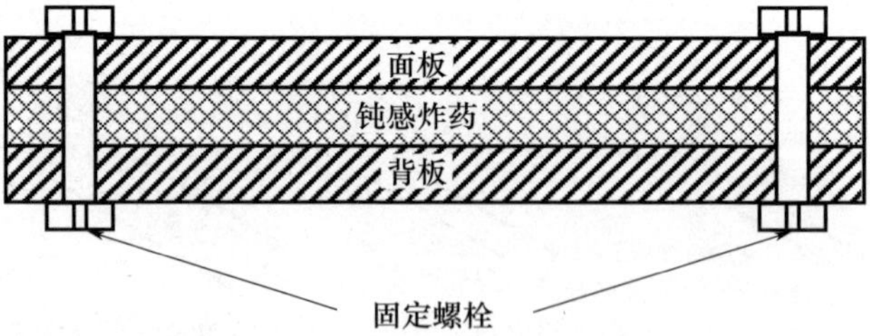

图 4－26　“三明治”式反应装甲块的基本结构

3. 弹靶交会状态

弹靶交会状态包括弹体着靶速度和着靶姿态两个方面。

1）着靶速度

弹体着靶速度对侵彻效应有直接影响，一般来说，随着着靶速度提高，弹药和靶板变形将加剧。根据侵彻现象不同，大致可以分为低速、中速、高速和超高速4种情况。低速着靶时，若低于某个特定值，弹体和靶板均不能达到材料的塑性屈服点，发生弹性变形，碰撞结束后弹体被弹回，靶板不会残余永久变形。当弹靶材料相同时，可以得到发生塑性变形最小撞击速度 V_y，即弹性撞击极限速度，如下式：

$$V_y = \frac{2\sigma_y}{2\rho_0 C_e} \tag{4.3.2}$$

式中：σ_y 为弹靶材料的屈服强度；ρ_0 为弹靶材料密度；C_e 为弹靶中的弹性波速度。

当撞击速度超过弹性撞击极限速度时，冲击应力大于靶板材料的屈服强度，靶板将发生塑性变形，进入中速阶段，如图4-27所示，弹坑与侵彻体形状一致性好，且弹坑横截面与弹丸横截面相近。此时，侵彻阻力主要由弹体克服靶板变形阻力所致，而弹体克服靶板材料惯性引起阻力没有成为主导因素。以流动阻力在侵彻过程中是否占据主导作用为界限，可大致求出中速和高速之间的临界速度：

$$V_i = \sqrt{\frac{8\sigma_y}{\rho_0}} \tag{4.3.3}$$

在高速撞击情况下，流动阻力在侵彻过程中占据主导作用，随着撞击速度的增加，材料的强度相对于流动阻力变得不再重要甚至可以忽略不计。侵彻过程中弹靶的变形呈现出流体特性，此时，弹坑纵向剖面呈不规则的锥形或钟形，其口部直径明显大于弹丸直径，如图4-27(c)所示。

随着撞击速度进一步增高，当撞击产生的冲击波或应力波来不及将撞击能量带走时，撞击点将会沉积大量撞击能量，将造成局部气化和膨胀，出现类似爆炸开坑的效果，呈现杯子形状，如图4-27(d)所示。

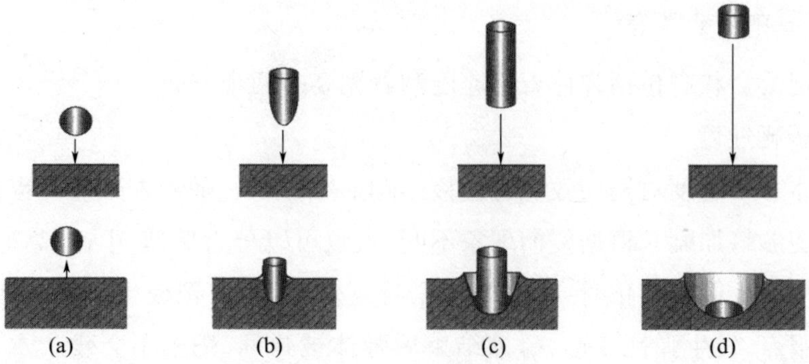

图 4-27 碰撞速度与弹坑形状

(a)低速;(b)中速;(c)高速;(d)超高速。

2)着靶姿态

着靶姿态主要包括入射角或倾斜角 β,定义为弹体速度与靶法线的夹角;弹道角或碰撞角 θ,定义为弹体轴线与靶法线的夹角;攻角或偏航角 α,定义为弹体轴线与弹道的夹角,如图 4-28 所示。当 $\alpha=\beta=\theta=0$ 时,对应弹体速度和弹轴方向一致并且垂直于靶板表面情况为正入射。当 $\alpha=0$、$\beta\neq0$ 时称为斜入射。当 $\alpha\neq0$ 时称为偏航入射,若在偏航入射的情况下 $\beta\neq0$,又称偏航斜入射。

从侵彻效果来看,斜入射可以近似被认为增加了侵彻行程,如图 4-29 所示。在入射角较大弹速又不太高时,容易发生跳飞现象,此时弹体会在靶板表面"挖刻"一浅沟槽,如图 4-30 所示。攻角存在则可以近似理解为增加了侵彻体在入射方向上的投影面积,从而增加了侵彻阻力,如图 4-31 所示。

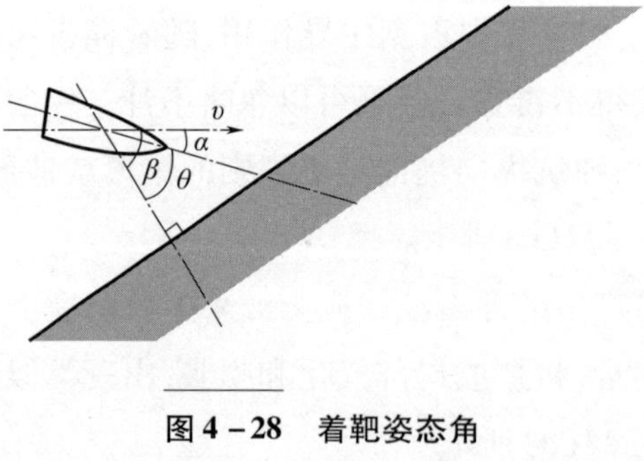

图 4-28 着靶姿态角

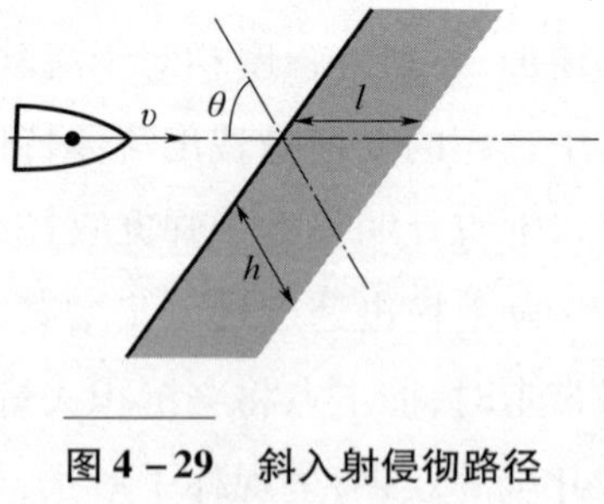

图 4-29 斜入射侵彻路径

图 4-30 跳弹引起的靶板表面破坏

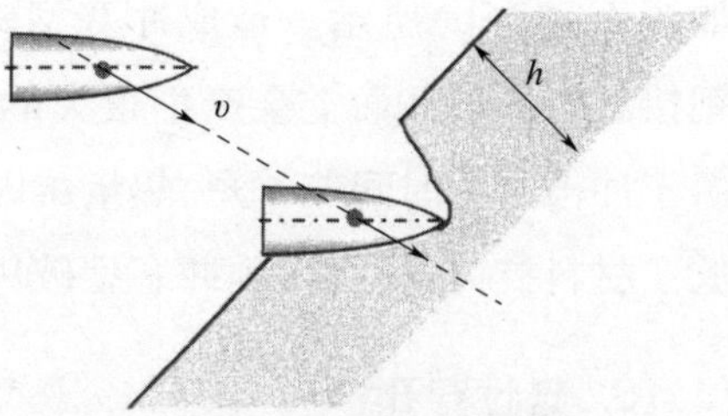

图 4-31 攻角对侵彻体在入射方向上的投影面积

4.3.2 贯穿现象

由于撞击速度、靶板材料性能、靶厚、弹体直径、弹头等不同,在侵彻过程中靶板会出现不同破坏形式,几种典型贯穿破坏形式如图 4-32 所示。

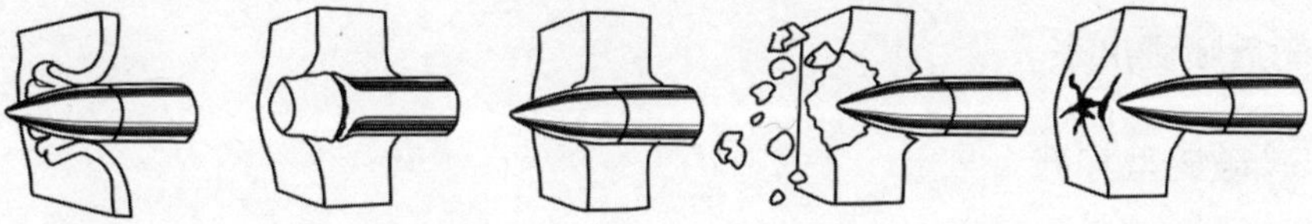

图 4-32 贯穿破坏示意图

(a)花瓣型穿孔;(b)冲塞型穿孔;(c)延性穿孔;(d)崩落型穿孔;(e)破碎型穿孔。

1. 花瓣型穿孔

靶板薄、弹速低时容易产生花瓣型破坏,如图 4-32(a)所示。当锥角较小尖头弹和卵形头部弹丸侵彻薄装甲时,弹头很快戳穿薄板。随着弹丸头部向前运动,靶板材料顺着弹头表面扩孔而被挤向四周,穿孔逐步扩大,同时产生径向裂纹,并逐渐向外扩展,形成靶背表面的花瓣型破口,其花瓣数量与弹体着靶速度和靶板厚度等因素密切相关。

2. 冲塞型穿孔

钝头弹侵彻硬度较高的中厚靶或者薄靶时,一般会冲出一个近似圆柱的塞块，形成冲塞型破坏，在特定条件下尖头弹也能在装甲靶板上冲出同样的塞块，如图 4-32(b)所示。造成冲塞型破坏主要原因是当弹体冲击靶板时，在弹与靶接触的环形截面上会产生很大的剪切力和应变力，同时还会产生大量热量。由于冲击过程时间非常短，热量难以散逸，导致环形截面温度迅速提升，从而降低了材料抗剪强度，出现冲塞型破坏。

3. 延性穿孔

当尖头穿甲弹垂直机械强度不高的韧性靶板时易出现延性穿孔，如图 4-32(c)所示。在尖头弹的作用下，靶板材料产生强烈的塑性变形，并向表面流动，被挤向孔的出口和入口处，在靶板上形成圆形穿孔，孔径不小于弹体直径。同时在靶板的前后表面形成破裂的凸缘。

4. 崩落型穿孔

靶板相当脆硬时，容易出现破碎型破坏，如图 4-32(d)所示，当弹丸高速穿透中等硬度或高硬度钢板、混凝土目标时，靶板背面产生破碎并崩落，大量碎片从靶后喷溅出来。

5. 破碎型穿孔

靶板硬度稍高或质量不太好、有轧制层状组织时，容易产生崩落破坏，如图 4-32(e)所示，而且靶板背面产生的碟形崩落比弹丸直径大。造成这种破坏的原因是：靶板中的入射压缩波在靶板表面反射稀疏波，从而使一定距离处的拉伸应力超过靶板抗拉强度的情况，进而发生崩落型破坏。

4.3.3 侵彻（穿甲）效力参数

穿甲弹威力参数以穿甲能力来表征，为考核穿甲弹穿甲威力，一般把实际目标转化为一定厚度和一定倾斜角的均质材料等效靶。对等效靶的侵彻厚度和穿透一定厚度等效靶所需的侵彻速度作为考核侵彻能力的威力参数。

1. 侵彻极限厚度

侵彻极限厚度通常使用在 2000m 规定距离处，以不小于 90% 的贯穿率，在一定法向角下斜侵能穿透均质靶板的厚度来表征，通过侵彻极限厚度可以表征弹体的侵彻能力，通常使用 δ/β，其中 δ 为靶板厚度，β 为靶板法向角。比如，150mm/60°表征穿甲能力可以穿透 2000m 远、斜置 60°、厚度 150mm 的均质钢靶。

2. 贯穿极限速度

贯穿极限速度是指弹丸以规定的着靶姿态刚好贯穿给定靶板的撞击速度。在弹靶系统确定情况下，可以通过侵彻实验得到贯穿极限速度。实验中，由于弹丸之间存在差异，同一靶板不同区域的性能不尽相同，弹丸着靶姿态存在一定误差原因，导致想要得到某一特定速度确保弹丸贯穿靶板几乎是不可能的。

在一定速度范围内，弹丸能否贯穿靶板是一个概率事件。对于一定结构的弹丸和靶板，弹丸着速越大，贯穿概率就越大，由此存在一个由未贯穿向贯穿过渡的速度区间，称为穿甲过渡带。在这个速度区间内，可能发生贯穿现象，也可能发生不贯穿现象。贯穿概率随撞击速度变化曲线如图 4－33 所示。通常取这条曲线中间即贯穿概率 50% 着速作为贯穿极限速度，又称为 v_{50} 弹道极限。

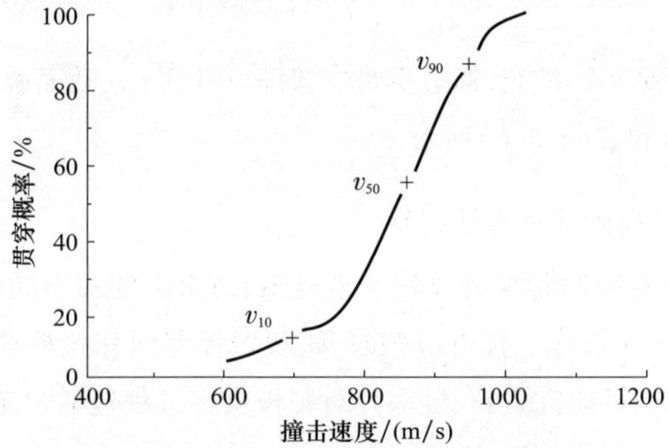

图 4－33 贯穿概率随撞击速度变化曲线

4.3.4 对金属装甲的穿甲效应

为确定弹靶系统的贯穿极限速度、侵彻极限厚度、侵彻深度和弹丸剩余速度等参数，工程实践人员建立了各种理论计算模型和经验公式，由于弹靶几何特性、材料特性、着靶姿态和破坏模型的复杂性和多样性，现有各类计算模型和经验公式均具有不同的适用条件。

1. 尖头弹对延性靶板贯穿

尖头弹贯穿延性靶板是最简单的贯穿过程，由于不涉及其他失效机理，因此仅通过“延性扩充”机理将靶板材料推开并形成穿孔。关于延性穿孔，主要采用动量守恒和能量守恒的 RI(Riera)模型。RI 模型构建时，假定弹丸贯穿靶板过程中，消耗的动能等于靶板上开孔以及使弹体通过而耗费的功 W_p，不考虑靶板动能和靶板弯曲或拉伸消耗的能量，即

$$\frac{1}{2}m_s v_0^2 = \frac{1}{2}m_s v_r^2 + W_p \tag{4.3.4}$$

式中：v_0 和 v_r 分别为弹丸的初始速度和贯穿靶板后的剩余速度；m_s 为弹丸质量。当弹丸的剩余速度 v_r 为 0 时，初始速度 v_0 则为贯穿极限速度 v_{b1}，于是即有

$$v_r^2 = v_0^2 - v_{b1}^2 \tag{4.3.5}$$

即

$$\frac{v_r}{v_{b1}} = \sqrt{\left(\frac{v_0}{v_{b1}}\right)^2 - 1} \tag{4.3.6}$$

若贯穿靶板是延性扩充，通过少量实验即可得到 v_{b1}，从而确定 v_r 和 v_0 的关系，如式(4.3.5)和式(4.3.6)所示。

2. 钝头弹对有限厚靶板的贯穿

钝头弹贯穿有限厚靶板的过程非常复杂，通常会存在不同的失效机理，如层裂、盘形剥落和冲塞等。打击薄靶时，靶板整体弯曲和拉伸会吸收大量的弹丸动能。根据国内外研究资料，钝头弹对靶板贯穿过程包括初始压缩和早期侵彻、凸起变形、冲塞形成和塞块飞出等。

层裂是由入射应力波在靶板背面反射拉伸导致的，层裂片的尺寸和速度依赖撞击速度和靶板材料的拉伸强度，层裂现象通常在钝头弹体高速冲击中厚靶时出现，如图 4 - 34 所示。盘形剥落现象是由靶板的弯曲和拉伸所致，弯曲导致靶板中薄弱面发生拉伸失效，拉伸失效汇合形成大的盘形剥落，如图 4 - 35 所示。冲塞通常发生在钝头弹对薄靶和中厚靶侵彻过程中，由弹丸周围靶板材料剪切而形成。

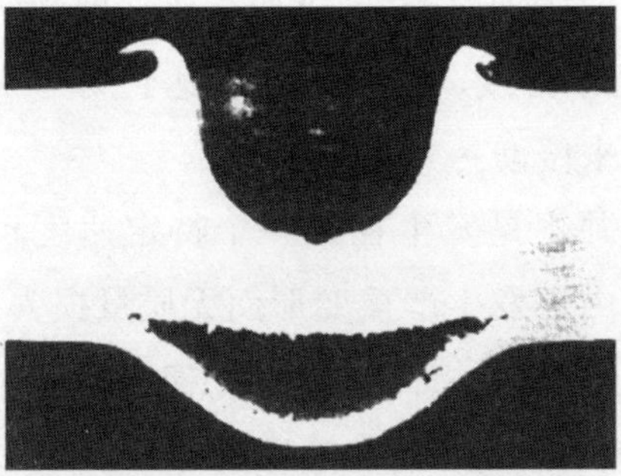

图4－34 玻璃球撞击铝板引起的层裂现象

图4－35 玻璃球撞击铝板引起的层裂现象(拉伸失效)

构建多种失效模式条件下钝头弹体贯穿有限厚靶的理论计算模型难度很大,已构建的现有大部分模型主要用于计算贯穿靶板弹道极限和剩余速度,其中应用最为广泛的模型有德马尔(De Marre)公式,德马尔公式如下:

$$v_b = K\frac{d^{0.75} \cdot h_0^{0.7}}{m_s^{0.5}} \tag{4.3.7}$$

K值被称为穿甲复合系数,它是综合反映靶板和弹丸材料性质、弹丸结构等影响侵彻的因素。对于普通穿甲弹来说,通常取2200～2600,一般可取为2400。值得注意的是,德马尔公式中各参量的单位是特定的,v_b的单位是m/s,m_s的单位是kg,d和h_0的单位是dm。

在斜入射情况下,考虑弹轴和靶板法线间的夹角θ对侵彻效果的影响,则德马尔公式如下:

$$v_b = K\frac{d^{0.75} \cdot h_0^{0.7}}{m_s^{0.5} \cdot \cos\theta} \tag{4.3.8}$$

德马尔公式与速度、口径、弹重和靶板厚度紧密耦合,公式准确程度取决于系数的K的取值,在弹丸速度不大的前提下,公式的计算精度有保障。

3. 长杆穿甲弹对半无限靶的侵彻

使用高密度材料制成的长杆穿甲弹着靶速度为1.5～1.8km/s,对靶板具有很强的侵彻破坏能力。在侵彻过程中,因存在侵蚀现象,弹丸质量不断减少,与刚性杆的侵彻过程完全不同。通常认为长杆在侵彻过程中会变形,杆前部直径变粗、长度缩短，侵彻深度反而随撞击速度的增加而降低，进而造成杆侵彻能力下降。临界变形速度取决于杆的性能与靶板强度。当撞击速度达到另一个临界速度时，杆发生侵蚀，变形杆变成侵蚀杆来侵彻。

大量实验表明，刚性杆到侵蚀杆转换并不是发生在某一个特定速度阈值上，而是存在一定的速度范围，在这个范围内杆发生严重变形而无质量损失，侵彻深度随着撞击速度增加而降低，如图 4-36 所示，即①低速撞击时，杆作为刚性体侵彻靶板，直至撞击速度达到临界变形速度；②撞击速度超过临界变形速度后，杆发生变形，但无质量损失，侵彻深度随撞击速度增加而降低；③撞击速度增加到某个值时，杆发生侵蚀，侵彻深度又随着撞击速度增加而增加。

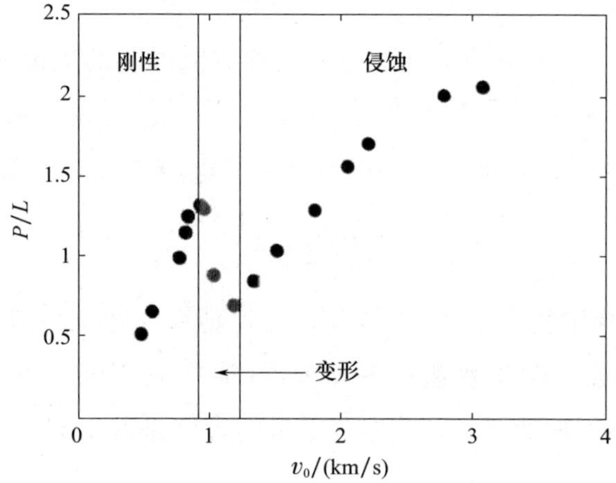

图 4-36　长杆侵彻铝靶示意图

3 个钢杆撞击铝靶速度分别选取低于变形速度、高于变形速度和高于流体动力转换速度。当撞击速度为 1037m/s 时，铝靶中残余杆发生严重变形，杆前部直径约是未变形时的 1.5 倍。当撞击速度达到 1193m/s 时，杆开始发生侵蚀，侵彻深度很小，如图 4-37 所示。

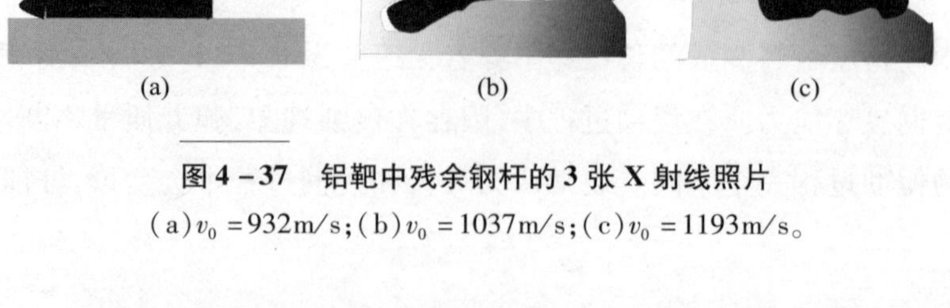

图 4-37　铝靶中残余钢杆的 3 张 X 射线照片

(a)v_0 = 932m/s；(b)v_0 = 1037m/s；(c)v_0 = 1193m/s。

4.3.5 对混凝土的侵彻效应

弹丸对不同材料的侵彻效应与材料的物理和力学性质紧密相关,不同类型的材料,因其毁伤机理或破坏形式不同,弹丸侵彻后出现的现象也不尽相同。金属材料是晶体结构,其性质基本是均匀、各向同性的,混凝土由人工灌筑而成,是一种多相复合材料,骨料也不均匀。

弹丸撞击混凝土靶板的初期,由于碰撞处的压力很高,远超靶板的抗压强度,弹靶接触部分材料发生破碎。随着弹丸头部侵入靶板,混凝土内部将产生剪切应力,由于混凝土的抗拉强度和抗剪强度远低于抗压强度,致使大块混凝土从靶表面脱落形成入口漏斗坑,即正面冲击漏斗坑,其直径要比弹丸直径大得多。随着弹丸侵彻深度的增加,弹丸与靶板的接触面积增大,剪切应力将小于混凝土的抗剪强度,无法破坏大块的混凝土,此时,包围在弹丸头部的混凝土材料碎成较小的颗粒并被推到弹丸四周,形成侵彻通道,弹丸的动能主要消耗在这个过程中。对于有限厚混凝土靶,当应力波传递到靶板背面时,应力波反射形成拉伸波,如果拉伸波的强度大于混凝土靶抗拉强度,则靶板背面也会出现大块混凝土剥落,形成出口漏斗坑。这种出口界面效应可以使弹丸的侵彻深度增加,即使弹丸不能贯穿靶板,也会造成靶背面材料崩落。

为增强防护能力,有时会在混凝土中加入钢筋。钢筋的作用主要体现在两个方面:一是钢筋对混凝土基体起到较好的约束作用,增强混凝土的抗侵彻能力;二是钢筋材料本身具有很高的强度,可以起到抵抗弹丸侵彻的作用,其作用大小与钢筋的直径、强度、钢筋网格尺寸、钢筋绑扎方式及混凝土基体强度有关。与无钢筋混凝土相比,钢筋混凝土在钢筋网的约束作用下基本没有大块混凝土脱落,只形成一个浅碟状的弹坑,如图4－38所示。

图4－38 对混凝土侵彻成坑

1. 杨氏(Young)侵彻深度计算公式

美国桑迪亚国家实验室自20世纪60年代开始研究弹丸对岩土介质的侵彻,经过几十年的研究,共进行了约3000次实验,积累了大量的实验数据,于1967年提出了预测土中侵彻深度的经验公式,经过不断的发展与改进,20世纪90年代末期Young提出了弹丸侵彻土、岩石、混凝土的统一经验公式——Young公式,即

$$P=0.0008SN\left(\frac{m_s}{A}\right)^{0.7}\ln(1+2.15\times10^{-4}v_0^2),v_0>61\text{m/s} \tag{4.3.9}$$

$$P=0.000018SN\left(\frac{m_s}{A}\right)^{0.7}(v_0-30.5),v_0>61\text{m/s} \tag{4.3.10}$$

式中:P为侵彻深度,m;m_s为弹丸质量,kg;A为弹丸横截面积,m^2;v_0为弹丸初始速度,m/s;S为可侵彻性指标;N为弹丸头部形状系数。

可侵彻性能指标S值获取方法主要依托侵彻实验或计算公式求取,对岩石其值求取如下:

$$S=2.7(f_cQ)^{-0.3} \tag{4.3.11}$$

式中:f_c为岩石无侧限抗压强度;Q为岩石质量的指标,受裂缝、节理等因素影响,通常根据工程进行判断确定。

对混凝土S值求取如下式:

$$S=0.085K_c(11-P_c)(t_cT_c)^{-0.06}(35/f_c)^{0.3} \tag{4.3.12}$$

式中:K_c为目标宽度影响系数;P_c为混凝土中按体积计算的含筋百分比,通常取值为1~2;t_c为混凝土的凝固时间,单位为年,当$t_c>1$时,$t_c=1$[①];T_c为目标厚度,以弹体直径倍数为单位;f_c为实验时混凝土的无侧限抗压强度,MPa,通常取0.9。若弹丸质量小于182kg,计算结果需要进行修正,修正方法应在式(4.3.11)和式(4.3.12)中乘以系数K,K值计算公式如下:

$$K=0.46m_s^{0.15},m_s<182\text{kg} \tag{4.3.13}$$

对于卵形头部弹丸,头部形状系数N求取如下:

$$N=0.18(\text{CRH}-0.25)^2+0.56 \tag{4.3.14}$$

式中:CRH为卵形弹部母线圆弧半径R和弹体直径d的比值。对于锥形头部弹

① 水泥凝固时间大于1年其坚固度不再增加,取1即可。

丸，头部形状系数 N 求取如下：

$$N = \frac{0.25L_n}{d} + 0.56 \tag{4.3.15}$$

式中：L_n 为弹丸头部长度；d 为弹丸直径。

2. NDRC 公式

1946 年，美国国防研究委员会（NDRC）根据侵彻过程所受阻力，推导得到了刚性弹丸侵彻混凝土目标的半经验半理论公式，1966 年 Kennedy 对该公式进行修正，得到最终形式 NDRC 公式，如下式：

$$P/d = \sqrt{4KNm_s d^{-2.8} v_0^{1.8}}, P/d \leqslant 2 \tag{4.3.16}$$

$$P/d = KNm_s d^{-2.8} v_0^{1.8} + 1.0, P/d > 2 \tag{4.3.17}$$

式中：$K = 3.8 \times 10^{-5} f_c$ 为混凝土可侵彻系数，与压缩强度 f_c 有关。弹丸头部形状系数 N 的取值取决于弹头形状，平头弹时 $N = 0.72$，钝头弹时 $N = 0.84$，球形头弹时 $N = 1.0$，尖头弹时 $N = 1.14$。NDRC 公式优点是以侵彻理论为依据，外推到实验数据范围以外置信水平较高。

除 Young 公式、NDRC 公式外，还有许多计算弹丸侵彻土、岩石、混凝土的经验公式，如 Poncelet 公式、Hughes 公式、Petry 公式、ACE 公式、BRL 公式等。上述计算公式均是以实验数据为支撑给出的经验计算公式，使用非常方便，在毁伤工程计算领域具有广泛的应用价值。

4.4 聚能效应

20 世纪 30 年代以来，坦克车体装甲厚度增加，为 80 ~ 100mm，这在一定程度上限制了普通穿甲弹的应用，利用聚能效应形成金属射流击穿装甲的空心装药应运而生。聚能效应是利用弹丸空心装药聚能效应压垮药型罩形成高速金属射流，进而对装甲目标的毁伤破坏作用。聚能效应弹丸一端装有金属、玻璃、陶瓷或者其他固体材料内凹罩，另一端装有起爆的柱形装药。药型罩可以是半球形、锥形、楔形、盘型等几何形状。当另一端药柱起爆时，内凹端将造成爆轰产物的能量聚集，形成聚能气流，同时爆轰波作用在药型罩上，将药型罩以很大的速度向中心轴挤压,从而使药型罩材料在非常短的时间内产生非常强烈的变形,在轴线上发生碰撞并在高压作用下汇聚成连续高速侵彻体。

4.4.1 聚能现象

1888 年,美国科学家门罗(C. E. Munroe)首先在试验中发现了聚能现象。当炸药装药内部存在一定形状的空穴时,靶板的孔洞深度有所增加。此后通过开展相关试验发现,若使用带药型罩的空心装药,会使成坑深度进一步增加,如果增加空心装药底面与靶板的距离,成坑的深度还会进一步增加。如图 4-39 给出了不同装药结构的穿孔能力,图中药柱为直径 30mm、长 100mm 的铸装 B 炸药,在中碳钢的靶板上爆炸。如果将药柱直接放在钢板上,则在板上炸出一个浅浅的凹坑,如图 4-39(a)所示;如果在药柱下端挖一个锥形孔,则会在板上炸出一个深 6~7mm 的坑,如图 4-39(b)所示。由此可见,当药柱下有锥形孔时,炸药量尽管减少了,穿孔能力却提高了。如果在锥形孔也放一个钢衬(药型罩),则能炸出 80mm 深的孔,如图 4-39(c)所示。如果使用带药型罩的药柱距离钢板 70mm 处爆炸,则孔深达到 100mm,约为无罩时孔深的 17 倍。

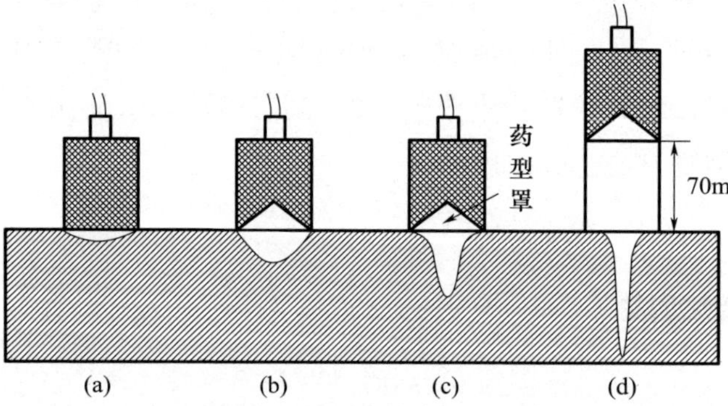

图 4-39 不同装药结构的穿孔能力

(a)实心药柱装药;(b)锥形空心装药;(c)锥形空心加药型罩装药;(d)装药距钢板 70mm。

20 世纪初,德国纽曼(M. Neumann)从理论上分析了炸药爆炸空穴效应。根据爆轰波理论,炸药爆炸时产生的高温、高压爆轰产物,将沿装药表面的法线方位向外飞散。通过角平分线法可以确定在不同方向上的有效装药,如图 4-40(a)所示,圆柱形装药作用在靶板方向上的有效装药仅是整个装药的很小部分，而且药柱对靶板的作用面积较大(装药底面积)，因而能量密度较小，只能在靶板上炸出很浅的凹坑。然而当装药带有凹槽后，如图 4－40(b)所示，虽然有凹槽使整个装药量减少，但是按角平分线法重新分配后，朝向靶板方向的有效装药量并未减少，而且凹槽部分的爆轰产物沿装药表面的法线方向外飞散，在轴线上汇合，相互碰撞、挤压，最终形成一股高压、高速和高密度的气体流。此时，由于气体对靶板的作用面积减小，能量密度提高，故能炸出更深的坑。在气体流的汇集过程中，总会出现直径最小、能量密度最高的气体流断面(称为“焦点”)，焦点至凹槽底端的距离称为“焦距”。气体在焦点前后的能量密度都将低于焦点处的能量密度，因而适当提高装药至靶板的距离可以获取更好的侵彻效果。

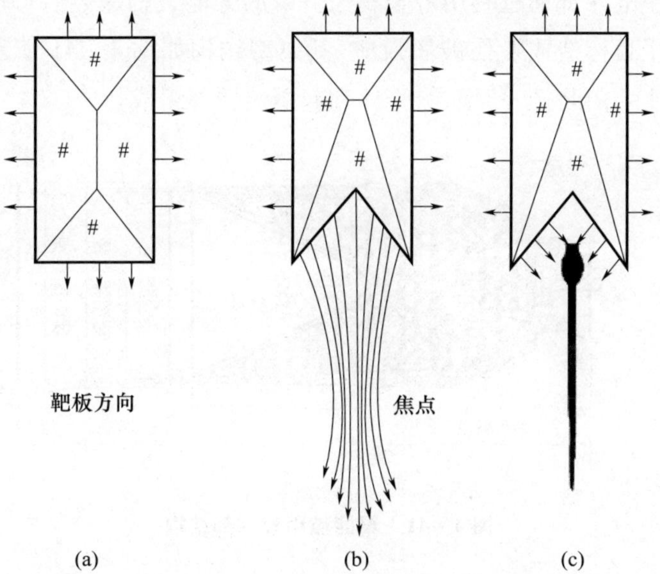

图 4－40　爆轰产物飞散及聚能气流汇聚效应

(a)圆柱形装药；(b)锥形空心装药；(c)锥形空心加药型罩装药。

当锥形凹槽内衬有金属药型罩时，汇聚的爆轰产物压垮药型罩，使其在轴线上闭合形成能量密度更高的金属射流，如图 4－40(c)所示。相对于聚能气流，金属的可压缩性很小，因此内能增加很少，金属射流获得能量后绝大部分表现为动能形式，避免了高压膨胀引起的能量分散，使聚能作用大为增强，显著提高了对靶板的侵彻能力。射流形成过程的特点决定了射流存在速度梯度，射流头部速度为

7000 ~ 9000m/s，甚至更高，能量密度可达典型炸药爆轰能量密度的 15 倍；尾部速度在 1000m/s 以下，称为杵。当钢板放在离药柱一定距离处时，金属射流在冲击靶板前由于速度梯度的影响进一步拉长，将在靶板中产生更深的穿孔。

聚能现象是利用装药一端空穴结构提高局部破坏作用的毁伤效应现象。一端有空穴另一端起爆的炸药药柱，通常称为空心装药、成型装药或者聚能装药。当空穴衬有一薄层金属或其他固体材料制成的衬套时，将形成更深的孔洞，当装药离靶板一段距离时，孔洞深度会增大。空穴内的固体材料衬套称为药型罩，装药底部与靶板的距离为炸高。若装药几何形状、炸药和药型罩性能满足一定要求时，炸药装药起爆后药型罩将形成射流和杵。大量实验表明：对于一定结构的聚能装药，存在一个使侵彻深最大的炸高，即有利炸高。

聚能破甲战斗部通过利用带金属药型罩的聚能装药爆轰后形成金属射流，侵彻穿透装甲目标造成毁伤破坏效应，其典型结构如图 4－41 所示，聚能破甲战斗部结构主要由装药、药型罩、壳体和起爆装置等组成。

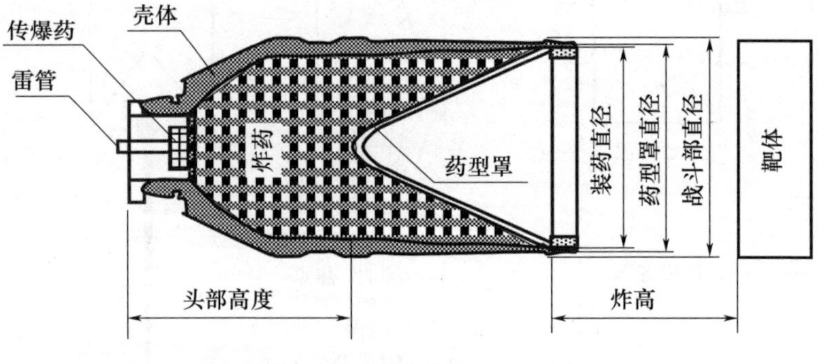

图 4－41　聚能破甲战斗部结构

4.4.2　聚能金属射流

聚能金属射流头部速度极高，能量密度可达典型炸药爆轰能量密度的 15 倍，且能量绝大部分表现为动能形式，避免了高压膨胀引起的能量分散，使聚能作战大为增强，在有利炸高下，可大幅提高对钢质装甲、混凝土靶板的侵彻能力。

1. 射流破甲基本现象

射流破甲与普通穿孔现象有很多不同。金属射流对钢靶的破甲过程如

图4－42所示。图4－42(a)为射流刚接触靶板时刻，射流与靶板发生碰撞，自碰撞点开始向靶板和射流中分别传入冲击波，同时在碰撞点产生很高的压力，能达到200GPa，温度能升高到5000K。这个极高的压力能使靶板产生径向运动，从而在靶板上形成一个孔洞。射流撞击靶板时的速度超过了靶板声速，碰撞点会产生冲击波，且冲击波同时传入靶板和射流中。射流直径小，受径向稀疏波作用强烈，使传入射流中的冲击波不能深入射流很远，只有碰撞点附近射流减速变粗。射流与靶板碰撞后，速度降低，但不为0，而是等靶板碰撞点处当地的质点速度，也就是碰撞点的运动速度。碰撞后的射流并没有消耗全部能量，剩余的部分能量虽不能进一步破甲，却能扩大孔径。此部分射流在后续射流的推动下，向四周扩张，最终附着在孔壁上。

当后续射流到达碰撞点后，继续破甲，但此时射流碰到的不再是静止状态的靶板材料，经过冲击波压缩后，此部分靶板已有了一定速度，所以碰撞点的压力会小一些，为20～30GPa，温度也降到了1000K左右。在碰撞点周围，金属产生高速塑性变形，应变率很大。因此，在碰撞点附近有一个高温、高压、高应变率的区域，简称三高区。后续射流正是与三高区状态的靶板金属发生碰撞进行破甲。如图4－42(b)表示射流4正在破甲，在碰撞点周围形成三高区。图4－42(c)表示射流4已附着在孔壁上，有少部分飞溅出去；射流3完成破甲作用；射流2即将破甲。由此可见，射流残留在孔壁的次序和在原来射流中的次序是相反的。

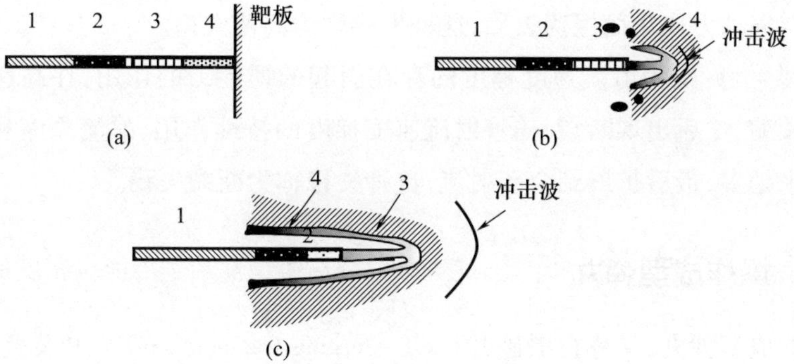

图4－42　金属射流对靶板的破甲过程示意图

(a)射流刚接触靶板；(b)射流碰撞形成三高区；(c)射流附着在孔壁上。

聚能射流装药的锥角一般为 30°～70°，聚能射流的头部速度一般为 7～10km/s，尾部速度为 0.5～1km/s。在大炸高条件下，聚能射流因在飞行中不断地延展伸长，发生断裂及散射，其侵彻能力会极大地下降，并且其抗干扰能力弱，不能有效地对付新型复合反应装甲和爆炸反应装甲。常见的聚能射流装药形状有郁金香罩、双锥罩、喇叭罩、半球罩装药及新型的 K 装药、分离式装药、星锥状装药等；常用的药型材料有紫铜、钢材、钨、钼、铝合金及非金属聚合物等。

2. 聚能射流形成过程及特点

聚能射流是由锥角聚值范围为 30°～70°的药型罩产生的。首先，药型罩在爆轰波推动下向轴线运动，在轴线处发生碰撞、挤压、闭合被挤出的材料称为射流，其余材料成杵。射流以很高速度向前运动，其头部速度可以超过 10km/s，杵以较低的速度向前运动，导致射流长度方向上存在速度梯度，从而射流被拉伸。

大部分形成了射流和杵，还有小部分形成了碎片，碎片可能由罩底部分形成，也可能因药型罩压合过程中非对称性产生部分碎片。另外，药型罩压合过程中产生的高压、高温可以产生局部熔化甚至气化现象。

3. 聚能射流的稳定性

聚能射流都具有较大的头部速度和较小的尾部速度，这就造成射流沿长度方向不断拉伸，当射流拉伸到一定长度后，会出现颈缩和断裂两种失稳现象。

高速失稳：射流在空气中运动时，头部速度的马赫数高达 20 以上，这时头部受到空气动力作用而振荡失稳，这种失稳称为高速失稳。

断裂失稳：因为射流速度梯度的存在引起的惯性力的作用，在高速射流头部发生颈缩，然后出现断裂，随着射流速度梯度的持续作用，射流颈缩和断裂的地方越来越多，最后扩展到全部射流，这种失稳称为断裂失稳。

4.4.3 爆炸成型弹丸

爆炸成型弹丸，又称自锻破片（self－forging fragment，SFF）、P 装药（projectile－charge）、米斯内－沙汀战斗部（misznay－schardin warhead）、弹道盘（ballistic disk）装药或质量聚焦装置等，是聚能装药技术的新分支，是利用炸药爆炸能使金属板变形成为凝聚连贯的侵彻体。采用大锥角罩（120°～160°）、球缺罩及双曲形装型罩等的聚能装药爆炸后，药型罩被爆炸载荷压垮、翻转和闭合所形成的高速弹丸被称为爆炸成型弹丸（explosively formed penetrator，EFP）。典型EFP形成过程如图4-43所示。EFP战斗部主要由药型罩、壳体、炸药、起爆装置等组成。

图4-43　典型EFP形成过程

1. 特点分析

由于从弹丸的整体来看，不存在射流与杵体的区分，使弹丸质量全部用于侵彻目标。利用聚能效应，通过高温高压作用，将高能炸药在爆轰时释放出来化学能转化为药型罩的动能和塑性变形能，使金属药型罩锻造成所需形状的高速EFP，从而以自身动能侵彻装甲目标。其速度为1.5~3.0km/s，与普通破甲弹相比，EFP战斗部具有以下特点。

1）对炸高不敏感

普通破甲弹对炸高敏感，在2~5倍弹径炸高时破甲效果较好；而在大于10倍弹径的大炸高条件下，射流拉长断裂，破甲效果明显降低。EFP战斗部可以在1000倍弹径的炸高范围内有效侵彻装甲目标，击穿装甲目标的最大厚度可达1倍装药直径，为远距离贯顶攻击装甲车辆提供了技术途径。

2）反应装甲外形对其干扰小

EFP外形短粗，长径比一般在3~5范围内，反应装甲对其干扰小。反应装甲对普通破甲弹具有较大威胁，反应盒爆炸后能切割大部分射流或使射流变向，从而使破甲效果明显减弱。由于EFP长度较短，弹径较粗，它撞击反应装甲时反应盒可能不被引爆，即便被引爆，弹起的反应盒后板也可能撞不到EFP，因而对其侵彻效果干扰较小。

3）侵彻后效作用大

破甲射流在穿透装甲后所产生的侵彻孔径很小，只有少量金属射流进入装甲目标内部，毁伤后效作用有限；而EFP侵彻装甲时，70%以上的弹丸进入装甲目标内部,而且在侵彻的同时还会引起装甲背面大面积崩落,产生大量具有杀伤破坏作用的二次破片,使后效增强。

4)受弹体转速影响小

旋转飞行的弹体会使聚能射流产生径向发散,从而影响其侵彻能力;而 EFP 是近似于有较高强度的高速动能弹丸,质量很大,约占药型罩质量的 90%,虽然旋转运动会在一定程度上影响 EFP 成型,但会使其飞行更稳定,对其侵彻能力影响较小。

2. 成型模式

普通成型装药破甲弹的药型罩在爆炸载荷作用下,一方面形成高速运动并不断延伸的金属流,另一方面还将形成低速运动的杵体;爆炸成型的药型罩则是在爆炸载荷作用下,形成单一的特殊破片,即 EFP。

成型模式是影响 EFP 性能最基本因素之一。不同的 EFP 装药设计,其药型罩将以不同的模式被锻造成爆炸成型弹丸。根据 EFP 形成过程的不同,EFP 成型模式可以分为 3 种类型:向后翻转型(backward folding)、向前压拢型(forward folding)和介于两者之间的压垮型(radial collapse)。EFP 最终以何种模式成型,主要取决于药型罩微元与爆轰产物相互作用过程中获得的速度并沿药型罩的分布特点。

1)向后翻转型

当药型罩同爆轰产物的有效相互作用结束时,如果药型罩顶部微元的轴向速度明显大于底部微元的轴向速度,将出现向后翻转的成型模式。此时,罩壳中部超前,边部滞后,并向对称轴收拢,成为弹的尾部,最终形成带尾裙或带尾翼的弹丸,如图 4-44 所示。

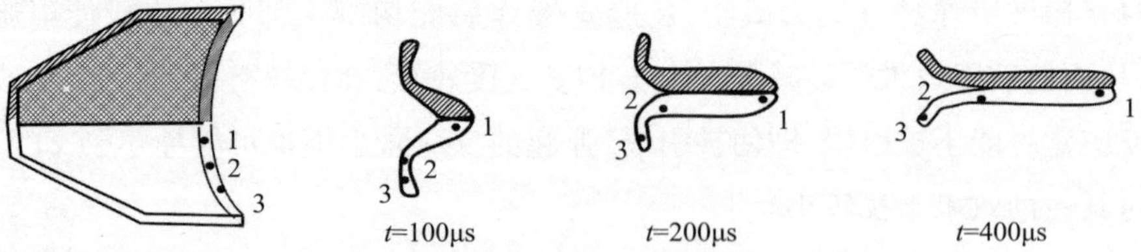

图 4-44 向后翻转型

(注:1~3 表示金属药型罩上的标注点,显示药型罩向后翻转成型过程中其各部位的变化过程。)

2)向前压拢型

当药型罩同爆轰产物的有效相互作用结束时,如果药型罩顶部微元的轴向速度明显小于底部微元的轴向速度,将出现向前压拢的成型模式。此时,罩壳中部滞后,边部速度较高,并向对称轴收拢,成为射弹的头部,最终形成球形或杆形弹丸。该种弹丸比较密实,但飞行稳定性差,如图4-45所示。

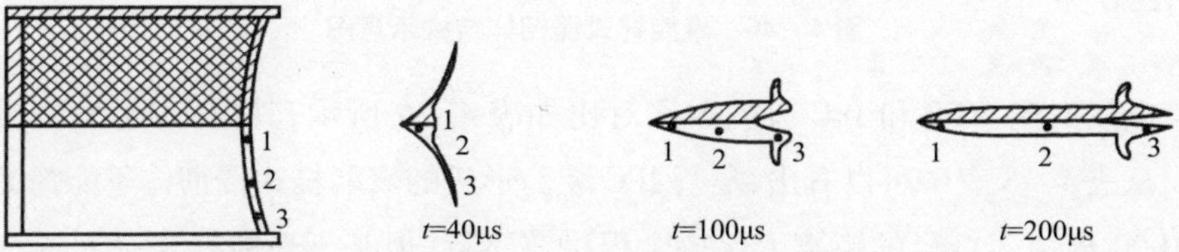

图4-45　向前压拢型

4.4.4　杆式侵彻体

聚能杆式侵彻体(jetting projectile charge,JPC)是国内外近来基于聚能效应发展的一种新型侵彻体结构形式,它采用特定起爆方式、装药及药型罩结构匹配关系得到的一种介于射流与爆炸成型弹丸之间的聚能侵彻体结构。聚能杆式侵彻体采用新型起爆传爆系统、装药结构及高密度的重金属合金药型罩,通过改善药型罩的结构形状,产生高速杆式弹丸,既具有射流速度高、侵彻能力强的优势,又具有爆炸成型弹丸药型罩利用率高、直径大、侵彻孔径大、大炸高和破甲稳定性好的优点,其速度为3~5km/s,其形状类似穿甲弹外形,在50倍口径范围内保持良好的连续性,具有很强的侵彻能力,在一定的距离内能够稳定飞行,一般穿深在3~5倍装药口径,侵彻孔径一般可达装药口径的45%左右,因而比破甲弹射流具有更强的后效杀伤效果。

聚能杆式侵彻体的装药结构一般由药型罩、壳体、主装药、真空绝热板(vacuum energy saving board,VESB)、辅助装药和雷管等组成,如图4-46所示。VESB板是形状特殊的金属或塑料板,与主装药有一定的间隙。雷管起爆后,辅助装药驱动VESB板撞击主装药形成环形起爆。通过调节VESB板形状、材料及主装药的距离,在主装药中形成所期望的爆轰波形,使药型罩接近100%形成高速杆式射流。

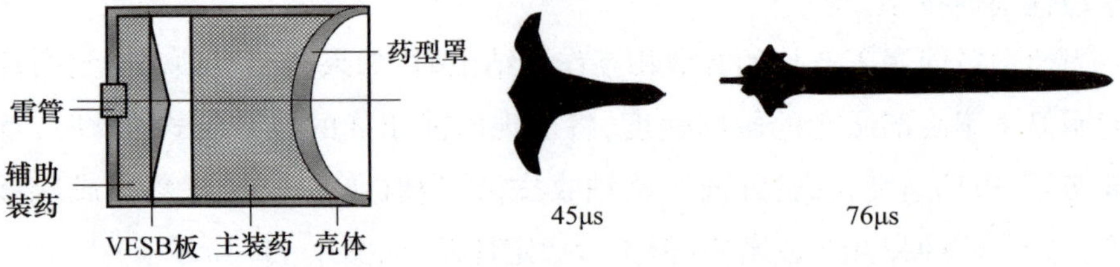

图 4-46　聚能杆式侵彻体结构示意图

金属射流、EFP 和 JPC 有关数据对比如表 4-5 所示，其中 CD① 为装药口径。从表4-5 表中可以看出，尽管JPC 装药形成的聚能杆式侵彻体不能像 EFP 在 1000 倍装药口径的距离上保持全程稳定飞行，但基于聚能杆式侵彻具有高初速、大质量和大比动能的特点，其能在离目标 50 倍装药口径距离上保持稳定飞行并对目标实施有效打击。

表 4-5　典型侵彻体特性参数

侵彻体类型	头部速度/(km/s)	有效作用距离	侵彻深度	侵彻孔径	药型罩利用率/%
聚能射流	5.0~8.0	3~8CD	5~10CD	0.2~0.3CD	30
爆炸成型弹丸	1.7~2.5	1000CD	0.7~1.0CD	0.8CD	95
杆式侵彻体	3.0~5.0	50CD	≥4CD	0.45CD	90

聚能杆式侵彻体集成了破甲战斗部、爆炸成型弹丸战斗部和穿甲弹的优点，可用于反坦克武器系统，摧毁反应装甲和复合装甲目标，也可作为串联战斗部的前级装药，为后级装药开辟侵彻通道。

4.4.5　侵彻过程及特点

聚能侵彻体与普通侵彻体的侵彻现象不同，聚能装药的侵彻机理与所形成的侵彻体特性有关。

1. 聚能金属射流(杆式侵彻体)侵彻靶体过程分析

聚能射流与杆式侵彻体虽然属于不同类型的侵彻体，但是两者特性相似，可用同样的方法分析两种侵彻体的侵彻过程。聚能射流(杆式侵彻体)侵彻靶

① CD 是 charge diameter 的简称，即装药口径。

体是一个瞬态过程，可能持续几十甚至上百微秒，在侵彻过程中靶体材料发生剧烈而复杂的变形和破坏，整个侵彻过程可分为4个阶段。

1）开坑阶段

在碰撞瞬间，碰撞速度超过靶体材料声速，自碰撞点开始向靶体和聚能射流（杆式侵彻体）内分别传入冲击波。聚能射流（杆式侵彻体）在碰撞点周围产生高温、高压和高应变率的区域，简称“三高区”。在碰撞点靶体局部粉碎的同时，较强的冲击波在靶体表面产生反射和拉伸，使靶体在拉伸波作用下产生表面崩裂，靶体材料和侵彻体残渣飞溅，此阶段持续时间非常短，产生的射孔（切槽）深度很小，只占孔深的很小部分。

2）准定常阶段

在开坑阶段后，聚能射流（杆式侵彻体）对“三高区”状态的靶体继续进行侵彻。在侵彻过程中，聚能射流（杆式侵彻体）不断消耗其能量和质量，一部分能量消耗在对靶体深度的侵彻上，另一部分则用于扩大孔径。在这个阶段，能量分布变化较为缓慢，侵彻参数变化不大，射孔直径（切槽宽度）变化不大，基本与侵彻时间无关，直到碰撞点压力降到某个临界值，准定常阶段结束。准定常阶段持续时间主要取决于聚能射流（杆式侵彻体）的速度、长径比以及聚能射流（杆式侵彻体）和靶体的密度之比。

3）侵彻终止阶段

当碰撞压力低于某一临界值之后，靶体材料的强度效应越来越明显，聚能射流（杆式侵彻体）因受到靶体材料的阻力影响，其侵彻和扩径能力迅速下降。当聚能射流（杆式侵彻体）的能量降至推不开前方聚能射流（杆式侵彻体）与靶碰撞产生的残渣时，或者聚能射流（杆式侵彻体）断裂、翻转和偏离轴线时，或者聚能射流（杆式侵彻体）消耗完毕时，聚能射流（杆式侵彻体）过程终止。这个阶段持续时间取决于靶体动态屈服、聚能射流（杆式侵彻体）和靶体材料的密度比。

4）恢复阶段

侵彻终止后，由于惯性影响，孔底将产生膨胀。尾随冲击波传入靶体中的膨胀波将在孔底表面产生拉伸应力。这种拉伸应力将导致孔底表面脆性剥落或断裂，从而产生不规则的孔底形状。孔底可能由于弹性和非弹性的影响而产生轻微恢复。

2. 爆炸成型弹丸侵彻靶体过程分析

爆炸成型弹丸速度通常为 1.5 ~ 3km/s，弹丸是长径比为 4 ~ 8 的恒速杆。当低速冲击时，材料强度在侵彻过程中表现出强烈的影响。当高密度杆侵彻低密度靶时，会产生“二次侵彻”现象。爆炸成型弹丸侵彻中等厚度靶体的过程可分为以下 3 个阶段。

(1)开坑阶段：爆炸成型弹丸头部首先对靶体进行撞击侵彻，此时爆炸成型弹丸头部速度非常大，会在其周围快速形成塑性变形区。

(2)侵彻阶段：爆炸成型弹丸的中后部分在头部侵彻区域中继续侵彻并产生高温，进而使靶板的强度大大减弱，特别是厚度方向上抗剪性能下降有利于冲塞的形成。

(3)冲塞阶段：由于靶板抗剪性能下降及爆炸成型弹丸侵彻动能不足，因此当靶板未侵彻部分足够薄时，在爆炸成型弹丸剩余动能的惯性作用下，靶板被冲出，且具有一定的速度，随爆炸成型弹丸一起向前继续飞行。

4.5 新概念毁伤效应

新概念武器是指相较于传统武器具有不同工作原理和毁伤机理的高新武器装备，作战运用时通常会达成出奇制胜的作战效果。目前，典型新概念武器主要有高能激光、高功率微波、碳纤维弹和其他致命性武器。新概念毁伤效应是利用激光、微波等新型毁伤元对目标的破坏作用过程，主要利用辐射能、信息能等新质毁伤能量，剥夺目标的生命力、机动力和信息力。

4.5.1 高能激光毁伤效应

高能激光毁伤效应是利用高能激光定向能武器对远距离目标实施的破坏作用过程。高能激光定向能武器是一种新概念武器，具有快速、精确和抗电磁干扰等优势，在光电对抗、要地防空和战略防御中发挥重要作用。

1. 高能激光定向能武器定义及组成

激光(laser)全称是受激光辐射光放大(light amplification by stimulated emission of radiation)。激光产生源于受激辐射，而普通光产生源于自发辐射。对于普通光来说，光的产生是一个自发过程，不具有相位、偏振态、传播方向的一致性，属于非相干光(incoherent light)。对于激光来说，光的产生是一个受激辐射过程，新产生的光子与入射光子的频率、相位、偏振态以及传播方向均相同，是典型的相干光。

高能激光定向能武器主要由大功率激光器、光束定向器及指挥控制系统等组成。大功率激光器是高能系统的“弹仓”，提供毁伤目标所需的大功率激光能量；光束定向器是控制光束方向并将激光能量准确发射到目标上的光学装置，主要由跟踪瞄准和发射望远镜两个分系统组成，跟踪瞄准分系统主要用于捕获、跟踪和瞄准目标，发射望远镜分系统主要用于将激光能量聚变到打击目标上；指挥控制系统则用于控制武器系统完成杀伤、破坏或干扰敌方目标的作战任务。

高能激光定向武器的技术参数主要包括激光功率、光束质量、跟踪瞄准精度、体积、重量和能量消耗等。高能激光定向能武器的毁伤能力取决于靶的功率密度和作用持续时间，功率密度 I 正比于激光器输出总功率 P，与作用距离 D 和光束质量因子的平方成反比，如下式：

$$I \propto \frac{\tau P}{\beta^2 D^2}$$

式中：τ 为激光传输透过率，就地面高能激光定向能武器而言，τ 就是大气透过率，气象条件和战场环境对大气透过率有不同程度的影响，雨、雾、霾等恶劣天气条件下高能激光定向能武器通常不能得到有效使用；β 为描述激光束发散度的指标，理论极限值为1，数值越大，光束质量越差，表示光束发散越严重，武器有效作用距离越近。

2. 高能激光毁伤破坏机理

激光对目标的破坏是通过激光束与目标的相互作用来实现的，激光与目标的相互作用过程大致可以分为能量耦合、材料响应、器件/结构/系统响应3个阶段。当激光辐照目标时，部分激光能量被激光辐射区的材料吸收，激光与目标物质会发生能量耦合。吸收激光能量的材料会产生各种不同热学、力学、光学、化学和电磁学响应，具体表现为温度升高、熔化、气化及树脂材料热分解等现象，即发生所谓的材料响应。材料性质发生了变化，材料对入射、透射激光束将产生反作用，通过材料对激光的吸收，相关的器件/结构/系统的功能产生响应，如器件功能失效（器件响应）、承载结构发生坍塌（结构响应）、系统发生故障（系统响应）等。

3. 对典型目标物的硬毁伤效应

主要分析对常规弹药战斗部、武器平台蒙皮两种典型目标物的毁伤效应。①常规弹药战斗部。常规弹药战斗部外壳一般由高碳钢等金属组成，内部装有高能炸药。当高能激光照射常规弹药战斗部外壳时，战斗部壳体温度大幅升高，并传递给壳体内部的高能炸药。当温度升高并超过一定阈值后，必将引起剧烈化学反应，进而发生爆炸，从而使战斗部猝然解体。美国和以色列利用共同研制的“鹦鹉螺”战术激光系统，进行过火箭弹的拦截试验，验证了高能激光照射毁伤战斗部的可行性，试验表明当激光功率密度达到每平方厘米数千瓦量级时，激光照射能引爆战斗部。②武器平台蒙皮。分别分析激光烧蚀无人机表面的复合材料蒙皮和导弹表面的铝合金蒙皮。复合材料是由两种或两种以上物理、化学性质不同的物质，经人工组合得到的多相固体材料，玻璃纤维、碳纤维和树脂基体组成的复合材料是强度高、耐腐蚀、力学性能好的结构材料，被广泛用于无人机。复合材料树脂基体是高分子有机化合物，在激光照射下温度升高，超过约200℃阈值时，树脂基本分解为热解气体和碳化物，或者发生熔化、气化甚至氧化反应，进而使表面蒙皮失去粘结力，发生层间脱落，形成不断的烧蚀，最终使激光烧穿复合材料层板。铝合金蒙皮力学性质与温度大小紧密关联，通常温度超过300℃条件下，其屈服强度、抗拉强度等力学特征相较于常温会发生明显的“软化”，持续一定时间会导致铝合金蒙皮破裂。

4. 对典型目标物的软毁伤效应

主要分析对光电载荷、雷达等典型目标物的软毁伤效应。①光电载荷。光电载荷一般由光学系统、光电成像器件以及信号处理系统3部分组成。激光进入光学系统后，经光学系统传播汇聚到系统焦点处，在其中附近的光学元件和光电探测器极易受到损伤，主要表现为对光电探测器干扰效应和激光对光电探测器的致盲效应。②雷达。激光对导弹雷达导引头和无人机雷达载荷软毁伤基本是一致的，主要分析激光对雷达罩破坏效应以及子系统的影响。通常破坏复合材料雷达罩所需的激光功率密度一般为100W/cm^2量级，并且照射时间需持续数秒。若破坏雷达罩内部天线，则需更长时间的持续激光照射。

4.5.2 高功率微光毁伤效应

1. 高功率微波武器定义与组成

高功率微波武器是指利用高功率微波实施攻击的武器，具体来说就是使用高功率微波天线定向发射，对敌作战体系中的电子装备实施攻击。

高功率微波(high power microwave，HPM)通常是指频率为1～300GHz、功率大于100MW的电磁波。高功率微波是产生高功率微波的装置，受物理与技术所限，高功率微波源仅能产生持续时间很短的高功率微波脉冲。通常情况下产生的微波功率越高，相应的微波脉冲宽度越窄，当微波峰值功率达到吉瓦级以上，微波脉冲宽度则减少至数十纳秒范围内。提高微波的发射功率和脉冲宽度，可有效增强高功率微波系统的作战效能。

高功率微波武器主要包括高功率微波源分系统、目标引导与跟踪分系统和运载平台等，结构组成如图4－47所示。

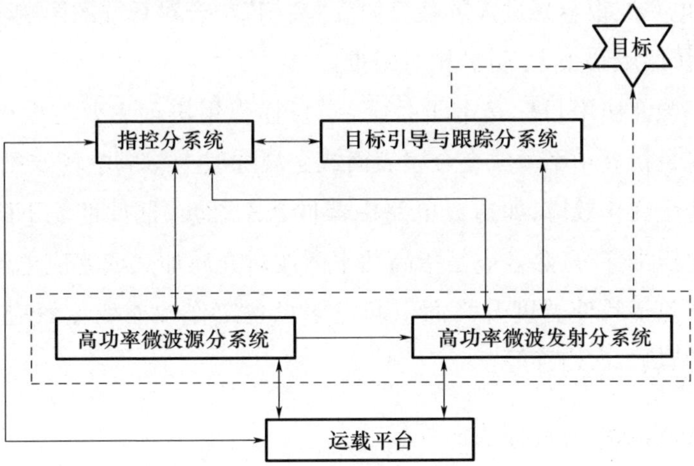

图4－47 高功率微波系统的组成示意图

高功率微波由高功率微波源分系统生成，在目标引导与跟踪分系统的引导及指控分系统的控制下，通过高分辨率微波发射分系统实现对目标的定向攻击。

2. 高功率微波毁伤机理

高功率微波经由天线发射和空间传输后，耦合进入目标内部，使目标内部的敏感电路产生扰乱甚至毁伤作用，进而导致目标性能降低、功能紊乱或者失效。

高功率微波主要通过“前门”耦合（“front - door” coupling）和“后门”耦合（“back - door” coupling）两种途径进入目标系统。“前门”耦合指微波与目标系统的天线和传感器直接耦合，耦合产生的感应电流通过线路进入系统，并且主要沿线路分布。“后门”耦合指微波通过一些间接的途径耦合进入目标内部，例如通过缝隙、孔洞或电缆接头等，耦合场进入系统后会传播到整个系统内部，在腔体中形成复杂的微波空间分布，同时微波在腔体内的传播过程中，与腔体内的线路板或元器件相互作用产生耦合，进入电路或器件中产生微波效应，干扰或破坏系统内部电子设备的正常工作。任何系统，尤其是内部安装各种复杂电子设备的系统，通风、散热、电源和通信导线接口，以及设备显示仪表安装等，使被屏蔽设备不可能是全封闭的，不可避免地存在孔缝、电磁窗口或通道，而且高功率微波的波长在毫米至厘米量级。因此，缝隙或者孔洞的尺寸很容易大于半波长，从而电磁波很容易进入屏蔽壳内。“后门”耦合对系统的影响不可能完成消除，对系统的威胁很大，防护相对困难。

高功率微波作用目标是电子系统，对目标作用机理主要有电效应和热效应。电效应是指高功率微波在金属表面或金属导线上感应电场或磁场，使电子设备状态产生变化效应，如造成电路中器件状态翻转、器件性能下降或半导体器件的结电压击穿等；热效应是指高功率微波对介质加热或感应电流在阻性器件上产生的热量致使温度升高而引起电子设备工作性能变化效应，如烧毁器件、半导体结热二次击穿等。

3. 高功率微波对目标毁伤等级

根据目标效应的特点分类，高功率微波对目标的毁伤作用效果可以区分为不同等级。依照高功率微波作用效果的持续时间，对目标毁伤作用效果可分为瞬时效应、暂时效应和永久效应。瞬时效应指当高功率微波脉冲作用时存在，当微波脉冲过后极短时间内就消失的一种效应；暂时效应指高功率微波脉冲过后较长时间内效应现象仍然存在，但过一段时间后器件或系统能够自动恢复正常的一种效应；永久效应是指在无人干预情况下，效应现象不会自动消失或效应持续时间足够长，设备在特定时间内不能恢复工作的一种效应。

依照高功率微波对目标的破坏程度分类，高功率微波对电子设备的作用效果主要分为4类：干扰、扰乱、降级、损伤。一般来说，干扰属于瞬时效应；降级、损伤属于永久效应；而扰乱有些情况下造成暂时效应，有时会造成永久效应，如计算机死机、互补金属氧化物半导体（CMOS）器件的闭锁等。①干扰。干扰是指高功率微波作用使电子设备工作状态出现超出容许范围的偏离，高功率微波脉冲之后短时间内，系统功能可以自动恢复的一种瞬时性效应。②扰乱。扰乱是指高功率微波作用使电子设备的工作状态出现超出容许范围的偏离，而高功率微波脉冲过后没有人为干扰条件下，电子设备能否自动恢复正常功能的效应。③降级。降级指高功率微波作用使电子设备的关键器件性能下降或非关键器件损伤，从而导致整个受试设备性能下降的一种永久性效应。④损伤。损伤指高功率微波作用造成电子设备的关键器件、电子电气设备、电子系统或系统烧毁伤或致命损伤，正常功能不可恢复的永久性效应。

4. 高功率微波对典型目标物毁伤效应

主要分析高功率微波对卫星导航接收机、导弹导引头和军用飞机等典型目标物的毁伤效应。①卫星导航接收机。由于卫星导航信号非常微弱，因此卫星导航接收机特别易遭干扰，为此接收机通常采用抗扰设计方法，提升卫星导航接收机抗干扰能力，这导致常规电子对抗技术手段对卫星导航系统干扰效果不断下降。高功率微波能够通过卫星信号传输通道有效进入抗干扰卫星接收机，损坏其前置放大电路，干信比将增大20～30dB，接收机信号处理系统可能无法有效处理信号，致使接收机丧失导航定位功能。②导弹导引头。高功率微波攻击导弹导引头时，主要扰乱或损伤导引头内部的电子设备，比如扰乱导引头自动伺服机构，造成力矩干扰、跟踪器滞后或采样失效，或者直接毁伤导引头接收机，使其不能正确处理信息，不能寻找目标，从而丧失工作能力。③军用飞机。军用飞机是由电子系统构成的大型平台，高功率微波对军用飞机实施攻击时，机体上会产生强感应电流分布,会对机体内部电子设备造成损伤。比如,战斗机配备多功能火控雷达、显示屏、甚高频/超高频无线电台、警戒雷达、火控计算机和敌我识别设备,存在适合高功率微波系统攻击的前门和后门通道。

4.5.3 信息攻击毁伤效应

信息攻击武器是指以信息技术为核心,以摧毁、破坏和削弱敌方信息和信息系统,并保护已方信息和信息系统为目的的各种武器装备的统称。随着军事信息技术发展与应用,军事活动将越来越依赖和运用信息系统。信息及其信息系统已成为敌我双方作战的基本对象及主要目标。

1. 信息攻击武器概述

按照作用类型分类,信息攻击武器可分为非杀伤信息攻击武器、软杀伤信息攻击武器和硬杀伤信息攻击武器。①非杀伤性信息攻击武器。它指对敌方目标本身不具备杀伤、摧毁、破坏和干扰作用,但可支援保障自身作战力量和作战武器系统对敌实施作战行动的信息攻击武器装备,主要包括探测类、传输与控制类和综合性等各类信息系统与平台。②软杀伤信息攻击武器。它指对敌方目标实体不具有直接杀伤、摧毁和破坏作用,而对其功能起到干扰、削弱和压制作用的信息攻击武器装备,其打击目标是敌方信息化武器装备,主要包括有源、无源和专用电子干扰武器、光电干扰武器、其他干扰性武器以及定向能武器。③硬杀伤性信息攻击武器。它指对敌方目标具有直接杀伤、摧毁、破坏作用的信息攻击武器,其攻击目标既包括敌信息系统目标,也包括非信息系统目标和有生力量,最主要的硬杀伤性信息攻击武器是各类反辐射弹药和高功率定向能武器。考虑到软杀伤性是信息攻击武器的基本特征,下面重点分析信息干扰和网络攻击两类信息攻击武器。

2. 信息干扰机理及其效应

信息干扰是主动信息攻击行为,主要攻击干扰武器装备接收系统的逻辑部件,如干扰信道、干扰传感器、干扰接收机通道、干扰检测与判断装置等,主要包括电磁干扰、光电干扰和水声干扰 3 种类型。①电磁干扰,根据干扰对象区分,电磁干扰主要包括雷达干扰、通信干扰、导航干扰、制导干扰、引信干扰及敌我识别干扰6种类型。雷达干扰是干扰或破坏雷达对目标的探测与跟踪;通信干扰是在无线电传输过程中引入干扰信号,以扰乱或者破坏敌方无线电通信;导航干扰主要是对卫星导航系统进行干扰;制导干扰是指干扰无线电指令遥控制导系统;引信干扰是对敌方武器无线电近炸引信进行干扰;敌我识别干扰通常利用模拟敌方回答信号进行欺骗干扰。②光电干扰,是指利用光电技术和光电装备,压制、欺骗和扰乱对方光电设备,使其不能正常工作或完全失效,按技术领域可分为红外干扰、激光干扰和可见光干扰3种,按产生方法主要包括有源光电干扰和无源光电干扰两类。有源光电干扰是指采用强光束或干扰信号,直接进入敌方光电传感设备,使其丧失正常工作能力,既可使用激光相干光,也可使用照明弹、灯光、陶瓷加热体等不相干辐射波实施干扰,工作方式分为压制式干扰和欺骗性干扰。无源光电干扰是一种利用光电技术和光电器材,通过吸收、反射或散射敌方光波的能量,以及人为地改变目标光学特性,使敌方光电设备效能降低、失效或受骗的干扰方式。与有源光电干扰方式不同,无源光电干扰并不主动发射光束或光波干扰信号,而是通过被动方式进行干扰。

3. 网络攻击机理及其效应

网络攻击是指利用敌方计算机网络系统安全缺陷,为窃取、修改、伪造或破坏信息,以及降低和破坏敌作战效能而采取的各种行动措施。计算机网络安全漏洞主要包括拓扑结构安全漏洞、硬件安全漏洞、网络协议安全漏洞、操作系统和系统软件安全漏洞、网络管理安全漏洞等。网络攻击主要包括身份窃取、网络欺骗、拒绝服务、利用漏洞以及恶意程序攻击等。①身份窃取攻击。其通过窃取系统有效用户及其口令,冒充用户获取系统控制权的攻击,身份窃取方法有信号截击、嗅探、网络监听、账号文件窃取等,成功后再辅以口令破解技术获取用户身份。②网络欺骗攻击。其采用硬件地址欺骗、地址解析协议欺骗、路由欺骗、DNS欺骗、信息篡改攻击等方式,使物理层、数据链路层、IP层、传输层及应用层等遭受影响。③拒绝服务攻击。其通过服务过载、消息流和分布式拒绝服务等方式实现拒绝服务。④利用漏洞攻击。它指利用网络操作系统、协议软件和应用软件设计漏洞实施的系统攻击,主要包括缓冲区溢出攻击、端口扫描攻击等类型。⑤恶意程序攻击。它指利用恶意编制并伺机植入有害程序破坏对方计算机及其网络系统,主要包括计算机病毒、特洛伊木马、逻辑炸弹等。

第 5 章 目标分析工程化

信息化战争时代目标分析，是一个从模糊到清晰、从概略到精细、从预定到确定循环往复迭代的过程，它高度依赖先进信息技术和指挥信息系统，须将现代工程技术方法广泛运用于目标分析“庙算、谋算、精算”之中，渗透于目标分析的全过程。目标分析工程化，概括起来就是要图表化描述目标分析过程、模型化规范目标价值计算、可视化展现目标分析成果。

5.1 单个目标分析

单个目标分析（图 5－1），主要分析目标部署样式、战术价值、主要任务和主要行动，而后系统分析目标物理特性、功能特性、时敏特性、法律属性和要害部位。其中，物理特性主要包括地理位置、组成结构、抗毁能力、形状大小、辐射特性等；功能特性主要包括侦察、指控、打击、防护、保障等能力特征和关联关系等；时敏特性主要包括目标机动能力、停留时间、修复时间等；法律属性主要基于国际法分析和基于交战规则分析；要害部位主要包括目标功能作用发挥的关键部件、易损部位等。

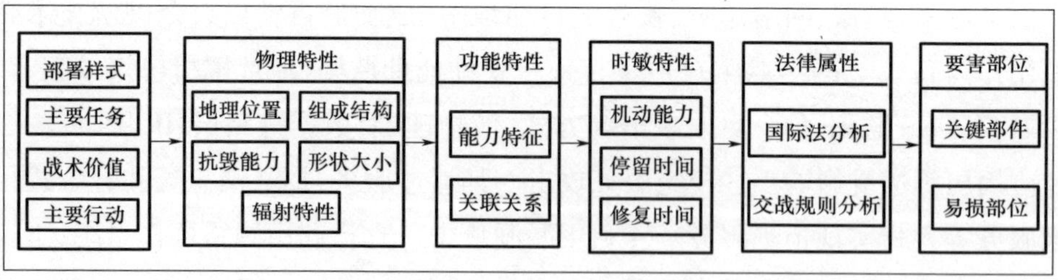

图 5－1 单个目标分析

5.1.1 物理特性分析

目标物理特性是指目标内在属性特征和外部运行规律，主要包括材质、色彩、温度、形状、声音、振动频率、表面纹理、表面粗糙度、质量分布、密度、组成结构、空间位置、运动状态、辐射等诸多特性。其中，目标的材质、形状、结构、隐蔽状态等物理特性与目标毁伤密切相关。

1. 目标材质

目标材质直接决定目标对破片、超压和侵彻等各类毁伤元的敏感性，是分析目标易损性的主要内容，对确定打击手段和方法具有重要意义。陆战场各类目标的材质丰富多样，分析时难以穷尽列举所有类型，为此可采取简化分类方法，根据目标材质对毁伤元的敏感度，将目标区分为有生力量、轻型装甲、重型装甲和建筑工事4类。

有生力量目标指战场上的人员，主要包括作战人员、保障人员等，其特点是目标由个体组成，通常无装甲防护、移动速度慢、生存能力差，易遭破片、冲击波等毁伤元毁伤。

轻型装甲目标主要指侦察车、指挥车、自行火炮、导弹发射架、飞机等，其特点是目标表面附有轻型防护装甲，具备一定的机动能力和抗破片、冲击波毁伤能力。轻型装甲目标对侵彻、爆破毁伤元更为敏感，对破片、冲击波毁伤元的敏感度次之。

重型装甲目标主要指轻型坦克、中型坦克、重型坦克、装甲战斗车等，特点是目标外部有均质装甲、复合装甲、反应装甲防护，通常依托地形地物隐蔽待机、频繁转移，破片、冲击波等毁伤元难以对其有效毁伤，战场生存能力较强。

建筑工事目标主要指地堡、炮堡、坑道指挥所、弹药库、桥梁及其他军用建筑物等，特点是通常采用钢筋混凝土浇筑而成，坚固耐毁、位置固定，一般情况下非直接命中难以毁伤，目标对侵彻、爆破毁伤元较为敏感。

2. 目标结构

目标是通过各构成部分有序组合形成的有机整体，目标结构指目标各个组成部分的搭配和排列。目标结构与功能相辅相成、不可分离，结构是功能的内在依据，功能是结构的外部表现；目标结构与功能相互制约，没有结构为基础，功能便无从说起，但功能的变化也会反作用于结构并引起结构的变化。

分析目标结构，就是要明确目标组成部分的搭配和排列方式。结构决定功能，功能决定特性，只有深入掌握目标结构特点，才能摸清目标功能特性。分析目标结构，既能提高目标打击的针对性和有效性，又能找出目标的关键部件、易损部位，以便快速确定打击部位与打击方法。

目标结构分析内容包括：分析目标形状、尺寸和组成，明确目标组成部分的搭配和排列方式；分析目标组成部分的材质、尺寸、位置和相互关系，找出目标的关键部件和易损部位（图 5－2）。比如，地下飞机洞库的口部是其防护的薄弱环节，炸塌口部或破坏防护门可以影响机库的正常使用。因此，对飞机洞库实施打击时，可选择飞机洞库的口部作为重点打击部位。

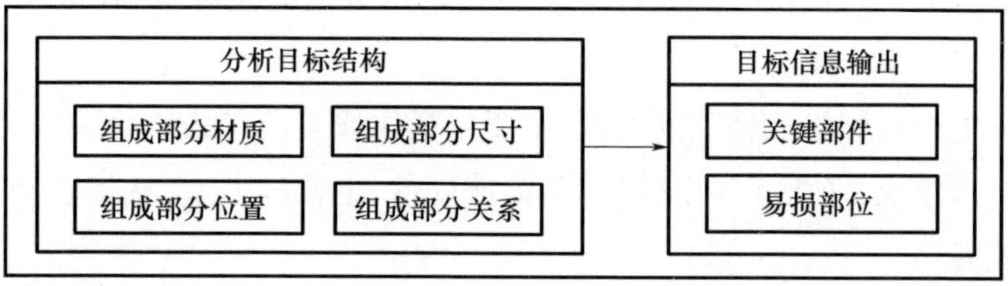

图 5－2　目标结构分析

3. 辐射特性

辐射特性是目标固有的一种属性，通常采用辐射强度表征目标辐射特性的强弱。目标辐射特性主要包括电磁辐射和热辐射两种类型，由于大部分目标辐射特性并不明显，与周边自然环境差别不大，传感器难以快速辨识，因此不需要进行专门分析，但工作运行的雷达站、指挥车、卫星站和行进坦克、自行火炮、步战车等类型目标，相较于周围环境具有很强的辐射特性，雷达站开机工作时会向预战区域发射强度较高的电磁信号实施侦察监视，坦克机动行进时，其发动机工作温度会显著攀升，相较于周围环境也会产生明显的热辐射特性。

4. 目标幅员

目标幅员直接决定打击种类、数量、手段和方法，按形态和幅员大小可将其区分为点状目标、线状目标和面积目标。目前，打击手段按照火力覆盖范围可区分为精确制导火力和非精确制导火力。其中，精确制导火力主要包括使用精确制导弹药的战役战术导弹、火箭炮、线膛炮和迫击炮等火力，具备火力拔点精确毁歼能力；面覆盖火力主要包括使用无控弹药、简控弹药的火箭炮、线膛炮和迫击炮等火力，具备面覆盖、压制性毁伤能力。

点状目标指幅员很小，不是被毁伤就是全部不被毁伤的小面积目标，如坦克火力点、班堡、炮堡工事等。幅员很小是与弹药战斗部有效毁伤威力半径相比，其幅员相对较小的目标。打击此类目标时，通常优先使用精确制导火力实施火力拔点。

线状目标指目标正面比纵深大很多且呈线性展开的目标，如堑壕内步兵、铁丝网、机场跑道等。打击此类目标时，应科学分配火力使其均匀分布于目标正面内，以发挥最大毁伤效能。

面积目标指不规则地分布在较大面积上，用毁伤面积或相对毁伤面积衡量其损伤程度的目标，如炮兵连阵地、支撑点、旅(营)指挥所、机场、港口等。打击此类目标时，在打击手段上既可使用精确制导火力打其要害，也可使用非精确制导火力对其实施面覆盖；在打击方法上，既可使用非精确制导火力实施正面纵深覆盖式打击，也可以使用精确制导火力和非精确制导火力进行点面结合式打击。

5. 目标运动特性

目标运动特性是指目标表现出来的运动形态。根据战场目标运动状态，可将目标区分为不动目标、运动目标和机动目标。目标运动状态直接影响目标生存能力，一般情况下运动目标生存能力最优、易机动目标次之、不动目标最差。

对不同运动状态目标进行火力打击，其手段和方法是不同的。使用非精确制导火力时，对固定目标和易机动目标通常遂行集火打击或覆盖式打击，对运动目标通常遂行拦阻式打击；使用精确制导火力时，通常进行拔点式打击。因此，分析目标的运动状态，须区分不同目标类型细化分析目标运动参数。

不动目标指对其射击过程中位置和幅员均无变化的目标，亦称固定目标，如机场、弹药库、火炮工事、建筑物等。分析不动目标的运动状态，重点在分析确定其位置和幅员。

运动目标指位置随时间不断变化的目标，如自行火炮行进纵队、坦克冲击队形等。分析目标的运动状态，重点在分析确定其当前位置、运动方向、运动速度、运动持续时间和运动路径等。

易机动目标指易于变换位置的目标，如集结坦克、占领阵地的自行火炮、机动雷达车组、机动指管车辆等。分析易机动目标的运动状态，重点在分析确定其当前位置和幅员、具备的机动能力，即目标最大运动速度、可持续运动时间、可能运动路径等。

5.1.2 功能特性分析

目标功能特性是指反映目标本身作用效果的属性。目标功能特性分析，对指挥决策、力量运用和组织作战行动具有重要支撑作用，对开展目标情报侦察、目标选择、目标分配和目标毁伤效果评估具有重要指导意义。从分析内容来看，既要分析目标部件功能，又要分析目标整体功能以及各部件功能之间的关系，还要分析目标功能恢复能力和自身的防御能力。对目标的功能分析越详细具体，越能保证对目标毁伤状态做出全面准确评估。

1. 目标功能

目标功能是指目标本身所具备的战术功能，按照其性质和功能可划分为单质目标和复合目标两大类。单质目标是性质单一、功能相对较少的目标，如集结步兵、坦克、自行火炮、导弹发射架、碉堡、掩蔽部、直升机等。复合目标是由两种以上单质目标组合而成的结构相对复杂、具有两种以上功能的目标，如支撑点、指挥所、通信枢纽、炮阵地等。复合目标具有面积幅员大、军事价值高、有生力量密集、工事结构复杂、功能叠加交织等特点，只有对其功能进行详细分析，才能确保对其毁伤状态做出全面准确评估。例如，空军机场功能主要包括：执行一定区域防空或攻击任务；储备一定数量航空力量；保障飞机起飞和降落；具备一定自卫和防护能力。评估空军机场毁伤效果时，重在评估分析目标的功能丧失情况。

2. 目标子功能

陆战场环境日益复杂，目标功能充分发挥需要目标各子功能构件的密切协同。例如，坦克为完成冲击突破任务，必须具备机动、火力、防护、通信等功能，任何一种功能丧失都会影响战斗任务完成。为此,采用目标功能树描述战场目标的各种功能,让指挥参谋人员或研究人员对目标功能有一个更加总体全面的认识(图5-3)。

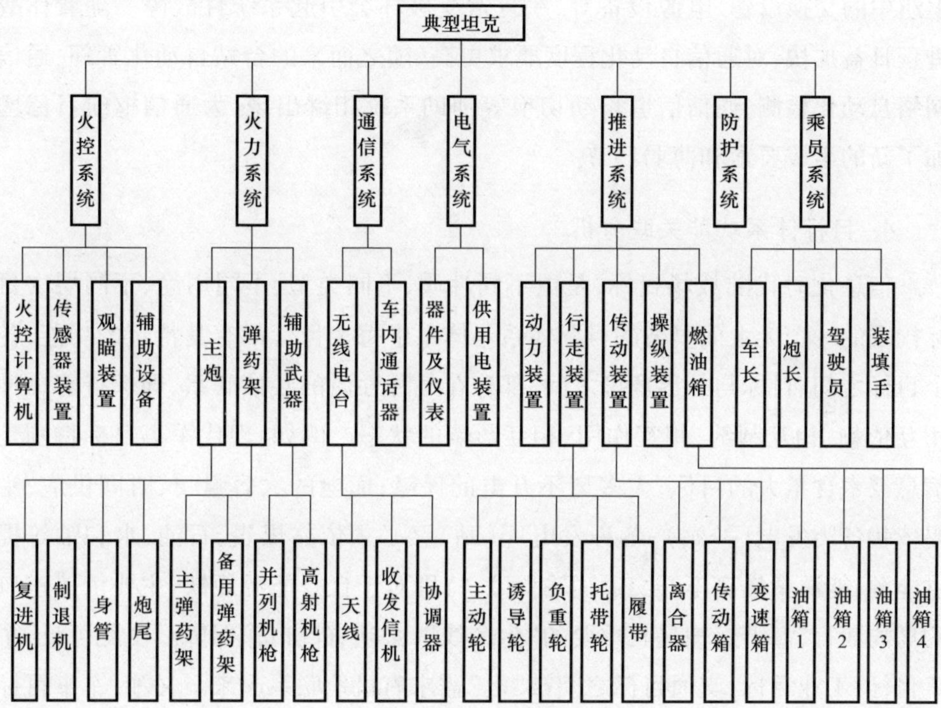

图5-3 目标功能树图

3. 目标功能关联分析

目标各功能之间关系,指目标各子功能之间以及各子功能与整体功能之间的相互关系。目标各功能之间的关系主要有以下几种:一是串联关系,即目标某一个子功能的丧失会直接导致目标整体功能的瘫痪,或者说某一个子功能对于目标整体功能具有决定性影响。二是并联关系,即目标某一个子功能丧失不会导致目标整体功能的瘫痪,或者说某一个子功能对于目标整体功能的影响有限。

以通信枢纽为例,它通常由无线电台群、双工无线电移动通信中心、无线电接力站(群)、散射通信站、卫星通信地球站、电话站、电报站、载波站、配线站、电源站、收发室、调度室、值班室和管理机构等组成。根据保障任务和范围不同，各级各类通信枢纽的组成要素和规模各不相同，但每一要素都承担独特的功能，每一部分遭受破坏都会影响整体功能的发挥。尤其是通信信道部分和通信枢纽中的交换设备、电源设备等，一旦遭受破坏会引起系统性故障。随着作战进程日益加快，对通信自动化程度要求更高，随之而来的台站自动化管理、通信网络自动化检测、通信信道自动切换等辅助系统相继出现，为通信枢纽目标增加了新的组成要素和薄弱环节。

4. 目标体系功能关联分析

信息化时代陆战场目标，是由不同性质、不同类型、不同用途、不同层次目标构成的一个庞大而复杂的目标体系。体系中每个目标都有其特定的功能，各个目标之间、目标与外界环境之间，都存在某种性质的必然联系，即保持着一种相互依赖、相互制约、相互作用、相互影响的状态。例如，现代军事目标特别是信息技术含量大的目标，大多离不开电的保障；而电的大容量、长时间供应，主要依赖各类发电厂(站)；各种发电厂(站)又必须依靠煤炭、石油、水和铀等提供能源；能源聚集离不开交通运输保障，特别对于自身能源短缺、主要依赖进口的岛屿而言，海上运输是其重要的"生命线"，必须有港口作保障。由此可见，军事目标、工业目标、交通目标之间被"电"需求有机地联系起来。又如，军事目标之间各种作战平台、各级指挥机构，其效能的充分发挥都有赖于信息的有效获取、处理、运用和传递，信息则将上述各类目标耦合关联在一起。

5. 功能特性分析方法

系统论认为"系统是结构与功能的统一体，功能和结构不可分割"。结构是认识系统功能的基础，分析功能必须联系系统的结构。对目标功能进行分析，首先要了解目标本身的结构组成。只有了解和熟知系统的结构，才能够正确认识系统应具备的功能。

分析目标功能，可以采用系统分析方法。系统分析法是以"结构决定功能"为指导思想的，首先将整个目标进行结构分解；其次，针对每个组成部分，进行其子功能分析；最后，将各个组成部分的子功能进行综合分析，归纳出整个目标的功能。例如，某型车载榴弹炮由底盘系统、火力系统、火控系统、电气系统、通信系统等组成,底盘系统具备机动功能,火力系统具备火力打击功能,火控系统具备指挥控制功能,电气系统具备电源管理、气动装置控制等功能,通信系统具备通信保障功能,将上述功能综合起来,使该种火炮具备火力打击能力、快速机动能力、数字通信能力、自动控制能力等。

5.1.3　法律属性分析

目标法律属性分析,是在分析目标功能、类型和附带损伤效果等内容的基础上,进而确定目标是否属于国际法规规定的“禁打避毁”目标的过程。“禁打避毁”目标是以非军事目的而存在,受战争法缔约方保护的目标。进行目标法律属性分析,应结合对现行有效的国际法、战争法,以及国际条约和国际习惯具体规则的解读,判定目标的法律属性,正确处理和把握军事必要与人道要求之间的矛盾关系,进而为指挥员确定合法目标打击清单提供依据。

基于国际法分析。确定“禁打避毁”目标通常依据《联合国宪章》《海牙公约》《日内瓦公约》《维也纳外交关系公约》,以及体现战争法习惯的《圣雷莫国际海战法手册》等。尽管这些国际法规产生的年代较早,无法全面反映信息化战争时代新情况新特点,但其中许多基本原则和基本规定仍被国际社会承认并沿用,是正确选择目标的主要法律依据。①战前已存在的避毁目标。主要分析目标在通常情况下是否属于民用目标。其通常包括:学校、医院、商业区、监狱、平民集中区域;宗教、艺术、科学或慈善事业的建筑物、历史纪念物等人类社会物质文化遗产;森林公园、动植物园、自然景观等生态环境区域和人类自然文化遗产;外国使馆、涉外机构等国际组织驻地与建筑,以及国际列车、航班等;不在交战区域的城镇、乡村、住宅或建筑物、民用客机、商船等不设防目标;堤坝、核电站、生化实验机构等具有危险性质的工程和装置及其附近目标。②战时出现的避毁目标。主要分析目标是否因使用性质转换而改变属性。其通常包括:临时构设的战俘营、拘禁处、难民集中营、伤病残者收容所、平民物资堆放仓库等目标;军用野战医院、医疗船、医务飞机,以及标明红十字、红新月等特殊标志的担负人道主义使命的目标。

基于交战规则分析。确定禁打避毁目标除依据国际法规外,有时也要依据交战规则和指挥员提出的强制和限制要求。交战规则是决策层依据相关政治与军事方针，对武装力量运用方式和程度的限定。交战规则提供了涵盖国家政策目标、任务需求和法律规则的框架，目标选择与打击的决策必须依照相应的交战规则。交战规则通常应是对等的，可在遵守国际法规的前提下，对打击程度、避毁目标范围加以约束，但为获取较大军事利益且不造成过度附带毁伤情况下，也可将民用目标作为军用目标进行占领、摧毁或破坏等。指挥员提出的强制和限制要求是指指挥员从政治、经济、外交和军事等方面综合考虑，对打击目标、打击时间、打击强度和打击手段的约束。比如，某些军用目标保留对我方有利，可暂时作为避毁目标；再如，某些军用目标范围内，尚有我方侦察、特战、谍报等力量活动或侨民滞留时，可暂时作为避毁目标。

5.1.4 时敏特性分析

时间敏感目标是指其打击时机受有限时间窗口严格限制，需要在窗口时间内发现、定位、识别、锁定和打击的目标。常见的时间敏感目标包括机动导弹车组、机动指管车辆、机动雷达车组、机动短停火力单元或者机动行进过程中必经的桥梁、隘口、隧道等。

目标时敏性是指目标与时间的关联程度，描述目标在时间方面发挥作用、受到打击以及被探测的程度。目标时敏特性分析主要目的是确认目标是否为时敏目标，分析内容主要包括：目标在作战环境内出现或到达指定作战地域的时间、目标在某一地域停留的时间，目标开始发挥作用、执行任务、修复或组合时所需要的时间，目标从作为一种可以识别到的威胁消失于作战环境的其他物体中而无法识别的时间，等等。

1. 机动能力

考察目标时敏特性时，必须充分考虑特定作战态势下的目标机动能力。通常机动能力包括目标越野行驶速度、公路行驶速度、持续时间以及各种特定作战状态下的机动能力，如开进、展开、冲击、突破等不同战斗状态。

2. 出现时间

出现时间指根据敌方作战企图、战场态势、作战编成、作战部署以及目标机动能力，预测目标在特定作战环境内出现或到达指定区域的时间。

3. 识别时间

识别时间指依据目标的识别特性，在一定环境下，从我方能够发现识别敌方目标到对敌方目标不可探测的时间间隔。其与目标的识别特性、作战环境以及我方可能的探测手段密切相关。

4. 发挥功能时间

目标发挥特定功能所需的时间，与作战环境、目标系统本身战技术性能指标紧密有关。例如，自行火炮装备的定位定向导航系统，在实施定位定向导航前需进行系统准备，包括测漂和定点校正，不同天气环境和气温下，其所需时间大不相同。又如，敌方作战区域的一座桥梁，敌方兵力机动通过该桥梁的时段即为该目标功能发挥时间。

5. 停留时间

根据敌方作战企图、战场态势、作战编成、作战部署以及发挥特定功能的时间，可预测目标在特定作战环境内的停留时间。例如，自行火炮在到达待机地域之后，在校正点进行定位定向导航系统准备时，单体需要保持完全静止状态才能保证系统准备的精度，因此，该炮在校正点停留时间不少于定位定向导航系统准备时间。

6. 补给时间

对于自行火炮、坦克、舰艇等目标，其长时间机动需进行油料后勤补给，补给过程中各类目标能力抗毁能力较弱、易遭敌攻击。

7. 修复时间

修复时间是指目标功能遭受不同程度毁伤后修复目标主要功能的时间。目标修复时间直接决定目标打击后的火力打击间隙时间长短，修复时间长短通常与目标修复能力密切相关。

5.1.5 要害部位分析

目标要害部位分析是指在分析目标要素构成、结构材质、辐射特性、机动能力、隐蔽伪装和警戒防卫的基础上，分析确定制约目标功能发挥的关键部位，为打击瞄准点选择提供依据。陆战场目标通常由若干部分组成,各个部位重要程度和易损性不尽相同,找出要害部位并对其实施精确打击,便能够最大限度地提高打击效果,做到打则必毁。比如,空军基地的跑道和主滑行道是基地运行的关键部分,破坏跑道和主滑行道可在一段时间有效封锁机场,使其丧失作战功能。又如,防空导弹阵地的要害部位是制导区,而发射区导弹发射架多且分散,全部摧毁难度很大;制导区则易于破坏,只需要摧毁制导雷达天线车或指挥控制车的部分部件,便可使整个防空导弹武器系统瘫痪。

(1)固定目标要害部位分析。通过单个目标重量、形状、体积、构造、牢固程度、材质等物理特征,结合目标被覆、人工遮障、伪装、假目标、修复材料、可替代性等情况分析,确定固定目标的打击要害部位。

(2)机动目标要害部位分析。通过单个机动目标几何尺寸、组成结构、材质厚度等物理指标,结合目标战技性能、机动路线、机动方式和机动能力等情况分析,确定单个机动目标的抗毁能力。

5.2 目标体系分析

目标体系分析,是在对各类目标的数量、分布、强弱点和要害部位等进行系统研究的基础上,根据目标的重要性、易毁性、机动性、目标威胁程度和日标幅员等多个指标综合确定目标作用大小、评估目标价值高低,为生成目标清单和选择重点打击目标奠定基础,是指挥员决策指挥和部队作战力量运用的重要依据。

5.2.1 目标体系分析理论

随着战争形态的演变和武器弹药的发展,对目标分析的要求越来越高、越来越细,既要分析单个目标、目标系统在体系中的作用价值、组成分布,又要分析目标的结构特点、运行规律、电磁特性、节点要害,还要分析目标的防护能力、毁伤特性与环境影响,目标分析的系统性、精细化在毁伤效能与应用中的地位作用更加凸显,对目标分析科学理论方法的需求越来越迫切。因应上述需求,重心效应、链条效应、瓶颈效应、连累效应等目标分析理论相继出现。

1. 重心效应

重心效应指敌方某一个目标被毁后，其作战系统或者作战体系迅即瘫痪失能，对我方达成预定作战目标影响极大、贡献极大，在筹划实施火力毁伤行动时，是我方首选、首打的目标。“重心”最早出现在物理学概念中，表示地球对物体每一个微小部分引力的合力作用点，即物体的支撑点。19世纪上半叶，西方兵圣克劳塞维茨将其引入军事领域，用于表示支撑敌作战体系、作战系统运行的核心目标，从颗粒度上说，它既可能是一个具体目标，也可能是多个目标，还可能是一个具有相同功能的目标系统。

运用重心效应理论分析敌目标体系时，应根据作战样式和预期的作战目的，全面分析各个目标在作战体系中的地位与作用、关联关系和影响程度，找出破敌体系、实现作战意图的关键核心点。遂行攻防作战时，战场“重心”通常放在各级指挥机构、通信枢纽、侦察预警设施、导弹发射阵地等目标上；在遂行有限度惩戒作战时，战场目标体系的“重心”可能是敌方炼油、电力等基础设施。

2. 链条效应

目标系统是由单一或者多个链路元素建构形成具有相同功能的目标集，链路上一个目标毁伤将造成目标的整体失能。“链条效应”揭示的是战场目标系统和相关单元的高耦合性，一旦目标受损，将使敌作战体系部分作战系统彻底瘫痪，进而产生多米诺骨牌效应，增加打击力量的作战效能。

适用链条效应的目标，既可能是一个具体目标，也可能是战场上的多个目标。以具有明显典型链条式结构的敌防空设施目标系统为例，首先，由战区侦察预警系统发现、识别、核查与验证空中目标；其次，发出空情预警信息，并将其传送至执行防空作战任务的部队，任务部队依据上级推送的情报信息对其实施侦搜、跟踪、监视和校核；最后，由指控系统实施自动火力分配，控制火力平台对来袭空中目标实施打击。地面防空设施遂行防空抗击作战任务时，整个作战链条涉及侦察预警、指挥控制、火力平台等各个链路节点，任何一个链上节点被毁，都将无法遂行作战任务。

3. 瓶颈效应

瓶颈效应从原理上类似“木桶原理”，指战场上某一目标被毁伤后，将使敌作战体系出现难以克服的“短板”,从而影响目标系统或目标体系功能的发挥,进而加速预期作战目标的达成。

适用瓶颈效应的战场目标被毁伤后,因其缺乏替代功能的系统单元进而影响整个体系的正常运转。对敌方交通枢纽实施毁伤,将造成交通设施阻塞,影响敌兵力的机动投送,限制其战场机动能力;对敌方侦察预警或信息通联设施实施毁伤,将有效降低敌人的战场感知能力和指挥控制能力,使敌方对战场目标“察不清”、战场态势“判不明”、指挥交互“联不上”,进而致敌作战能力下降。

4. 连累效应

战场一个目标被毁伤后,不仅自身会遭到直接毁伤,还会对整个作战系统或作战体系产生间接毁伤,形成连累效应。在现代战争中,炼油和电力设施不是战场上作战体系目标,但却是制约作战潜力发挥的核心基础资源,毁伤这一类基础设施类目标,不仅会造成直接损失,还会拖累整体作战能力,使敌方战力无法得到有效发挥。另外,在筹划组织火力毁伤行动时,应全面分析连累效应对作战行动的影响,既要分析有利的连累效应,还要分析不利的连累效应;既要分析战场目标的直接毁伤,还要考虑对周围敏感设施可能带来的附带损伤,以及对法理舆论斗争的影响。

5. 层次效应

不同的作战环境和作战样式,导致作战目的和预期作战效果不同,同一类型的目标在体系的地位作用也会变化。按照达成预期作战目标贡献率高低,自上而下可将陆战场目标体系分成若干层,目标所处层级越高,被毁伤后对达成作战企图的贡献越大,同时也越利于打击下层目标,各层级目标之间是自下而上的层层递进关系。以指挥控制类目标为例,通常可将其按层级从上至下分为战略级、战役级和战术级。对其实施火力打击时,应优先打击敌战略级指挥机构,进而快速毁瘫敌作战指挥系统,达到“斩首毁脑”目的这必然会使敌人产生极大恐慌达成震慑效应,为后续打击敌战役战术级指挥机构乃至其他类型目标创造更有利的条件。

5.2.2 目标体系分析

目标体系指由敌作战系统、作战要素和作战单元,按照一定指挥关系、组织架构和运行方式构成,并在一定作战环境中实现特定作战功能的有机整体。主要包括:侦察预警、指挥控制、防空反导、火力打击、信息攻防和综合保障等系统,具有结构复杂、要素完整、形态多样和配置地域广、信息化程度高、对抗能力强等特点。它对陆战场作战体系整体效能发挥构成威胁。综合判断作战对手的目标体系,有利于把握敌方作战重心、作战体系的威胁程度和强弱点,确保我方指挥员正确指挥和组织作战行动,达成歼敌要害、瘫敌系统、削敌士气的作战目的。分析敌目标体系,主要运用层次分解和结构解析方法,从宏观看局部、从整体看个体、从结构看功能、从关联看节点,着力寻找对体系作战能力发挥具有决定性作用的关键要素和要害目标。通常按照"体系构成—系统组成—关键能力—强点弱点—要害目标"的基本步骤予以解析。

1. 体系构成分析

目标体系构成分析,主要是找出体系中各系统、各要素的物理关系、逻辑关系和相互作用,判明其组成架构和运作方式,从而为确定体系关节点和要害部位提供依据。通常通过侦察预警、指挥控制、防空反导、火力打击、信息攻防、装备保障、交通运输等系统的目标位置、力量分布、周边地理环境和通联情况等情报信息,分析各目标系统在目标体系中的地位、作用,判定指挥机构间,以及指挥机构与作战力量、火力系统、主要作战方向、次要作战方向的指挥协同关系等。依据作战主体、武器装备、作战附属条件等实体要素,基础信息、信息作战、综合集成、体系结构等技术要素,侦察预警、指挥控制、火力打击、信息作战、综合保障等功能要素,感知、机动、打击、防护、保障等行动要素的逻辑层级关系和网络结构框架,综合判定敌目标体系构成。

2. 系统组成分析

目标系统组成分析,是从作战空间、维度和功能上对敌目标体系进行分解剖析,认识其本质的过程。通常可通过敌作战力量在空间上的部署和作战运用,如陆上、空中、电磁、网络等界定或区分其相对独立的作战系统。依据指挥机构、作战集群、作战群队、武器平台等数量、部署配置、可能加强及相关法规与规范性文件等情报信息,分析各个目标在目标系统中的地位作用,以及指挥、指导、协同、支援、保障等作战关系。分析陆、空、网等各域作战力量系统构建的特点规律和不同系统整合形成的作战能力，特别是集中使用于我方作战各阶段和作战主要方向的时机、目的。通过分析敌主要装备战技性能、阵地设施、信息通联方式等方面内容，综合研判敌方目标系统的智能化程度和自适应能力。

3. 关键能力分析

目标系统关键能力主要分析：侦察、指控、火力、信息攻防、运补、防护等能力。①分析情报侦察能力，主要通过固定雷达（观通）站、技侦阵地、陆海空机动侦察预警平台（力量）等目标部署位置、类型、数量、编制序列、关键节点、机动阵地、警戒值勤、目标雷达信号、通信信号、频谱参数等特征情报信息进行分析研判。②分析指挥控制能力，主要通过指挥机构及其附属设施、指控信息装备、通联手段、核心电磁信号和通联情况、指挥员性格特点等情报信息进行分析研判。③分析火力打击能力，主要通过远程火炮、强击（轰炸）机群、主战舰艇、制导武器等主战装备部署配置、种类数量、战技性能、运用方法和抗毁能力等情报信息进行分析研判。分析信息攻防能力，主要通过信息攻防系统组网建链方式、技术势差和攻防手段运用、协同作战效能和恢复能力等情报信息进行分析研判。④分析综合保障能力，通过军用运输机、运输补给船、地面运输车辆等力量投送系统装备数量、技术性能、活动特点规律、伪装防护措施等，以及铁路、道路、桥梁、渡场、港口码头、机场等交通设施状况，分析交通运输能力；通过武器装备、军用物资器材、战场救护设施等筹集储备、保供方式、保障关系、恢复能力等，分析后装保障能力。⑤分析综合防护能力，主要通过防空火力配系、防空武器装备战技性能、电磁防护措施、警戒防卫布设和伪装防护手段等情报信息进行分析研判。

4. 强弱点分析

作战强弱点具有相对性、时空性和转化性。相对性指敌我双方作战体系、系统和主要武器装备的对比；时空性指在一定时间、空间和作战环境中呈现出来的强弱点，具有一定的时空局限；转化性指强点和弱点不是绝对存在，强点在特定条件下可转化成弱点，弱点在特定条件下也可转化成强点。分析敌作战体系的强弱点，应全面比较敌我作战体系各系统、各要素、各单元的优势、劣势和变化程度。通过对敌方侦察预警、指挥控制、防空反导、火力打击、信息攻防和综合保障系统的联合聚能、整体释能过程和支撑作战体系能力的发挥程度，找出敌方作战体系的强点和弱点；通过比对各作战系统关键要素作战效能的发挥程度，找出敌方作战系统在作战过程中的强项和短板。通常情况下，敌方作战力量和主战装备部署集中、警戒防卫严密、通信链路密集、战技性能先进、对抗能力强可判断为强点，反之可判断为弱点。

5. 要害目标分析

要害目标分析主要运用系统分析的方法，从目标体系、系统组成出发，把握体系结构特点，聚焦系统核心能力，找准目标间的相互依存关系，找出敌方作战体系和作战系统中起支撑作用且毁伤后难以恢复的关键节点和高价值目标，为我方体系破击、破网断链、毁点瘫面等关键作战行动提供支撑。通过分析目标体系结构链条，找出起关键作用的主要枢纽和重要节点；通过分析敌方作战力量、支援保障力量、主战装备的部署配置、机动保障设施、电磁态势和通信流量变化等，找出对各作战系统起重要支撑作用的要害目标。

分析侦察监视和预警探测系统要害目标，重在分析目标在及时获取战场情报、保障敌指挥机构实施指挥决策和控制部队行动所发挥的作用；电子对抗、网络攻击、电磁辐射和通信网络等目标系统重在分析敌各级指挥机构在稳定指挥、部队行动通联顺畅和影响夺权制压、对实施信息攻击所发挥的作用；机场、港口、导弹阵地等目标系统重在分析其主战装备疏散隐蔽、综合防护、作战应用等发挥的作用；地面远程火器、导弹发射架等目标重在分析对其控制作战全局，特别是稳固作战重心、推进作战进程和摧毁我作战体系所发挥的作用；防空目标系统重在分析对敌重要作战目标实施支援掩护、火力还击所发挥的作用。

5.3　目标价值分析

目标价值分析是指挥员选择确定打击目标的基本依据，主要根据上级意图、火力运用原则、被支援部（分）队任务和行动、敌军作战企图和目标自身特性，建立目标价值分析指标体系和排序量化计算模型，考虑作战样式、作战环境、作战目的等因素影响，计算确定目标在作战体系中的价值排序。

5.3.1 确定目标价值指标体系

战时目标分析充满了不确定性和模糊性，本着抓主要因素的原则，应着重考虑目标的重要性、打击紧迫性、目标易损性、目标可侦察性、情报可靠性、任务一致性六大因素。①目标重要性，指不同性质目标在作战中所起的重要作用和对作战行动的影响程度。上级指定的射击目标、对我构成威胁或对敌方有重要影响的目标，其重要性就高。目标重要性的分值评定，通常根据作战样式、作战企图和战场具体情况来确定。②打击紧迫性，是对目标性质种类、配置位置、战技性能、活动状态和运用方式的综合研判，确定目标对我方作战行动构成危害等级的过程，通常用于衡量各个目标对作战行动的妨碍程度和各个目标所需火力反应时间长短的一种指标。对我方作战行动的妨碍和威胁程度大，打击紧迫性就大；目标所需的反应时间越短，其打击紧迫性就越高。③目标易损性，指目标被摧毁的难易程度及摧毁后的恢复能力。如果目标易损性高，则表明在其他指标相等的条件下对其射击将容易获得较大收益；如果目标易损性低，对其射击达到同样毁伤效果则需花费更大的代价。目标易损性的分值通常根据目标的抗毁能力和隐蔽程度确定。④目标可侦察性，指目标被我方情报侦察系统侦察监视的状态程度。目标可侦察性主要取决于目标位置、隐蔽程度和我方的情报侦察能力。如果目标可侦察性好，则我方火力就可使用较少的弹药消耗取得较大的毁伤效果，目标的价值就大。其分值评定通常根据战场具体情况分析确定。⑤情报可靠性，是用来衡量目标情报资料的全面性、准确性以及时效性的一项指标。目标位置、结构、状态、幅员等目标资料信息越全面、越准确，以及发现目标时效性越强，情报可靠性越高，反之就越低。⑥任务一致性，是衡量各个目标是否属于本级火力打击范围的一个指标，必须加以考虑。同一个目标对于不同的作战单位具有不同的价值，若目标在本级任务区之外，一般认为其与任务不一致。

5.3.2 主观加权赋值模型

主观加权赋值模型：在确定影响目标价值指标权重系数的基础上，根据目标在战场中地位作用确定目标指标分值，而后将分值乘以权重系数后求和，即为目标在体系中的综合价值数值表征。

a_1、a_2、a_3、a_4、a_5、a_6 为目标综合价值分析的单项加权系数，分别表示目标重要性、目标打击紧迫性、目标易损性、目标可侦察性、目标可靠性和目标准确性等单项目标价值分析系数，且满足下式：

$$1 = \sum_{i=1}^{6} a_i \tag{5.3.1}$$

加权系数可由指挥员根据作战样式、阶段时节、行动企图等要素内容灵活调整、确定，进攻战斗中可取以下默认值：重要性权重系数 $a_1 = 0.3$，紧迫性权重系数 $a_2 = 0.15$，易损性权重系数 $a_3 = 0.1$，可侦察性权重系数 $a_4 = 0.1$，可靠性权重系数 $a_5 = 0.25$，准确性权重系数 $a_6 = 0.1$。

目标单项价值分值与目标综合价值分值均为 10 分制，其中 $V_i, i = 1, 2, \cdots, 6$：分别表示目标重要性、目标紧迫性、目标易损性、可侦察性、可靠性、准确性，$V_{综}$ 为目标综合价值量化值，如下式：

$$V_{综} = \sum_{i=1}^{6} a_i V_i \tag{5.3.2}$$

量化目标价值指标分值时，将重要性、紧迫性、易损性、可侦察性、可靠性和准确性区分为五个层次，将其赋值为 9、7、5、3、1 五个分值，如表 5－1 所示。

表 5－1　目标价值指标量化设置表

序号	目标重要性	分值	目标紧迫性	分值	目标易损性	分值	可侦察性	分值	可靠性	分值	准确性	分值
1	极重要	9	极紧迫	9	极易损	9	极清楚	9	极可靠	9	极准确	9
2	重要	7	紧迫	7	易损	7	清楚	7	可靠	7	准确	7
3	较重要	5	较紧迫	5	不易损	5	较清楚	5	较可靠	5	较准确	5
4	不太重要	3	不太紧迫	3	不太易损	3	不太清楚	3	不太可靠	3	不太准确	3
5	不重要	1	不紧迫	1	不易损	1	不清楚	1	不可靠	1	不准确	1

量化确定目标价值指标通常遵循以下原则：目标重要性，上级指定打击的目标通常重要性高，临机发现目标应结合其在体系中的地位作用来确定；目标紧迫性，主要从目标威胁度和时敏性等因素考虑；目标易损性，主要从目标隐蔽状态、结构材质等因素综合评定；目标可侦察性，主要从遮蔽性、能见度等因素进行确定；目标可靠性，主要从情报获取方式进行评判；目标准确性，主要从定位精确指标进行判定。完成目标单项价值确定后，利用式（5.3.2）进行加权赋

值，计算出目标的综合价值，如表 5－2 所示。

表 5－2　目标价值清单

序号	分类	名称	目标重要性	目标紧迫性	目标易损性	可侦察性	可靠性	准确性	综合价值
1	指挥通信类	旅指挥所							
2		通信枢纽							
3	兵力突击类	支撑点							
4		第×机步营							

5.3.3　客观加权赋值模型

客观加权赋值模型：主要依据目标价值指标之间的关联程度和各量化指标的大小，对指标的重要程度进行度量，典型方法有信息熵法、离差函数最大化法和逼近理想点法。其优点是权重赋值客观性强，不依赖指挥员个人偏好；缺点是确定的权重可能与实际情况不一致，导致最重要的指标权重却不一定最大，不重要的指标权重却比较大。为方便分析，目标威胁评估矩阵如下：

$$\boldsymbol{A}=\begin{bmatrix} a_{11} & a_{12} & \cdots & a_{1n} \\ a_{21} & a_{22} & \cdots & a_{2n} \\ \vdots & \vdots & \vdots & \vdots \\ a_{m1} & a_{m2} & \cdots & a_{mn} \end{bmatrix} \tag{5.3.3}$$

1. 信息熵法

信息熵法，是以信息论的定义为基础，通过计算体系中各个目标价值指标的熵值来确定指标权重的一种赋权方法，对于 m 个目标有 n 个指标而言，其具体步骤如下：

（1）将目标指标矩阵 $\boldsymbol{A}$ 中 a_{ij} 规范化为 $R=(r_{ij})_{mn}$。

（2）对 $R=(r_{ij})_{mn}$ 进行归一化处理，即得归一化矩阵。

$$\dot{\boldsymbol{R}}=(\dot{r}_{ij})_{mn} \tag{5.3.4}$$

式中：$\dot{r}_{ij}$ 如下式：

$$\dot{r}_{ij}=\frac{r_{ij}}{\sum_{i=1}^{m} r_{ij}} \quad (i=1,2,\cdots,m;j=1,2,\cdots,n) \tag{5.3.5}$$

(3)计算价值指标信息熵：

$$E_j = -\frac{1}{\ln m}\sum_{i=1}^{m}\dot{r}_{ij}\ln\dot{r}_{ij} \quad (j = 1,2,\cdots,n) \tag{5.3.6}$$

(4)计算价值指标权重：

$$w_{1j}^2 = \frac{1 - E_j}{\sum_{k=1}^{m}(1 - E_k)} \quad (j = 1,2,\cdots,n) \tag{5.3.7}$$

信息熵法主要依据目标价值指标在体系中提供的信息量的大小来确定价值指标权重系数，指标提供信息越多，对体系支撑运行贡献越大，其权重系数也会越大，但其具有一定的随机性，目标指标值变化会导致权重系数改变。

2. 离差函数最大化法

离差函数最大化法，采用指标值的差值确定权重系数，目标指标值离差越大，在目标体系中地位作用就越大，其权重系数就越大。计算确定各目标指标之间差值步骤主要包括以下5步。

(1)对于指标 u_j，定义目标 x_i 与其他目标的偏差为

$$D_{ij}(\boldsymbol{\eta}) = \sum_{k=1}^{m} d(r_{ij}, r_{kj})\eta_j \quad (i \in m, j \in n) \tag{5.3.8}$$

式(5.3.8)中的 $d(r_{ij}, r_{kj})$ 表征指标值 r_{ij} 与指标值 r_{kj} 之间的差值绝对值，η_j 表征待求的权重系数，且 $d(r_{ij}, r_{kj}) = |r_{ij} - r_{kj}|$。

(2)令：

$$D_j(\boldsymbol{\eta}) = \sum_{i=1}^{m} D_{ij}(\boldsymbol{\eta}) = \sum_{i=1}^{m}\sum_{k=1}^{m} d(r_{ij}, r_{kj})\eta_j \quad (j \in m) \tag{5.3.9}$$

对于指标 u_j，$D_{ij}(\boldsymbol{\eta})$ 表示所有目标与其他目标的总偏差，权重向量 $\boldsymbol{\eta}$ 的选取使总偏差最大，构造偏差函数如下式：

$$D(\boldsymbol{\eta}) = \sum_{j=1}^{n} D_j(\boldsymbol{\eta}) = \sum_{j=1}^{n}\sum_{i=1}^{m}\sum_{k=1}^{m} d(r_{ij}, r_{kj})\eta_j \tag{5.3.10}$$

(3)计算权重向量 $\boldsymbol{\eta}$ 等同于求解下面的单目标最优化问题：

$$\begin{cases} \max D(\boldsymbol{\eta}) = \sum_{j=1}^{n}\sum_{i=1}^{m}\sum_{k=1}^{m} d(r_{ij}, r_{kj})\eta_j \\ \text{s. t. } \sum_{j=1}^{m}\eta_j^2 = 1 \quad (\eta_j \geqslant 0, j \in m) \end{cases} \tag{5.3.11}$$

(4)求解式(5.3.11),可得

$$\eta_j = \frac{\sum_{i=1}^{m}\sum_{k=1}^{m} d(r_{ij}, r_{kj})}{\sqrt{\sum_{j=1}^{n}\left(\sum_{i=1}^{m}\sum_{k=1}^{m} d(b_{ij}, b_{kj})\right)^2}} \tag{5.3.12}$$

(5)对权重向量进行归一化处理,即可得规范化权重系数值:

$$w_{2j}^2 = \frac{\eta_j}{\sum_{j=1}^{n}\eta_j} = \frac{\sum_{i=1}^{m}\sum_{k=1}^{m} d(r_{ij}, r_{kj})}{\sum_{j=1}^{n}\sum_{i=1}^{m}\sum_{k=1}^{m} d(r_{ij}, r_{kj})} \quad (j \in n) \tag{5.3.13}$$

离差函数最大化法与信息熵法一样,基于目标指标矩阵进行赋权,所得结果存在随机性。

3. 逼近理想点法

假设系统理想解向量为 $\boldsymbol{X}^* = (x_1^*, x_2^*, \cdots, x_n^*)^{\mathrm{T}}$,则系统第 i 个任意点的求解值 $X_i = (x_{i1}, x_{i2}, \cdots, x_{in})^{\mathrm{T}} (i = 1,2,\cdots,m)$ 与 $\boldsymbol{X}^*$ 间的欧几里得距离为

$$d_i = \sum_{j=1}^{n} [w_j(x_{ij} - x_j^*)]^2 \quad (i = 1,2,\cdots,m) \tag{5.3.14}$$

求取 d_i 之和为最小值的权重系数 w_j:

$$\begin{cases} \min \sum_{i=1}^{m} d_i = \sum_{i=1}^{m}\sum_{j=1}^{n} [w_j(x_{ij} - x_j^*)]^2 \\ \text{s. t. } \sum_{j=1}^{n} w_j = 1 \\ w_j > 0 \end{cases} \tag{5.3.15}$$

采用拉格朗日函数求解法可得

$$w_j = \frac{\dfrac{1}{\sum_{i=1}^{m}(x_{ij} - x_j^*)^2}}{\sum_{j=1}^{n}\dfrac{1}{\sum_{i=1}^{m}(x_{ij} - x_j^*)^2}} \quad (j = 1,2,\cdots,n) \tag{5.3.16}$$

逼近理想点法是基于整体差异确定权重系数的方法,相较于其他方法具有客观性、透明性和保序性好的特点。

5.3.4　组合加权赋值模型

组合加权赋值模型,综合运用主客观单一赋权法对权重系数进行优化完善,以求达到最优的计算模型。主客观单一指标赋权方法成熟度较高,在军事领域和评估领域应用较多,但也有自身不可克服的缺陷不足。为实现主观与客观指标赋权优势互补的预期目的,基于主客观组合赋权模型的方法应运而生,主要包括简单线性加权、最小偏差组合赋权两种方法。

1. 简单线性加权法

简单线性加权法,通过融合运用多种主观赋权法和客观赋权法,实现权重系数优化的一种综合方法。假定指标组合权重系数向量 $\boldsymbol{W}=(w_1,w_2,\cdots,w_n)$,经简单加权的目标指标权重如下式:

$$w_j=\alpha\varepsilon_j+\beta\mu_j \tag{5.3.17}$$

式中:ε_j 为主观赋权法确定的第 j 个指标权重;μ_j 为客观赋权法确定的第 j 个指标权重;α 为主观权重影响因子,β 为客观权重影响因子,且满足 $\alpha+\beta=1$,其确定准则为主观赋值专家经验越丰富,α 值越大,战场客观信息的可信度越大,则 β 值就越大。简单线性加权法既考虑主观因素,也引入了客观因素,能够比较客观地反映各种指标相对重要程度。

使用简单线性加权法确定目标价值指标权重系数时,若权重因子确定恰当,能实现主客观性的有机结合,发挥其优势。

2. 最小偏差组合赋权法

简单线性加权法,虽能兼顾主观赋权法、客观赋权法两者的优点,但却未解决如何合理确定组合影响因子方法问题。下面基于单一赋权法,系统论述最小偏差原理的组合赋权法。具体步骤是构建组合权重求解模型,采用遗传算法实施全局搜索,获取组合权重全局最优解,完成归一化处理,确定满足最优条件的指标权重系数。

1)方法原理

最小偏差方法,就是建立一个目标函数,使其表征待求组合权重与各种典型主客观赋权法权重差值的绝对值之和,目标函数为最小值时,组合权重即趋近于各种不同赋权法的最优解。下面通过示例说明最小偏差原理的目标函数构建与求解。

令：

$$d_{ki}^{1} = \sum_{j=1}^{n} |w_j - w_{kj}^{1}| a_{ij} \quad (i \in m, k = 1,2)$$

式中：d_{kj}^{1}为组合权重与第 k 种主观赋权结果的偏差；a_{ij}为目标 A_i 在指标 I_j 下的度量值，假定：

$$h_{ki}^{2} = \sum_{j=1}^{n} |w_j - w_{kj}^{2}| a_{ij} \quad (i \in m, k = 1,2) \tag{5.3.18}$$

式中：h_{ki}^{2}为组合权重与第 k 种客观赋权结果的偏差；a_{ij}为目标 A_i 在指标 I_j 下的度量值。为使组合权重与各单赋权法求解的权重总偏差之和最小，构造以下目标函数：

$$\begin{cases} \min \left\{ \mu \left[\alpha_1 \left(\sum_{i=1}^{n} d_{1i}^{1} \right) + \alpha_2 \left(\sum_{i=1}^{n} d_{2i}^{1} \right) \right] + (1-\mu) \left[\alpha_3 \left(\sum_{i=1}^{n} h_{1i}^{2} \right) + \alpha_4 \left(\sum_{i=1}^{n} h_{2i}^{2} \right) \right] \right\} \\ \text{s. t. } \sum_{i=1}^{n} w_j = 1 \quad (w_j \geqslant 0, j \in n) \end{cases} \tag{5.3.19}$$

式中：μ 为主观权重影响因子，确定方法根据专家经验丰富程度、战场信息完整性和可靠性其值，通常情况下专家经验越丰富，其值越大，战场信息越完整可靠，其值越小；$\alpha_k(k=1,2,3,4)$为主客观单赋权法的权系数，满足 $\alpha_1+\alpha_2+\alpha_3+\alpha_4=1$，其确定原理：一种赋权法的结果与其他赋权法得到的结果偏差越小，则该方法的权重系数就越大。第 k 种单一赋权法与其他单一赋权法得到总偏差为

$$d_k = \sum_{l=1}^{2} \left(\sum_{i=1}^{m} \sum_{j=1}^{n} |w_{kj} - w_{lj}^{1}| + \sum_{i=1}^{m} \sum_{j=1}^{n} |w_{kj} - w_{lj}^{2}| \right) a_{ij} \tag{5.3.20}$$

则第 k 种赋权法的权重系数为

$$\alpha_k = \frac{\frac{1}{d_k}}{\sum_{k=1}^{4} \frac{1}{d_k}} \tag{5.3.21}$$

2）基于遗传算法模型求解

依据遗传算法（GA）的全局搜索能力以及并行处理能力，对目标函数进行

求解。遗传算法求解过程分为 5 个主要步骤,即确定问题参数集、对参数编码形成染色体、构造适应度函数、对染色体进行选择、交叉和变异等遗传算子操作。下面依据求解组合权重的实际需要,说明算法的具体步骤。

(1)设定算法参数,算法参数包括种群规模 q、最大进化代数 max Gen,交叉概率 P_c、变异概率 P_m 等。例如,可取各参数为

$$q=40, \text{max Gen}=300,\quad P_c=0.6,\quad P_m=0.1$$

(2)染色体编码,算法采用十进制编码的方式,染色体的长度等于指标个数 n,每个基因对应于一个指标权重,且用随机函数产生区间[0,1]的随机数,一个基因对应于一个随机数,染色体编码如图 5-4 所示。

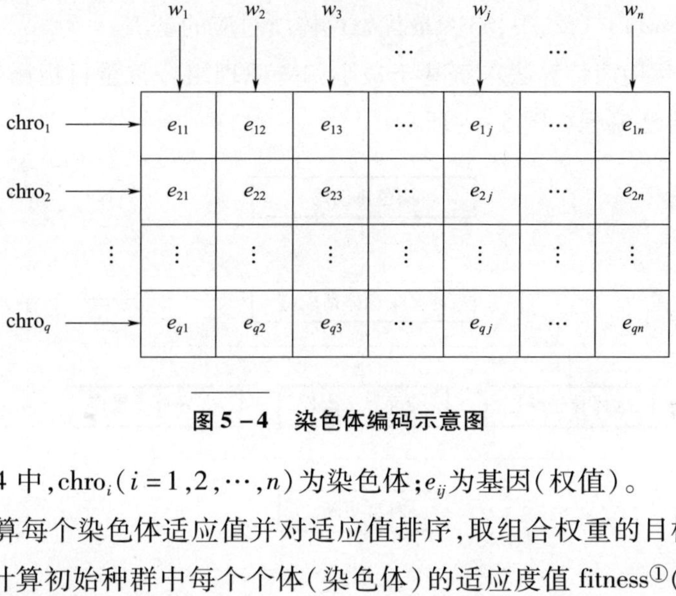

图 5-4　染色体编码示意图

图 5-4 中,$\text{chro}_i(i=1,2,\cdots,n)$为染色体;$e_{ij}$为基因(权值)。

(3)计算每个染色体适应值并对适应值排序,取组合权重的目标函数为适应值函数,计算初始种群中每个个体(染色体)的适应度值 fitness①(chro_i)。这时,适应值越小,该个体越优。

(4)选择算子操作,将每个染色体适应值的倒数转换为对应的选择概率,利用轮盘赌的模式,从初始种群中,选取等个数的染色体。

(5)交叉算子操作,依据交叉概率 P_c 先选择染色体,将染色体两两配对;后确定交叉位,将配对染色体交叉段上的基因进行交换,完成染色体对的交叉操作。

(6)变异算子操作,依据变异概率 P_m,选择变异染色体及其变异位,再用随

① 适度值。

机数产生新的基因替代变异位的基因,完成变异操作。

(7)种群更新,旧的种群经过选择算子、交叉算子以及变异算子操作以后,产生的新种群替代旧种群,如果未达到最大进化代数 max Gen,则算法返回步骤(3)。

(8)产生最优解并归一化,达到迭代精度或最大进化代数时,算法停止操作。

此时,适应值最小的染色体可以看作全局最优解。但是,此时的最优染色体并不是最终组合权重求解结果,需要将其进行单位化,如式(5.3.22)所示,得到待求组合权重,即

$$w_j = \frac{\text{bestchro}_j}{\sum\limits_{i=1}^{n} \text{bestchro}_i} \tag{5.3.22}$$

式中:$\text{bestchro}_i(i=1,2,\cdots,n)$为最优染色体所对应的基因。

以上是运用遗传算法求解基于最小偏差原理组合权重目标函数的算法步骤,具体的算法流程如图 5-5 所示。

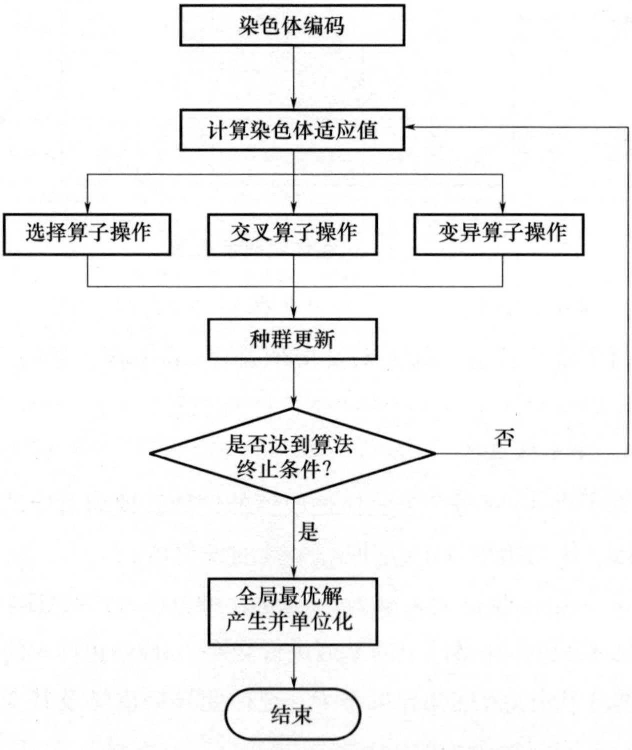

图 5-5 求解基于最小偏差原理组合权重目标函数的算法流程

5.4　典型目标分析

典型目标分析是用好火力的前提，是精算火力需求、精配打击弹药的关键。分析目标应着眼找准关键节点、找出薄弱环节、找到要害部位，重点分析物理特性、功能特性、时敏特性和要害部位。其中，物理特性重在分析自身属性特征和运行规律，功能特性重在分析目标本身具有的作用和效果，主要包括分析目标整体功能、要素功能和功能关联关系；时敏特性重在分析目标与时间的关联程度，主要包括分析目标机动能力、出现时间、可辨认时间、功能发挥时间、可能停留时间、补给时间、修复时间等；要害部位重在分析影响目标功能作用发挥的关键部位，主要包括薄弱部位、节点排序等。

5.4.1　雷达站

雷达站是展开战斗队形进行雷达侦察的战斗保障分队，它主要由天线、工作车（室）、敌我识别设备和电源车（站）等组成，用于不间断探测、跟踪和识别空中、海上、地面目标，判定其威胁程度，报知目标情报信息，为炮兵、防空兵和航空兵等力量提供侦察、警戒和引导等功能。

1. 物理特性分析

雷达天线由收发单元组成，通常露天固定架设或依车机动开设，工作时具有显著的电磁辐射特性，其材质一般选用钢、钛合金等材料，形状主要有棒式、喇叭口、抛物线、平面、套管等类型，为使天线在相对恶劣环境下工作，天线外通常附有天线罩，不同性能指标雷达对应的天线大小不一，其抗毁能力比较弱。工作车（室）主要由雷达控制器、平面显示器、操控台、通信控制机等组成，工作车配置时主要设备一般设置在方舱内，耐毁性能较差，工作室配置时主要安装在钢混结构建筑物内，抗毁能力较强；敌我识别设备一般集成在雷达天线车或工作车（室）内，独立配置情况较少；电源车（站）主要为雷达天线、工作车（室）提供电源供给，电源车一般以轻型卡车为底盘在其方舱内集成发电设备，电源站配置时主要依托钢混结构建筑物内实施发电。机动雷达站对地幅要求不高，能满足 2 ~ 4 车辆展开即可，阵地面积一般在 $500\mathrm{m}^2$ 左右。

2. 功能特性分析

从整体功能来看，雷达站主要担负对任务内海陆空各类目标的实时侦察、监视和预警。从组成要素功能来看，通过分析雷达编配数量和性能，掌握最大探测距离和有效探测距离，明晰雷达频段范围；工作车（室）主要用于操作控制雷达、传输报告侦察信息；电源车（站）主要提供雷达站运行的电源；敌我识别设备用于防止误击误伤。从功能关联性来看，工作车（室）是雷达站的核心区，是雷达站上传下达的关键节点，负责指挥操纵雷达天线遂行侦察任务。

3. 时敏特性

其主要分析雷达站从受领侦察任务到展开侦察所需时间、无故障连续工作时间、雷达扫描间隔所需的时间，雷达站机动部署时还需分析撤收时间。

4. 要害部位

雷达天线是雷达站遂行侦察任务的信息入口，工作车（室）是雷达站运行的神经中枢区。雷达天线、工作车（室）是雷达站的要害部位，应予以重点打击。

5.4.2 指挥所

指挥所是指挥部队作战的机构和场所。组织开设指挥所，主要是使指挥机构、指挥保障的部（分）队和各种指挥通信装备，按照作战指挥需求进行编组和配置，目的是保障对军队实施稳定的不间断指挥。从空间位置分布来看，主要包括地面（地下）指挥所、车载指挥所、舰载指挥所和机载指挥所等。其中，地下指挥所属于地下深层工事内目标，是保障战略武器装备安全、实现目标快速打击、战时顺畅高效指挥的重要依托，一般采用抗震结构设计，能够抗击大威力战斗部打击，耐毁能力极强，战役指挥所幅员较大，具备完备的“三防”设施，通常难以对其实施有效摧毁。

1. 物理特性

地下指挥所主要由指控中心、发电站、蓄水站、排水系统、通风系统和蓄电设备等组成，主洞口外通常还构设有通风口，为地下指挥所提供持续不断的新鲜空气,通风口采用抽风机和风扇使空气流通,排风口为竖井结构,以保证冲击波传播方向与入口轴线垂直,以便削弱冲击波效应。

地下指挥所(图5-6)通常被覆有数十米甚至上百米天然岩层作保护,钢混结构防护门厚达数米、重几十吨,指挥所内的墙壁、地板、天花板、走廊和楼梯等全部由钢板拼焊而成,具有较强的抗震能力。地下指挥所指控中心配有系列指控通信装备,能完成天基、空基、雷达侦察预警等多源情报信息的引接和融合处理,可依托光纤、卫星、无线等多种通联手段下达作战指挥命令。

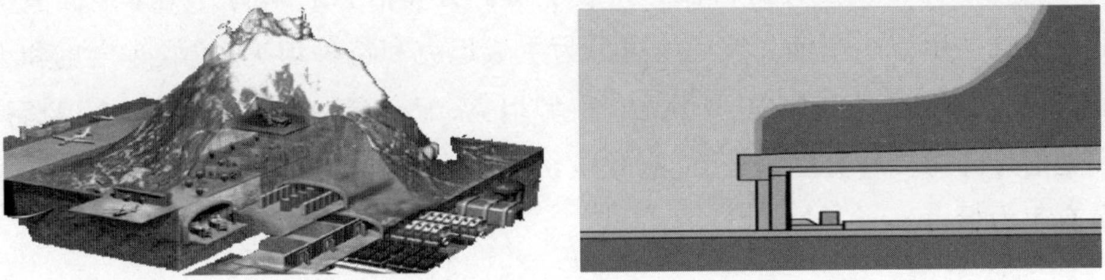

图5-6 地下指挥所示意图

通风口作为指挥所空气流通的交换装置,一般构设于洞口处或洞外,用于保障指挥所内外部人员正常活动和机器设备的正常运转,战时指挥所运维时,坑道内指挥所空气流通必须依靠通风口实现,交换的气体可产生热辐射特性信息,易遭侦察、识别和定位。

2. 功能特性

从整体功能来看,地下指挥所是战时国家和军队的作战指挥中枢,主要具有指挥、通信、防护、保障等功能。从组成要素功能来看,地下指挥所指挥通信功能主要依托指挥通联设施传输和处理信息,指挥部队作战行动,其指挥通信能力受损后,指挥所功能将会明显减弱,变成纯粹的地下防护工事;地下指挥所防护功能是保证其工作运行的前提,防护功能受损丧失后,指挥所抗毁能力将显著下降而易被摧毁,作为战时指挥中心的指挥控制功能将丧失;地下指挥所保障功能是维持其运行的基础,主要提供运维保障功能,若功能受损指挥所持续指挥控制能力将大幅降低,进而导致其核心功能削弱。

3. 要害部位

通风口位于坑道指挥所表面覆层隐蔽处，为保障地下指挥所空气交换需求，通常洞口尺寸较大，被摧毁后指挥所内的人员和设备恐将难以生存和正常工作，另外通风口结构相对简单，打击效费比较高。

5.4.3 坦克

坦克是具有较强火力、机动力、装甲防护力和信息通联力并用于地面突击的履带式装甲战斗车辆。按用途可分为主战坦克和特种坦克，按战斗全重和火炮口径可分为轻型坦克、中型坦克和重型坦克，配有穿甲、破甲、碎甲、杀爆榴弹和炮射导弹等多种类型弹药，能有效毁伤敌反坦克武器、摧毁敌野战工事、歼灭敌有生力量。

1. 物理特性

坦克由火控系统、动力传动系统、装甲防护系统和信息通联系统组成。火控系统通常配备热成像仪，能自动计算目标的各种数据，一般可支撑目标自动跟踪、稳像、简易和应急直瞄射击。动力传动系统由发动机、传动装置等组成，发动机通常配置在坦克后侧，机动行进时具有明显的热辐射特性，另外大部分坦克可实现中心转向，最大速度一般不小于 60km/h。装甲防护系统由炮塔、车体正面装甲、侧面装甲和其他装甲组成，其中炮塔和车体正面装甲通常由高硬度装甲板、高硬度陶瓷、贫铀合金装甲、反应装甲等组成，抗穿甲能力可达 500mm 以上；侧面装甲通常使用普通装甲，防护力相对较弱，为提升对抗单兵反坦克武器能力，经常在其侧裙上加装反应装甲，在车体后侧加装栅栏；信息通联系统通常加装有车载电台和数据链终端设备，在其车体外配有传感器，能够快速感知陆战场态势。

2. 功能特性

从整体功能来看，坦克能有效遂行地面突击任务，具备较强的火力打击、快速机动、装甲防护和信息通联能力，能高效实施集群协同作战。从火力打击功能来看，坦克通常具备发射无控弹药和精确制导弹药等多弹种能力，打击精度高、火力密度大、毁伤目标种类多；从快速机动功能来看，具备手（自）动换向功能，可实现以相同速度向前或向后机动行驶，战场生存能力大幅提升；从装甲防护能力来看,配备有反应装甲和复合装甲,附设有烟幕发射器,具备较强的抗精确打击能力;从信息通联能力来看,坦克配有热成像和红外观测系统,新一代坦克可能配备有源相控阵雷达和传感器阵列,锁定跟踪目标能力大幅提高,另外配有数据链终端设备和综合电子信息系统,信息交互和信息处理能力显著增强。

3. 时敏特性

其主要分析坦克机动行进路线、运动速度及火力反应时间、无故障连续工作时间等状态参数信息。

4. 要害部位

火控系统是保证坦克实施火力打击行动的关键,一旦被毁,坦克将难以完成火力打击任务。信息通联系统是保证坦克遂行机动突击作战任务的前提,若被毁伤,将难以实施集群协同作战。火控系统、信息通联系统均内置安装在坦克车体内,具有较强的抗毁能力,部分天线、传感器外挂在坦克车体外,耐毁能力比较弱。基于坦克装甲防护能力强弱,炮塔顶端和车体尾部、侧部装甲是重点打击部位,外挂传感器和天线抗毁能力比较弱,应予以优先打击破坏。

5.4.4 机场

机场指飞机或直升机起飞、着陆、停放和组织、保障飞行活动的固定场所,是供航空兵部队进行作战、训练、武器装备维护,以及油料、弹药储存供给和人员生活保障的基础设施,也是军队空中作战力量的陆基依托。

1. 物理特性

从结构组成来看,机场大体可分为飞行活动区、飞行保障区、营区和飞机疏散区4个功能区。飞行活动区是提供飞机起飞、着陆、滑行、停放及维护使用的区域,主要由跑道、滑行道、停机坪、塔台和飞机防护工事等组成,其中跑道、滑行道、停机坪通常是水泥混凝土道面或沥青混凝土路面,厚度一般不小于20cm,具有较强的抗毁能力,塔台是飞机起降的指挥控制中心,是采用钢混结构浇注而成的塔状建筑物;飞行保障区是承担飞行活动保障任务的区域,一般设在飞行活动区附近,主要由飞行管制室、气象台、导航台、机库、机棚、油库、弹药库和航材库等组成,其中油库、弹药库等设施通常依托半地下或地下工事而建,具有较强的抗毁能力，机库一般采用掩蔽部方式，主要由拱带、防护门和后端墙三部分组成，多为半圆拱形落地结构，主拱带的半圆内壁为波纹钢板，钢板厚为 3～5mm，外壁为 20～30mm 厚的钢筋混凝土，外面再覆盖 40～50cm 的土层，其抗力在 0.3MPa 以上；营区是供驻机场部（分）队日常生活、办公的区域，主要由部队办公区、宿舍区、家属区和生活服务设施等组成；飞机疏散区是供飞机疏散停放用的区域，主要由个体停机坪、飞机掩蔽库或掩体等组成。

2. 功能特性

机场主要包括起降、补给、维修和指挥等功能。起降功能，主要由跑道、导航台、指控中心塔台负责完成；补给功能，主要油库、输油管道、弹药库负责完成；维修功能，主要提供战机维修和保养功能；指挥功能，主要依托塔台指挥战机作战。

3. 要害部位

从机场要害部位选择来看，其要害部位通常为跑道、滑行道和飞机洞库口。跑道和滑行道一旦被毁，飞机就无法起降，机场即丧失功能；若大面积被损坏，短期内将难以修复。飞机洞库战时在保存战机方面将发挥积极作用，因此其洞库口也是要害部位，只要被封控，洞内飞机将丧失作战功能。此外，指挥通信设施和油库、弹药库也是机场的要害部位。指挥通信设施抗毁能力较弱，若被摧毁，机场将无法指挥飞机正常起降及作战；油库、弹药库若被摧毁，机场将丧失油料和弹药的补给能力，并可能引起连锁爆炸破坏效应。

机场是一个复杂系统，通常难以彻底摧毁，弹药消耗量大，不同作战阶段的打击样式和打击部位不尽相同。从效费比角度来看，应以毁伤驻场飞机为主，重点打击停机坪、机库和掩蔽库，需提前获取、精确掌握飞机位置。压制机场跑道时，需关注跑道修复情况。

5.4.5 防空导弹阵地

防空导弹阵地是防空导弹部队采取机动固定部署方式准备和遂行防空反导任务的场地，防空导弹阵地大体由射击控制阵地和发射阵地组成，通常配有侦搜雷达、制导跟踪雷达、指控平台、导弹发射平台和电源站等装备，目的是夺取或保持预战地域的制空权。

1. 物理特性

防空导弹阵地通常以防空导弹武器系统为作战单元，在一定幅员上成系统成建制整体配置。固定部署时，射击控制阵地通常构设于钢混结构的掩蔽部内，配置有侦搜雷达、制导跟踪雷达和指控平台等装备，可经坑道口出入地下掩蔽部，具有较强的抗毁能力，掩蔽部外通常附有侦搜雷达、制导跟踪雷达天线，耐毁能力较弱，固定发射阵地由若干个井盖式地下发射堡组成，井盖通常为钢板材质，抗毁能力较强。机动部署时，防空导弹车组机动行进到预选野战阵地，所属平台依照其配置模式快速展开，展开地幅应以满足疏散配置为宜。

2. 功能特性

从整体功能来看，防空导弹阵地通常担负一定区域防空反导任务，或遂行要地要点要域对空防护任务。从要素组成功能来看，射控阵地通常装备指挥控制平台 1 套、侦搜雷达 1 部和制导跟踪雷达 1 ~ 2 部，负责防空导弹系统控制、对空搜索和目标追瞄、威胁评估计算及下达作战指令、防空导弹末端跟踪制导等任务；发射阵地主要执行射控阵地指令，完成对预定空域目标的火力拦截任务。接战时，位射控阵地的侦搜雷达实施对空搜索、目标追踪与锁定，指挥控制平台对空中威胁进行评估、计算，而后向发射阵地下达指令；防空导弹在跟踪制导雷达的指引下发射，完成对目标的攻击任务。

3. 时敏特性

固定部署时，其主要分析防空导弹指挥控制中心接令到发射导弹实施拦截的反应时间；机动部署时，主要分析机动发射架从占领阵地到完成射击准备所需时间。

4. 要害部位

侦搜雷达、制导雷达掩蔽部和地下发射堡为防空导弹阵地的要害部位。通过分析防空导弹阵地运行一般流程，其要害部位节点，首先是射控阵地的制导跟踪雷达掩蔽部，一旦被毁整个系统将陷于瘫痪；其次是发射阵地的地下发射堡，若被毁阵地将失去作战能力。

第 6 章
火力毁伤计算方法

火力毁伤计算方法主要用于量化火力毁伤任务量和计算火力毁伤资源需求量,对于支撑指挥机构筹划火力和评估火力打击能力具有重要意义。本章在系统梳理目标毁伤规律,厘清毁伤幅员概念内涵的基础上,建立由直接计算法与标准计算法组成的火力毁伤计算方法体系,明晰火力毁伤任务量、兵器需求量、任务与资源分配与火力毁伤时间计算方法,力求破解信息化战争时代火力毁伤计算不精、不细、不准的难题。

6.1 目标毁伤规律

目标毁伤规律是反映目标易毁特性的数量规律。打击抗毁能力较强的目标时,必须获得命中弹才能毁伤目标,目标毁伤程度值与命中弹数 k 紧密关联;打击耐毁能力较弱的目标时,目标未被命中也可能会被毁伤,目标毁伤程度依赖炸点相对目标的坐标(x,y)。从数学视角来看,目标毁伤规律是描述目标毁伤程度与命中弹数 k 或炸点坐标(x,y)的函数表达式。

6.1.1 命中毁伤规律

假定对目标毁伤程度为 $E(k)$,其中 k 表征命中目标的弹数。$E(k)$具有如下性质:

(1)$k=0$ 时,$E(k)=0$;

(2)$E(k)\geqslant E(k-1)$,即 $E(k)$为非减函数;

(3)$k\to\infty$ 时,$E(k)\to 1$。

依赖命中弹数的目标毁伤规律(简称毁伤律)可分为零一毁伤规律(0-1 毁伤规律)、阶梯毁伤规律和指数毁伤规律。

1. 零一毁伤规律

假设当命中弹数少于 m 发时，目标不毁伤、功能不失效；当命中弹数大于或等于 m 发时，目标一定被摧毁、功能彻底失效，则

$$E(k)=\begin{cases}0 & (k<m)\\ 1 & (k\geqslant m)\end{cases} \tag{6.1.1}$$

符合式(6.1.1)表达式的毁伤规律称为零一毁伤规律。随着目标抗毁能力的提升，$m>1$ 的毁伤情况在实际作战出现的频度越来越高，如打击炮堡工事、弹药库等永备工事类目标时，m 通常大于1。

2. 阶梯毁伤规律

假设目标的毁伤程度与命中弹数成正比，当获得 k 发以上的命中弹时就能一定程度毁伤目标，则

$$E(k)=\begin{cases}0 & (k<1)\\ \dfrac{k}{m} & (1\leqslant k<m)\\ 1 & (k\geqslant m)\end{cases} \tag{6.1.2}$$

满足式(6.1.2)毁伤规律称为阶梯毁伤规律。当 $m=1$ 时，阶梯毁伤规律与零一毁伤规律相同，均表示命中一定数量弹药便能摧毁目标。阶梯毁伤规律优点体现了“毁伤积累”现象，对目标毁伤程度随着命中弹数的增加而线性提高；阶梯毁伤规律的缺点是很难通过效能实验确定 m，在实验中可获得平均需要多少弹药才能摧毁目标，但难以获取绝对准确的毁伤目标所需的命中弹数。

3. 指数毁伤规律

假设命中目标的弹药没有损伤积累作用，即各发命中弹对目标的毁伤事件是相互独立的，则表示命中弹对目标的毁伤程度是相等的。同时，假设命中弹在目标幅员内是均匀分布的，命中弹对目标的相对易毁面积为 a，就可知一发命中弹对目标的毁伤程度 E_1 为该弹药落入目标易毁面积内的概率，即

$$E_1=a \tag{6.1.3}$$

命中 k 发弹对目标的毁伤程度为

$$E_k=1-(1-a)^k \tag{6.1.4}$$

式中:ω 为毁伤目标所需的命中弹数的数学期望;a 为目标的易毁面积与总面积之比。

假设 $D(k)$ 表示命中目标 k 发弹,恰好在第 k 发命中弹毁伤目标的概率,则有

$$E(k)=a\cdot[1-E(k-1)]=a\cdot(1-a)^{k-1} \tag{6.1.5}$$

若 ω 为毁伤目标所需的平均命中弹数,则有

$$\omega = M(k) = \sum_{k=0}^{\infty} k\cdot D(k) = \sum_{k=1}^{\infty} k(1-a)^{k-1}\cdot a = \frac{1}{[1-(1-a)]^2}\cdot a = \frac{1}{a} \tag{6.1.6}$$

因此命中 k 发弹对目标的毁伤程度为

$$E_k=1-(1-a)^k=1-\left(1-\frac{1}{\omega}\right)^k\approx 1-e^{-\frac{k}{\omega}} \tag{6.1.7}$$

满足式(6.1.7)的毁伤规律 $E(k)$ 为指数毁伤规律。$\omega=1$ 时,指数毁伤规律为 $m=1$ 时的零—毁伤规律,此时可理解成命中 1 发即可毁伤目标,但不能理解成平均需要一发命中弹才能毁伤目标。指数毁伤规律建立在无损伤积累的假设基础上,而且当 k 取有限值时,$P(k)<1$,但在实际毁伤过程中,命中弹数足够多时,目标总会被毁伤,这是指数毁伤规律与实际不相符合的地方。但由于指数毁伤规律在评定射击效率指标很方便,准确度也较高,进而具有广泛的应用前景。

基础数据 a 或 ω 的求取,是运用指数毁伤规律的基础。ω 求法通常有如下三种方法。

第一种方法:根据理论或试验的数据求出命中弹数与毁伤程度的关系式 $E^*(k)$,而后求 ω,公式如下:

$$\omega = \sum_{k=0}^{\infty}[1-E^*(k)] \tag{6.1.8}$$

第二种方法:当目标可以分成易损性不同的 n 个部分,它们的面积分别为 $S_1,S_2,\cdots,S_n$,目标的面积为 S,又设命中弹在总面积上分布是均匀的,命中第 i 部分的概率为

$$P_i=\frac{S_i}{S}\quad(1\leqslant i\leqslant n) \tag{6.1.9}$$

对第 i 个部分进行瞄准射击或模拟试验,得到命中该部分导致毁伤目标所

需的平均弹数为 T_i，然后按下式计算 ω：

$$\omega = \left(\sum_{i=1}^{n} \frac{P_i}{T_i} \right)^{-1} = \frac{1}{\sum_{i=1}^{n} P_i \frac{1}{T_i}} \tag{6.1.10}$$

第三种方法：各种口径弹药对某一目标的 ω 值可以表示为弹内炸药量或全弹重的函数，即

$$\omega = f(q) \tag{6.1.11}$$

式中：q 为弹重或炸药质量；$f(q)$ 可用试验方法获取。

毁伤效能试验表明，在获取一种目标的关系式 $\omega = f(q)$ 后，可以找出另一种同类目标的相似关系式，适用于坦克、装甲车、舰艇、飞机等目标。

$$\omega = cf(q) \tag{6.1.12}$$

6.1.2 坐标毁伤规律

弹药爆炸后形成不同大小的破片，以不同密度在炸点周围空间飞散，在飞散过程中，破片的速度不断衰减，毁伤目标的能力不断下降，因此毁伤目标的概率与炸点坐标密切相关。

坐标毁伤规律 $E(x)$ 表示在目标仅由破片便可毁伤的情况下，毁伤程度与炸点坐标的函数关系。这里 x 可为 n 维坐标。一般地，坐标毁伤定规律满足以下条件：

(1) $E(0) = 1$，表示炮弹命中目标时，毁伤概率为 1。

(2) $|x| \to \infty$ 时，$E(x) \to 0$。

(3) 以目标为中心的任一方向上，随着炸点离开目标的距离增大，$E(x)$ 将减小。

(4) 射击方向与 x 轴一致时，$E(x,z)$ 对 z 轴是对称的，$E(x,0)$ 通常是不对称的，在原点远方的曲线较平缓，在原点近方的曲线较陡，仅当 $\theta_c = 90°$ 时才是对称的。

假设目标面积为 ν，ν 包含于一个辅助区域 Ω 内。炸点坐标为 x 时，则有 $m(x)$ 个毁伤破片落入 Ω 中，并且假定 $m(x)$ 个破片均匀分布在 Ω 中，一个毁伤破片命中目标的概率为 ν/Ω。

$$E(x) = 1 - \left(1 - \frac{\nu}{\Omega}\right)^{m(x)} \tag{6.1.13}$$

当 ν/Ω 较小时，近似有

$$E(x)=1-\mathrm{e}^{-\frac{\nu}{\Omega}m(x)} \tag{6.1.14}$$

记 $M(x)=\dfrac{\nu}{\Omega}m(x)$，则

$$E(x)=1-\mathrm{e}^{-M(x)} \tag{6.1.15}$$

式中：$M(x)$ 为“命中目标的平均毁伤破片数”，其值的确定在于找出包含目标受弹面积在内的破片均匀散布区域 Ω，以及落在 Ω 内的有效破片数 $M(x)$ 和目标的面积 ν。

1. 矩形毁伤规律

记 S_M 为坐标毁伤规律函数 $E(x,z)$ 在全平面上的积分，则

$$S_M=\iint E(x,z)\,\mathrm{d}x\mathrm{d}z \tag{6.1.16}$$

S_M 为毁伤幅员，即目标平面以毁伤程度 $E(x,z)$ 为权的“平面面积”，可以简化成矩形、圆、椭圆区域的面积。预先评估计算有效性毁伤指标时，最方便的方法是把 S_M 看成边平行于 x 轴和 z 轴的矩形，矩形的长为 $2l_x$、宽为 $2l_z$，则 $S_M=2l_x2l_z$。

定义矩形毁伤规律为

$$E_l(x,z)=\begin{cases}1,(x,z)\in S_M\\0,\text{其他}\end{cases} \tag{6.1.17}$$

坐标毁伤规律 $E(x,z)$ 和 $o-xz$ 平面所围成的面积在数值上等于 S_M，两者所决定的毁伤幅员相等，可用 $E_l(x,z)$ 近似代替 $E(x,z)$。

2. 椭圆毁伤律

根据坐标毁伤律的性质，可近似地将 $E(x,z)$ 在 x、z 坐标轴的投影表示成指数形式如下：

$$E(x,0)\approx\begin{cases}\mathrm{e}^{-\frac{\rho^2x2}{\eta_{x>0}^2}} & (x>0)\\1 & \left(x=0,E(0,z)\approx\mathrm{e}^{-\frac{\rho^2x2}{\eta_z^2}}\right)\\\mathrm{e}^{-\frac{\rho^2}{\eta_{x<0}^2}} & (x<0)\end{cases} \tag{6.1.18}$$

式中：$\eta_{x>0}$ 和 $\eta_{x<0}$ 分别为 $x>0$ 和 $x<0$ 的指数曲线特定参数；η_z 为投影于 z 轴上

的指数曲线特定参数。

因为 $E(x,z)$ 通常关于 z 轴不对称，所以 $\eta_{x>0} \neq \eta_{x<0}$，但为了研究问题的方便，令

$$\eta_x = \frac{1}{2}(\eta_{x>0} + \eta_{x<0}) \tag{6.1.19}$$

于是取

$$E_\eta(x,z) = \mathrm{e}^{-\rho^2\left(\frac{x^2}{\eta_x^2} + \frac{z^2}{\eta_z^2}\right)} \tag{6.1.20}$$

作为 $E(x,z)$ 的近似代替，称 $E_\eta(x,z)$ 为椭圆毁伤规律。它与 $E_\eta(x,z)$ 的曲面形式较接近，预先评估计算有效性毁伤指标时，采用椭圆毁伤规律较为准确。

确定待定参数 η 的依据如下式：

$$\iint E_\eta(x,z)\,\mathrm{d}x\mathrm{d}z = \iint E(x,z)\,\mathrm{d}x\mathrm{d}z \tag{6.1.21}$$

6.1.3　目标毁伤幅员

弹药落达某个一定幅员内能毁伤目标，而落在该幅员以外不能毁伤目标，这个特定的幅员称为毁伤幅员。在不同射击情况下，毁伤幅员的实际含义会有所不同。若炮弹落在目标幅员内一定毁伤目标，落在目标幅员外一定不能毁伤目标，则毁伤幅员也就是目标的实际幅员。对于不太坚固的目标射击时，如果炮弹落在离目标幅员边缘外一定距离内也都必然毁伤目标，则毁伤幅员等于目标实际幅员再向四周扩大炮弹效力半径后的幅员。对取决于炸目关系坐标毁伤规律的情况，毁伤幅员应等于毁伤规律 $E(x,z)$ 在全平面上的积分：

$$S = \int_{-\infty}^{+\infty}\int_{-\infty}^{+\infty} E(x,z)\,\mathrm{d}x\mathrm{d}z \tag{6.1.22}$$

实际上，按照式(6.1.22)计算毁伤幅员，并用以计算射击效率指标，计算过于复杂，难以实施。为了简化，最常用的做法是把 S 看成其边平行于 x 轴(射击方向)和 z 轴的矩形，即

$$S = 4l_x l_z \tag{6.1.23}$$

式中：l_x 为毁伤幅员纵深的一半；l_z 为毁伤幅员正面的一半。

此时毁伤律就简化为

$$E(x,z)=\begin{cases}1,(x,z)\in S\\0,(x,z)\notin S\end{cases} \tag{6.1.24}$$

此时 S 称为平均毁伤幅员，简称毁伤幅员。因此可以这样理解平均毁伤幅员的概念内涵，即在以炸点为中心，边长为 $2l_x$ 和 $2l_z$ 的矩形内的目标必然被毁伤，在此区域以外的目标将不被毁伤，平均毁伤幅员常被用作武器弹药杀伤效力的表征值。

6.2 直接计算法

直接计算法，是信息化战争时代实施精确火力毁伤计算的基本方法，它主要基于武器弹药的精度指标、毁伤威力和目标易损性，预测计算对目标的毁伤效果以及达到预期毁伤要求的弹药消耗量。由于弹药的毁伤机理各异、打击目标多样、毁伤计算颗粒度不一，因此直接计算法又可细化为效应计算法和解析计算法，其中效应计算法，主要通过典型目标建模，运用弹丸终点效应理论，依托预置的目标毁伤标准，预测计算对目标的毁伤程度及达到预期毁伤要求的弹药消耗量；解析计算法，采用射击效率评定的方法思路，利用解析算法模型和毁伤目标所需命中弹数、毁伤幅员等基础数据，计算对目标的毁伤程度及达到预期要求的弹药消耗量。

6.2.1 效应计算法

1. 基本思路

效应计算法包括紧密衔接的4个部分计算内容，即目标易损性计算、武器弹药射击精度计算、武器弹药威力计算、弹目交会毁伤计算。其中，目标易损性计算在目标功能、结构分析的基础上，提取目标的关键部件，建立目标等效几何模型、目标等效强度模型，确定目标的毁伤判据；武器弹药射击精度计算，综合考虑目标定位、测地准备、气象准备、弹道准备和技术准备等因素影响，计算确定武器弹药的射击精度；武器弹药威力计算，基于武器弹药的弹道特性和引战配合情况，计算确定武器弹药破片、超压、侵彻等毁伤元的威力；弹目交会毁伤计算,综合目标易损性与威力计算,依据目标毁伤判据,交会计算对目标的毁伤程度。效应计算法基本思路如图6-1所示。

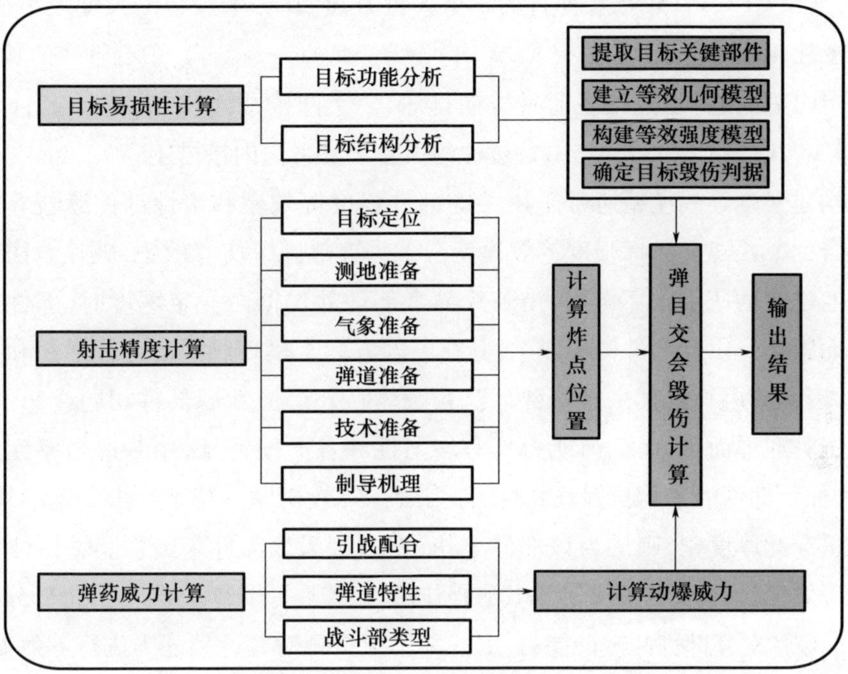

图6-1　效应计算法基本思路

2. 目标易损性计算

信息化陆战场上,目标结构与功能高度集成,若对目标进行全面、系统的易损性分析,难以满足经济性和时效性的要求。为此,在符合目标结构损伤和功能毁伤响应规律的前提下,提取目标关键部件,进行目标关键部件与结构的简化,建立目标等效几何模型,基于目标毁伤特性等效,构建目标的等效强度模型,通过开展毁伤效应实验,掌握目标毁伤准则,确定目标的毁伤判据。

建立目标等效几何模型通常根据零部件的几何特点,采用典型规则几何体通过一定的组合和布尔运算,构造复杂的零部件几何空间构型。选取了7种典型几何体作为基本几何元素。①球,由球心坐标(x,y,z)和半径R描述。②直圆柱,由底面圆的中心坐标(x,y,z)、半径R、中心轴线的长度H、方向向量描述。③圆台,由底面圆的中心(x,y,z)、底面圆半径R_1、顶面圆半径R_2、中心轴线的长度H和方向向量描述。④平面四边形,由 4 个顶点$(x_1,y_1,z_1)(x_2,y_2,z_2)(x_3,y_3,z_3)(x_4,y_4,z_4)$描述。4 个顶点按逆时针方向排序,两个点可以相同,退化为三角形。⑤长方体,由某顶点(x,y,z),相互垂直的 3 个矢量 H、W、D,3 个矢量的长度大小描述。⑥三棱柱,由底面三角形坐标$(x_1,y_1,z_1)(x_2,y_2,z_2)(x_3,y_3,z_3)$,中心轴线的长度 H 和方向向量描述(顶点按逆时针方向排序)。⑦四棱柱,由 4 个顶点$(x_1,y_1,z_1)(x_2,y_2,z_2)(x_3,y_3,z_3)(x_4,y_4,z_4)$,棱柱的长度 H 和方向向量描述。

构建强度等效模型通常采用关键部件强度等效靶和惰性部件遮蔽等效靶相结合的方式建立目标强度等效模型。①关键部件毁伤等效靶,破片毁伤元主要是通过侵彻产生破坏作用,当破片撞击部件并侵彻至一定深度时,部件丧失功能而毁伤。由于部件构形复杂,其在不同方向上呈现相异的迎弹面积和抗弹能力,因此使用等效靶来模拟部件。若靶体在外形上和原部件相同或相似,用来模拟其迎弹面积,而抗弹能力具有均匀性和各向同一性,用一适当厚度来模拟,表征了部件的平均抗毁伤特性,称为毁伤等效靶厚。若破片击中靶的外形,并能贯穿此厚度靶,则认为该部件毁伤,否则认为该部件未毁伤。②惰性部件遮蔽等效靶,惰性部件主要考虑其遮挡作用,当破片击中惰性部件时,将部分或完全削弱破片对其部件的侵彻能力,因此采用模拟靶对其遮挡能力进行等效简化。惰性部件包括装甲类惰性部件和非装甲类惰性部件。对于装甲类惰性部,只需要用抗侵彻能力相同的靶板来模拟。对于非装甲类惰性部件,采用和关键件相似的方法来模拟,不同的是使用靶厚表征部件平均遮挡能力。若破片击中靶体的外形,并能贯穿此厚度靶,则认为破片能穿过该部件,否则不能穿过该部件。

目标毁伤特性等效关键是符合目标结构损伤规律和功能丧失规律,核心是要满足毁伤元对等效目标的破坏模式与真实目标结构破坏的一致性。由于不同毁伤元对目标结构损伤机理方式各不相同,开展目标易损性分析时,需要综合考虑目标结构特征、材料特性,以及对破片、金属射流、超压、爆炸成型弹丸等不同毁伤元的响应规律,需要基于毁伤效应等效靶开展大量效应试验。

3. 射击精度计算

射击精度计算应综合考虑战场环境、测地准备、气象准备、弹道准备、技术准备、射击密集度等因素影响,计算确定武器弹药的射击精度。射击精度计算,与火力平台类型、弹药控制方式密切相关,当炮兵发射无控弹药时,重点计算测地、气象、弹道和技术准备对射击精度的影响：①测地保障，主要包括测地准备的精度及时间数据，其中坐标连测基础数据包括坐标精密连测、坐标快速连测、导线法简易连测、交会法简易连测、连测车简易连测、卫星定位等；高程连测基础数据包括高程精密连测、高程快速连测、高程简易连测、高程地图判定、卫星定位等；赋予射向基础数据包括射向瞄准点法、射向天体法、射向方向盘法、卫星定位等。②气象保障，基础数据主要包括气象保障时间、保障距离、保障高度、保障精度、保障范围等，保障方式有基线测风弹道通报、单点测风弹道通报、地面气象资料等。③弹道保障，主要包括决定装药批号初速偏差量的精度、决定火炮初速偏差量的精度、决定火炮和装药批号综合初速偏差量的精度、决定药温偏差量的精度和其他弹道特性。④技术准备，包括瞄准装置、操作精度等。⑤目标定位，包括卫星遥感定位、航空照片定位、雷达定位等。当发射制导弹药时，主要考虑弹药的制导精度和目标定位精度，如图6-2所示。

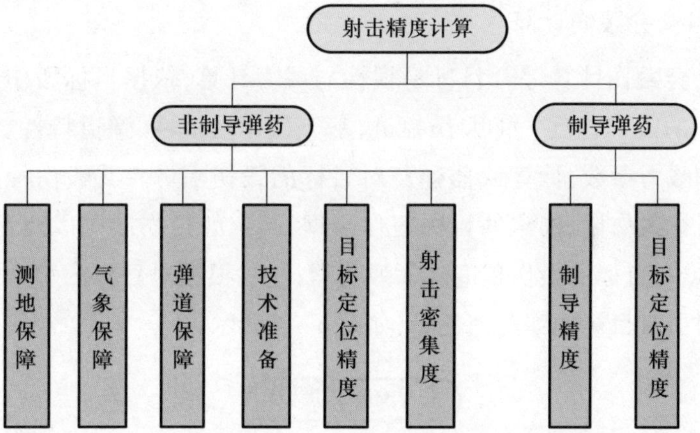

图6-2　射击精度计算

4. 弹药威力计算

弹药威力计算基于武器弹药的弹道特性和引战配合情况，计算确定武器弹药破片、超压、侵彻等毁伤元的威力。①弹道特性，基于火力平台、目标配置位置，计算武器弹药的落角、落速、攻角等弹道特性参数，为武器弹药威力计算提供初始弹道特性数据。②引战配合，依据引信工作原理和装定模式，计算确定武器弹药起爆时机，进一步计算确定武器弹药的炸裂时机。③毁伤威力，计算杀爆、侵彻、聚能破甲、云爆等各类武器弹药在动爆条件下的破片、超压、侵彻等毁伤元的威力场，如图 6－3 所示。

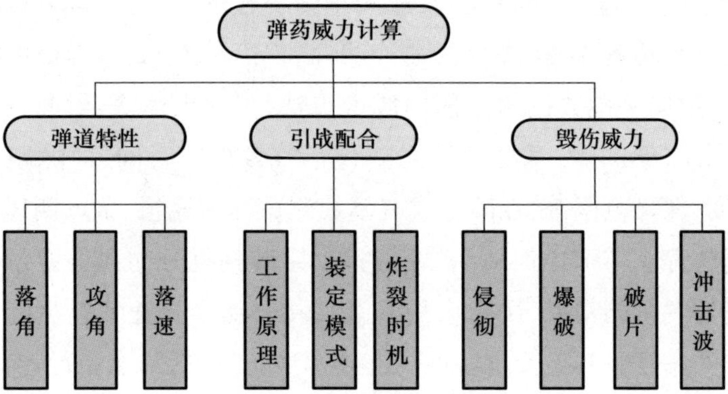

图 6－3 弹药威力计算

5. 弹目交会毁伤计算

弹目交会毁伤计算综合目标易损性与威力计算，依据目标毁伤判据，交会计算对目标的毁伤程度。①毁伤幅员，基于目标易损性、弹道特性、引信参数、射击精度和威力参数，计算武器弹药对目标的毁伤幅员。②毁伤程度，依据预先构建的目标毁伤树、确定的目标毁伤判据、制定的毁伤准则以及目标毁伤幅员，计算得出对目标的毁伤程度。③弹药消耗量，根据对目标的预期毁伤要求，迭代推算得出对目标的弹药消耗量，如图 6－4 所示。

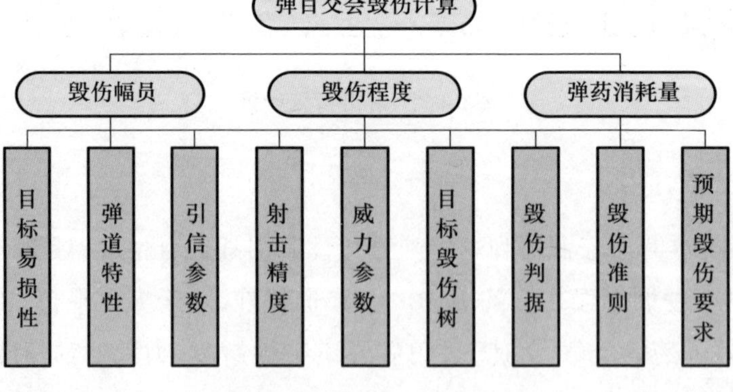

图 6－4 弹目交会毁伤计算

6.2.2　解析计算法

1. 基本思路

解析计算法采用射击效率评定的方法思路，区分无控弹药、精确制导弹药等弹药类型，计算无控弹药射击诸元误差、散布误差和精确制导弹药的圆概率误差，依托事先获取的毁伤目标所需命中弹数、目标毁伤幅员等基础数据，计算对目标的毁伤程度及达到预期毁伤要求的弹药消耗量。目标毁伤幅员，采取理论分析、仿真实验和实弹试验相结合的方式，根据目标易损性计算分析获取其具体数值。毁伤目标所需命中弹数，与轻度、中度、重度、摧毁等不同毁伤等级紧密耦合，通常通过毁伤效能实验获取。解析计算一般思路如图6-5所示。

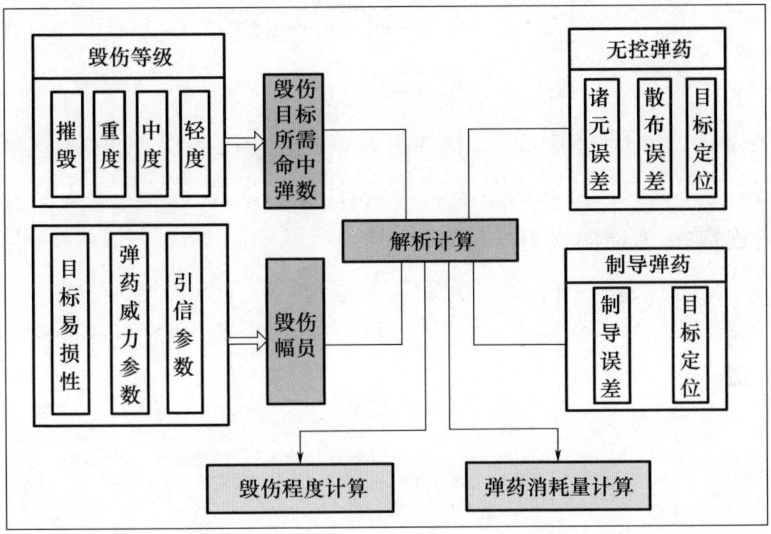

图6-5　解析计算法一般思路

2. 杀爆榴弹

杀爆榴弹是列装部队数量最多的无控压制类弹药，其解析计算步骤：①根据火力单位使用杀爆榴弹时的作业准备条件，运用射击误差合成计算模型，计算火力平台的单独射击误差、火力单位的共同射击误差。②依据目标特征参量信息、目标毁伤幅员和毁伤目标所需命中弹数等基础数据，运用基于射击效率评定解析计算模型,预测计算对目标的毁伤效果以及达到一定毁伤程度的弹药消耗量。

1)误差合成模型

首先,按照式(6.2.1)、式(6.2.2)计算典型射击准备条件下火力平台单独距离中间误差 E_{xpd}、方向中间误差 E_{zpd},连单独距离中间误差 E_{xld}、方向中间误差 E_{zld},营共同距离中间误差 E_{xyg}、方向中间误差 E_{zyg}。

$$\begin{cases} E_{xpd} = \sqrt{E_{xpd1}^2 + E_{xpd2}^2 + \cdots + E_{xpd14}^2} \\ E_{xld} = \sqrt{E_{xld1}^2 + E_{xld2}^2 + \cdots + E_{xld14}^2} \\ E_{xyg} = \sqrt{E_{xyg1}^2 + E_{xyg2}^2 + \cdots + E_{xyg14}^2} \end{cases} \tag{6.2.1}$$

$$\begin{cases} E_{zpd} = \sqrt{E_{zpd1}^2 + E_{zpd2}^2 + \cdots + E_{zpd14}^2} \\ E_{zld} = \sqrt{E_{zld1}^2 + E_{zld2}^2 + \cdots + E_{zld14}^2} \\ E_{zyg} = \sqrt{E_{zyg1}^2 + E_{yg2}^2 + \cdots + E_{yg14}^2} \end{cases} \tag{6.2.2}$$

其次,利用平均散布中心法,将四组误差转化为两组误差,按照式(6.2.3)、式(6.2.4)计算求取代诸元误差 E_{dy}^*、E_{fy}^* 和代散布误差 B_{dy}^*、B_{fy}^*,其中 m 为火力单位营内连数,n 为连内火力平台数。

$$\begin{cases} E_{dy}^* = \sqrt{E_{xyg}^2 + \dfrac{1}{m}E_{xld}^2 + \dfrac{1}{mn}E_{xpd}^2} \\ E_{fy}^* = \sqrt{E_{zyg}^2 + \dfrac{1}{m}E_{zld}^2 + \dfrac{1}{mn}E_{zpd}^2} \end{cases} \tag{6.2.3}$$

$$\begin{cases} B_{dy}^* = \sqrt{\left(1 - \dfrac{1}{m}\right)E_{xld}^2 + \left(1 - \dfrac{1}{mn}\right)E_{xpd}^2 + B_d^2} \\ B_{fy}^* = \sqrt{\left(1 - \dfrac{1}{m}\right)E_{zld}^2 + \left(1 - \dfrac{1}{mn}\right)E_{zpd}^2 + B_f^2} \end{cases} \tag{6.2.4}$$

最后,以中等精度射击准备为典型的射击方式,计算火力单位的合成误差。测地准备选择坐标精密连测、高程精密连测和自主定向方式;气象准备采用弹道基线测风获取气象通报,气象通报时间间隔为1h,阵地与气象站相距10km;弹道准备采用测速雷达获取初速偏差量,采用火力单位统一测量药温的方式获取药温;采用激光测距机测距保障、侦察车坐标精密连测、侦察经纬仪测角、高程精密连测换算等方式决定目标位置;按照精密准备的程式进行技术准备和弹道解算的方法决定射击开始诸元,典型射击准备误差根源和误差比重数据见表6-1典型射击准备误差根源和误差比重数据表。

表6-1 典型射击准备误差根源和误差比重数据表

序号	误差根源	射击准备方法和条件	距离中间误差	误差比重			方向中间误差	误差比重		
				营	连	炮		营	连	炮
1	决定炮阵地坐标	精密连测	1.0m	0.5	0.5	—	1.0m	0.5	0.5	—
2	决定炮阵地高程	精密连测	1.0m	0.5	0.5	—	—	—	—	—
3	火炮定向	自主定向	—	—	—	—	1.0m	0.4	0.4	0.2
4	决定目标坐标	激光测距	$0.4\% D_{gm}$	1	—	—	$0.4\% D_{gm}$	1	—	—
5	决定目标高程	高程精密连测换算	$0.4C\tan\theta_c$	1	—	—	—	—	—	—
6	决定药温偏差量	—	$1.5\Delta X_{ty}$	0.3	0.4	0.3	—	—	—	—
7	决定火炮初速偏差量	测速雷达射验	$0.3\Delta X_{vo}$	—	—	1	—	—	—	—
8	决定装药批号初速偏差量	测速雷达射验	$0.2\Delta X_{vo}$	1	—	—	—	—	—	—
9	决定地面气压偏差量	—	$1\Delta X_h$	0.9	0.1	—	—	—	—	—
10	决定弹道温偏	高空雷达探测	$1.5\Delta X_t$	0.9	0.1	—	—	—	—	—
11	决定弹道风	高空雷达探测	$1.5\Delta X_{wc}$	0.9	0.1	—	$1.5\Delta Z_{wc}$ $0.001D$	0.9	0.1	—
12	技术准备	精密技术准备	0.8m	—	0.2	0.8	0.6m	—	0.2	0.8
13	计算方法	计算机求解弹道决定诸元	0.2m	0.8	0.2	—	0.7m	0.8	0.2	—
14	射表	—	$0.35\% D$	0.9	0.1	—	$0.07\% D$	0.9	0.1	—

2)解析计算模型

在诸元误差为(x_c, z_c)的条件下,若目标毁伤幅员正面为$2l_z$、纵深为$2l_x$,按照式(6.2.5)计算1发炮弹对目标的条件命中概率;假定毁伤单个目标所需平均命中弹数为ω,计算出1发炮弹对目标的条件毁伤概率为R_1,按照式(6.2.6)、式(6.2.7)计算出发射 N 发炮弹对目标的条件毁伤概率为 R_N;最后考虑诸元误差的整体性,按照式(6.2.8)计算发射 N 发炮弹对目标的毁伤程度。

$$\begin{aligned} P_1(x_c, z_c) &= \int_{-l_x}^{l_x}\int_{-l_z}^{l_z} \frac{\rho^2}{\pi B_d^{*2} B_f^{*2}} \mathrm{e}^{-\rho^2\left[\frac{(x-x_c)^2}{B_d^{*2}}+\frac{(z-z_c)^2}{B_f^{*2}}\right]} \mathrm{d}x\mathrm{d}z \\ &= \frac{1}{4}\left[\Phi\left(\frac{x_c+l_x}{B_d^*}\right)-\Phi\left(\frac{x_c-l_x}{B_d^*}\right)\right]\left[\Phi\left(\frac{z_c+l_z}{B_f^*}\right)-\Phi\left(\frac{z_c-l_z}{B_f^*}\right)\right] \end{aligned} \tag{6.2.5}$$

$$R_1(x_c, z_c) = P_1(\text{命中}) \cdot P(\text{毁伤/命中}) \tag{6.2.6}$$

$$R_N(x_c, z_c) = 1 - [1 - R_1(x_c, z_c)]^N \tag{6.2.7}$$

$$R_N(x_c, z_c) = \int_{-l_x}^{l_x}\int_{-l_z}^{l_z} \frac{\rho^2}{\pi E_d^{*2} E_f^{*2}} \mathrm{e}^{-\rho^2\left[\frac{x_c^2}{E_d^{*2}}+\frac{z_c^2}{E_f^{*2}}\right]} \mathrm{d}x\mathrm{d}z \tag{6.2.8}$$

按照上述步骤可计算对点目标的毁伤程度与达到预期毁伤要求的弹药消耗量,对于面积目标、集群目标,可结合目标地段幅员对代诸元误差和代散布误差重新进行计算。

3. 激光末制导炮弹

计算激光末制导炮弹对目标的毁伤程度,以及达到预期毁伤要求所需弹药消耗量时,考虑到激光末制导炮弹散布小、命中精度高的特点,对解析计算过程进行了优化处理。通过分析激光末制导炮弹的无控段和有控段工作过程,可将命中概率看作两个概率 P_1 和 P_2 的乘积。其中,P_1 是指射弹落达有效幅员的概率;P_2 是指接收到激光反射信号,并能对目标做机动飞行的情况下命中目标的概率。由于 P_1 和 P_2 是相互独立的,可以把两部分的乘积作为单发命中概率。

若有效幅员的正面和纵深分别为 $2a$ 和 $2b$,在诸元误差为 (x_c, z_c) 且目标提前点误差为 (x_{TQ}, z_{TQ}) 的条件下,1 发炮弹命中有效幅员的条件概率为

$$\begin{aligned} P_1(x, z) &= \int_{-a}^{a}\int_{-b}^{b} \frac{\rho^2}{\pi B_d B_f} \mathrm{e}^{-\rho^2\left[\frac{(x-x_c-x_{TQ})^2}{B_d^2}+\frac{(z-z_c-z_{TQ})^2}{B_f^2}\right]} \mathrm{d}x\mathrm{d}z \\ &= \frac{1}{4}\left[\Phi\left(\frac{x_c+x_{TQ}+a}{B_d}\right)-\Phi\left(\frac{x_c+x_{TQ}-a}{B_d}\right)\right]\cdot\left[\Phi\left(\frac{z_c+z_{TQ}+b}{B_f}\right)-\Phi\left(\frac{z_c+z_{TQ}-b}{B_f}\right)\right] \end{aligned} \tag{6.2.9}$$

假定射击条件修正量为距离修正量 ΔD、方向修正量 ΔF,1 发炮弹命中有效

幅员的条件概率为

$$P_1(x,z) = \int_{-a}^{a}\int_{-b}^{b} \frac{\rho^2}{\pi B_d B_f} e^{-\rho^2\left[\frac{(x-x_C-x_{TQ}-\Delta D)^2}{B_d^2}+\frac{(z-z_C-z_{TQ}-\Delta F)^2}{B_f^2}\right]} dxdz \qquad (6.2.10)$$

诸元误差和目标提前点误差都服从正态分布,两者之和也服从正态分布,其合成后的中间误差为

$$E'_d = \sqrt{E_d^2 + E_{TQ}^2} \qquad E'_f = \sqrt{E_f^2 + E_{TQ}^2} \qquad (6.2.11)$$

再考虑误差的整体性,1 发炮弹落达有效幅员的概率 P_1 为

$$P_1 = \int_{-\infty}^{\infty}\int_{-\infty}^{\infty} \frac{\rho^2}{\pi E'_d E'_f} e^{-\rho^2\left(\frac{x^2}{E_d^2}+\frac{z^2}{E_f^2}\right)} \cdot P_1(x,z)\,dxdz \qquad (6.2.12)$$

假定目标毁伤幅员的正面和纵深分别为 $2l_z$、$2l_x$,在第二阶段激光目标指示误差为(x_k,z_k),制导误差为(x_g,z_g),由激光光斑引起的制导误差为(x_J,z_J),目标的运动速度为 V,航路角为 γ,则在此条件下射弹命中目标的条件概率为

$$P_2(x_k,z_k) = \int_{-l_x}^{l_x}\int_{-l_z}^{l_z} \frac{\rho^2}{\pi E_k^2} e^{-\rho^2\{(x_k-x_f-x_g-0.025v\cos\gamma)^2+[(z_k-z_f-z_g-0.025v\sin\gamma)^2]\}/E_k^2} dx_k dz_k \qquad (6.2.13)$$

如果将制导误差激光光斑误差合并为命中误差,则命中目标的条件概率如下式:

$$\begin{aligned} P_2(x_k,z_k) &= \int_{-l_x}^{l_x}\int_{-l_z}^{l_z} \frac{\rho^2}{\pi E_k^2} e^{-\rho^2\{(x_k-x_f-x_g-0.025v\cos\gamma)^2+[(z_k-z_f-z_g-0.025v\sin\gamma)^2]\}/E_k^2} dx_k dz_k \\ &= \frac{1}{4}\left[\Phi\left(\frac{x_k-0.025v\cos\gamma+l_x}{E'_m}\right)-\Phi\left(\frac{x_k-0.025v\cos\gamma-l_x}{E'_m}\right)\right]\cdot \\ &\quad \left[\Phi\left(\frac{z_k-0.025v\cos\gamma+l_z}{E'_m}\right)-\Phi\left(\frac{z_k-0.025v\cos\gamma-l_z}{E'_m}\right)\right] \end{aligned} \qquad (6.2.14)$$

考虑到激光目标指示器误差的整体性,则 P_2 的计算公式为

$$P_2 = \int_{-\infty}^{\infty}\int_{-\infty}^{\infty} \frac{\rho^2}{\pi E_k^2} e^{-\rho^2\left(\frac{x_k^2}{E_k^2}+\frac{z_k^2}{E_k^2}\right)} \cdot P_2(x_k,z_k)\,dx_k dz_k \qquad (6.2.15)$$

最后命中概率为

$$P = P_1 P_2$$

计算对目标的命中概率后,根据毁伤目标所需的命中弹数,运用指数毁伤律,采用数值积分计算方法,即可计算出对目标毁伤程度及达到预期毁伤程度

所需的弹药消耗量。

4. 末敏弹

末敏弹是自主搜索、探测、识别和定位目标,并能够在适当距离通过形成爆炸成型弹丸攻击装甲目标的灵巧弹药,是远距离打击装甲目标的首选弹药。

1)末敏弹作用原理

末敏弹飞行至预定打击目标区上空后,时间引信开始作用点燃抛射药,其在火药气体的作用下剪断弹底与弹体的连接螺纹,抛射出多枚末敏子弹,弹底在减速装置作用下实现与末敏子弹的轴向分离,两瓣式拱形推板先与前末敏子弹保护盖轴向脱离,然后在离心力作用下与末敏子弹实现径向分离。而后,末敏子弹延期张开一级减速伞,在减旋翼和减速伞的作用下减速减旋,撞击热电池使其延期激活,与此同时,末敏子弹抛掉一级减速伞及伞舱,释放二级减速伞,激光雷达测距装置开始工作,当测量距离降低至某一特定值时,电切割器作用抛掉二级减速伞,释放旋转伞,旋转伞充气张满,天线保护盖脱落。末敏子弹通过旋转伞提供稳态扫描平台(落速、转速和扫描角稳定),匀速下落,同时保证末敏子弹纵轴围绕铅垂线成定角匀速旋转以实现对地面的扫描探测。末敏子弹在下降过程中,复合敏感器不断接收来自地面目标和背景的辐射和反射信息,根据目标与背景的辐射与反射特性的差异,复合信号处理器实时进行目标识别判断,一旦发现目标,立即起爆战斗部形成爆炸成型侵彻体,并以较高速度攻击目标。

2)目标配置描述

以敌方坦克连描述目标展开配置。敌方坦克连编配 3 个坦克排,每个排编配 4 辆主战坦克。根据战斗部署原则,坦克连战斗队形呈一字形和后三角形;排队形呈一字形、后三角形和半梯形,横向间隔 50 ~ 100m,在计算分析末敏弹毁伤效能时,以敌方坦克排配置为倒三角形战斗队形为研究对象。敌方坦克排、坦克连展开队形如图 6 - 6、图 6 - 7 所示。

3)条件设定

以呈倒三角战斗队形展开的坦克排为对象,为便于定量描述敌坦克排,特对其作如下简化处理:①建立以坦克排中心点为原点 O、运动方向为纵轴 OX、其垂直方向 OZ 为横轴的坐标系;②射击不需要时间,所有末敏子弹药能够同时落达目标区域;③考虑末敏子弹形成爆炸成型弹丸速度非常高,故可将引信作

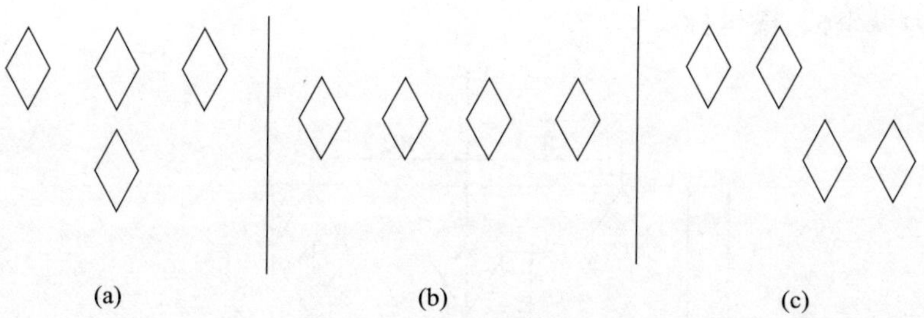

图6-6 坦克排展开队形

(a)后三角形配置;(b)一字形配置;(c)半梯形配置。

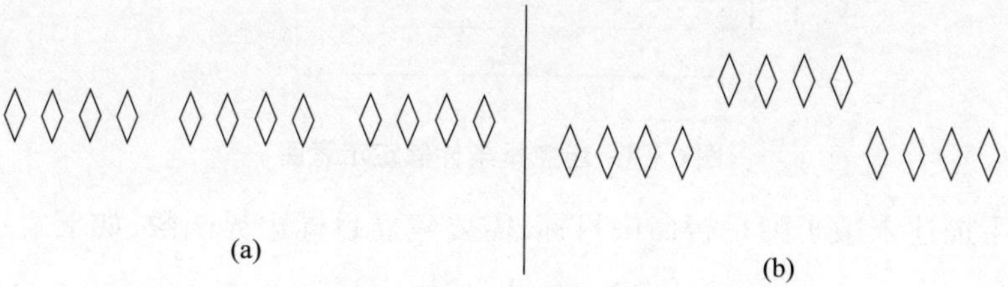

图6-7 坦克连展开队形

(a)一字形配置;(b)后三角形配置。

用这一段时间的该目标视作静止处理,即航速 $V=0$;④坦克排正面为 $2L_f$、纵深为 $2L_d$,坦克几何尺寸长为 L、宽为 W,坦克之间的横向间距为 W_v、纵向间距为 W_D;⑤末敏子弹生成爆炸成型弹丸,命中各辆坦克,则可认定该坦克为毁伤;⑥射击方向 F 与坦克的运动方向相反。

4)目标建模

根据前面的假定条件,分析末敏弹的毁伤效能,必须量化给出敌坦克排各个子目标的坐标位置,分析给出目标边界函数。基于上述考虑,确定敌坦克排各个子目标坦克中心点的坐标位置,如下式:

$$\begin{cases} X_A = W_D/2, Z_A = 0 \\ X_B = W_D/2, Z_B = W_V \\ X_C = W_D/2, Z_C = -W_V \\ X_D = -W_D/2, Z_D = 0 \end{cases} \tag{6.2.16}$$

式中:X_A、Z_A 分别为图6-8示意图A坦克为纵坐标、横坐标;X_B、Z_B 分别为B坦克为纵坐标、横坐标;X_C、Z_C 分别为C坦克为纵坐标、横坐标;X_D、Z_D 分别为

D 坦克为纵坐标、横坐标。

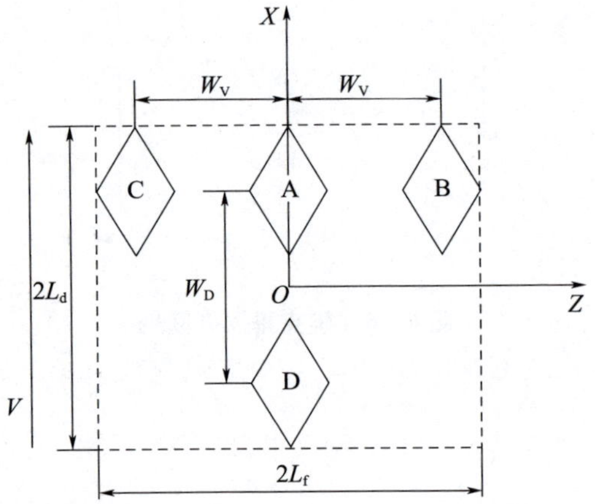

图 6-8　坦克排条件假定示意图

为了描述末敏子弹是否命中目标,需要建立目标边界函数,如下式:

$$\begin{cases} X_{A前} = W_D/2 + L/2 \\ X_{A后} = W_D/2 - L/2 \\ Z_{A左} = -W/2 \\ Z_{A右} = +W/2 \end{cases} \tag{6.2.17}$$

$$\begin{cases} X_{B前} = W_D/2 + L/2 \\ X_{B后} = W_D/2 - L/2 \\ Z_{B左} = W_V - W/2 \\ Z_{B右} = W_V + W/2 \end{cases} \tag{6.2.18}$$

$$\begin{cases} X_{C前} = W_D/2 + L/2 \\ X_{C后} = W_D/2 - L/2 \\ Z_{C左} = -W_V - W/2 \\ Z_{C右} = -W_V + W/2 \end{cases} \tag{6.2.19}$$

$$\begin{cases} X_{D前} = -W_D/2 + L/2 \\ X_{D后} = -W_D/2 - L/2 \\ Z_{D左} = -W/2 \\ Z_{D右} = +W/2 \end{cases} \tag{6.2.20}$$

在式(6.2.17)、式(6.2.18)、式(6.2.19)、式(6.2.20)中 $X_{A前}$、$X_{B前}$、$X_{C前}$、$X_{D前}$为坦克 A、坦克 B、坦克 C、坦克 D 前边沿中心点纵坐标,$X_{A后}$、$X_{B后}$、$X_{C后}$、$X_{D后}$为坦克 A、坦克 B、坦克 C、坦克 D 后边沿中心点纵坐标,$Z_{A左}$、$Z_{B左}$、$Z_{C左}$、$Z_{D左}$为坦克 A、坦克 B、坦克 C、坦克 D 左边沿中心点横坐标,$Z_{A右}$、$Z_{B右}$、$Z_{C右}$、$Z_{D右}$为坦克 A、坦克 B、坦克 C、坦克 D 右边沿中点坐标。

5)射击效能计算模型

分析末敏弹弹道飞行过程及作用原理,可知末敏弹在扫描寻的前,其弹丸飞行弹道与普通子母弹类似,与其不同的是弹道末段的末敏弹,能够在一个半径为 R 的圆形区域内扫描目标,从而增加对目标的命中概率。

根据目标坦克排的假定条件,不难得出目标中心点坐标(x_k, z_k)为$(0,0)$,幅员为 $\Omega = 2L_f \cdot 2L_d$。假定末敏弹对坦克排射击的瞄准点为目标中心点,单发母弹有 M 枚末敏子弹,在诸元误差为(x_c, z_c)条件下单发末敏子弹对该坦克排子目标的命中概率为

$$P_1(x_c, z_c) = \frac{\rho^2}{\pi B'_d B'_f} \iint\limits_{x^2+z^2 \leqslant R^2} e^{-\rho^2\left[\frac{(x-x_c)^2}{B'^2_d} + \frac{(z-z_c)^2}{B'^2_f}\right]} dx dz \tag{6.2.21}$$

$$B'_d = \sqrt{B^2_{d母} + B^2_{d子}} \tag{6.2.22}$$

$$B'_f = \sqrt{B^2_{f母} + B^2_{f子}} \tag{6.2.23}$$

在式(6.2.21)、式(6.2.22)、式(6.2.23)中:B'_d、B'_f 分别为代散布距离中间误差、方向中间误差;$B_{d母}$、$B_{f母}$分别为母弹散布误差距离、方向中间误差;$B_{d子}$、$B_{f子}$分别为子弹散布距离中间误差、方向中间误差;$\rho = 0.4763936\cdots$,正态常数;R 为末敏子弹扫描半径。

为了便于积分计算,将末敏子弹扫描半径为 R 的区域以等面积正方形来代替,则矩形边长为 $2l = \sqrt{\pi}R$,于是式(6.2.21)即可简化为

$$\begin{aligned} P_1(x_c, z_c) &= \int_{-l}^{l}\int_{-l}^{l} \frac{\rho^2}{\pi B'^2_d B'^2_f} e^{-\rho^2\left[\frac{(x-x_c)^2}{B'^2_d} + \frac{(z-z_c)^2}{B'^2_f}\right]} dx dz \\ &= \frac{1}{4}\left[\Phi\left(\frac{x_c + l}{B'_d}\right) - \Phi\left(\frac{x_c - l}{B'_d}\right)\right]\left[\Phi\left(\frac{z_c + l}{B'_f}\right) - \Phi\left(\frac{z_c - l}{B'_f}\right)\right] \end{aligned} \tag{6.2.24}$$

根据末敏弹对目标作用原理可知,其子弹对目标的毁伤率服从指数毁伤定

律，且1发末敏子弹对装甲目标在命中条件下的毁伤概率基本恒定，设为P_A，并取0.5。在诸元误差为(x_c,z_c)的条件下，瞄准点为(x_k,z_k)，1发末敏子弹对坦克排目标的条件毁伤概率为

$$R_1(x_c,z_c)=P_1(\text{命中})P(\text{毁伤}/\text{命中})=P_1(x_c,z_c)P_A \tag{6.2.25}$$

根据式(6.2.25)，发射N发末敏弹对目标的条件毁伤概率为

$$R_N(x_c,z_c)=1-[1-R_1(x_c,z_c)]^{NM} \tag{6.2.26}$$

最后考虑诸元误差的整体性，按照下式计算发射N发末敏弹毁伤目标的全概率，即可得出目标的毁伤程度：

$$R_N(x_c,z_c)=\int_{-l}^{l}\int_{-l}^{l}\frac{\rho^2}{\pi E'^2_d E'^2_f}e^{-\rho^2\left(\frac{x_c^2}{E'^2_d}+\frac{z_c^2}{E'^2_f}\right)}dxdz \tag{6.2.27}$$

反之，亦可计算出达到预期毁伤程度所需的弹药消耗量。

5. 制导火箭弹

远程火箭炮是陆军遂行远程精确打击任务的主体力量，制导火箭弹主要包括制导杀爆弹、制导侵彻(爆)弹等主用弹种，具有打击距离远、命中精确高、毁伤威力大、反应速度快和指挥控制能力强的特点。可利用解析计算法，量化预测对目标的毁伤效果及达到预期毁伤要求所需要弹药消耗量。

1)弹药消耗量计算

$$N_i=\frac{-4\omega L_{fi}L_{di}}{\nu}\ln\left[1-\frac{R_{Ni}}{\Phi\left(\frac{L_{fi}}{E'_d}\right)\Phi\left(\frac{L_{di}}{E'_f}\right)}\right] \tag{6.2.28}$$

式中：L_{fi}、L_{di}为1/2目标正面与纵深；ν为目标的毁伤幅员，与目标易损性、制导火箭弹的弹药威力参数等密切相关；ω为毁伤目标所需命中弹数；E'_d、E'_f为距离和方向综合诸元误差，$E'_d=\sqrt{E_{dz}^2+E_{mdi}^2}$、$E'_f=\sqrt{E_{fz}^2+E_{mfi}^2}$；$E_{dz}$、$E_{fz}$为制导火箭弹制导中间误差；$E_{dmi}$、$E_{fmi}$为观测方法的距离和方向中间误差；其中中间误差$E$与圆概率误差的CEP之间的转换如下式：

$$E\approx\frac{\text{CEP}}{1.7456} \tag{6.2.29}$$

$$\Phi(\beta)=1-\left[1+\sum_{i=1}^{6}A_i\cdot(|\beta|)^i\right]^{-16} \tag{6.2.30}$$

式中：$A_1=3.363501440\times10^{-2}$，$A_2=9.617813719\times10^{-3}$，$A_3=1.005739488\times10^{-3}$，

$A_4=7.865490705\times10^{-6}$，$A_5=6.824996399\times10^{-6}$，$A_6=6.068383342\times10^{-7}$。

2）毁伤程度计算

制导火箭弹对目标毁伤程度计算是弹药消耗量计算的逆过程，计算公式如下：

$$R_N=\Phi\left(\frac{L_{\mathrm{fi}}}{E'_{\mathrm{d}}}\right)\Phi\left(\frac{L_{\mathrm{di}}}{E'_{\mathrm{f}}}\right)\left(1-\mathrm{e}^{-\frac{N\nu}{4\omega L_x L_z}}\right) \tag{6.2.31}$$

6. 反坦克导弹

利用解析计算法计算反坦克导弹对目标的毁伤程度，以及达到预期毁伤要求的弹药消耗量，其计算步骤和方法与激光末制导炮弹等精确制导基本一致，不同的是其误差使用均方差 σ 进行表征。

反坦克导弹对目标射击的命中概率，等于弹着点在散布平面上的概率密度函数的积分，其中 S_{T} 是目标在散布平面上的投影面积，如下式：

$$P_{mn}=\frac{1}{2\pi}\iint_{S_{\mathrm{T}}}\exp\left[-\frac{(y-\bar{y})^2}{2\sigma_y^2}-\frac{(z-\bar{z})^2}{2\sigma_z^2}\right]\mathrm{d}\left(\frac{y}{\sigma_y}\right)\mathrm{d}\left(\frac{z}{\sigma_z}\right) \tag{6.2.32}$$

1）对矩形目标命中概率计算

假设反坦克导弹对目标射击时，目标在散布平面上的投影面积为矩形。瞄准中心与散布中心重合，即散布中心、瞄准中心均为矩形中上。设矩形的边长分别为 $2a$、$2b$，在区域 $-a\leqslant y\leqslant +a$ 和 $-b\leqslant z\leqslant +b$ 进行分布概率密度函数积分，以计算命中概率：

$$P_{\mathrm{m0}}=\frac{1}{2\pi}\int_{-a}^{a}\int_{-b}^{b}\exp\left[-\frac{y^2}{2\sigma_y^2}-\frac{z^2}{2\sigma_z^2}\right]\mathrm{d}\left(\frac{y}{\sigma_y}\right)\mathrm{d}\left(\frac{z}{\sigma_z}\right) \tag{6.2.33}$$

当有系统误差存在，散布中心与瞄准中心不重合时，则

$$P_{\mathrm{m0}}=\frac{1}{2\pi}\int_{-a}^{a}\int_{-b}^{b}\exp\left[-\frac{(y-\bar{y})^2}{2\sigma_y^2}-\frac{(z-\bar{z})^2}{2\sigma_z^2}\right]\mathrm{d}\left(\frac{y}{\sigma_y}\right)\mathrm{d}\left(\frac{z}{\sigma_z}\right) \tag{6.2.34}$$

当弹着点的二维正态分布特征量各向相同，即 $\sigma_y=\sigma_z=\sigma$，且不存在系统误差，即散布中心与瞄准中心重合时，可写成标准形式，即

$$P_{\mathrm{m0}}=\left[\frac{1}{\sqrt{2\pi}}\int_{-\frac{a}{\sigma}}^{\frac{a}{\sigma}}\exp\left(-\frac{y^2}{2}\right)\mathrm{d}y\right]\left[\frac{1}{\sqrt{2\pi}}\int_{-\frac{b}{\sigma}}^{\frac{b}{\sigma}}\exp\left(-\frac{z^2}{2}\right)\mathrm{d}z\right] \tag{6.2.35}$$

2）对圆形目标命中概率计算

目标在散布平面上投影为半径 R 的圆形，圆心在散布中心（目标投影面积

中心)时,在无系统误差的情况下(瞄准中心与期望弹着点重合),即 $\sigma_y=\sigma_z=\sigma$。此时,单发导弹的命中概率为

$$P_{m0}=\frac{1}{2\pi\sigma^2}\int_0^R\int_0^{2\pi}\exp\left(\frac{-r^2}{2\sigma^2}\right)r\mathrm{d}r\mathrm{d}\theta$$

$$P_{m0}=1-\exp\left(-\frac{R^2}{2\sigma^2}\right) \tag{6.2.36}$$

3)毁伤概率计算

反坦克导弹对目标的毁伤概率可用立体空间三重积分进行表征,如下式:

$$W=\int_{-\infty}^{+\infty}\int_{-\infty}^{+\infty}\int_{-\infty}^{+\infty}f(x,y,z)G(x,y,z)\mathrm{d}x\mathrm{d}y\mathrm{d}z \tag{6.2.37}$$

由于反坦克导弹毁伤目标,通常在目标或目标附近的有限空间之内完成,因此对式(6.2.37)的积分应在目标尺寸或战斗部爆炸威力所限定的范围内进行积分。一般将命中点处的目标与导弹投影到散布平面内,用二维随机变量(Y,Z)描述命中及毁伤目标位置,其相应的单发反坦克导弹对目标的毁伤概率为

$$W=\int_{-\infty}^{+\infty}\int_{-\infty}^{+\infty}f(y,z)G_0(y,z)\mathrm{d}y\mathrm{d}z \tag{6.2.38}$$

$$W=\int_{-a}^{+a}\int_{-b}^{+b}f(y,z)G_0(y,z)\mathrm{d}y\mathrm{d}z \tag{6.2.39}$$

计算导弹对目标的毁伤概率,考虑到引信起动偏差的散布引起战斗部起爆点的散布,在引信解除保险的有效作用距离小于弹道散布引起的最大脱靶量的情况下,需加入引信起动散布量的概率密度函数,并根据毁伤概率积分:

$$W=\int_{-\infty}^{+\infty}\int_{-\infty}^{+\infty}f(y,z)f_2(y,z)G_0(y,z)\mathrm{d}y\mathrm{d}z \tag{6.2.40}$$

弹道散布概率偏差服从圆分布律,散布中心与目标中心重合,命中概率密度函数如下式:

$$f(y,z)=f(r)=\frac{r}{\sigma^2}\exp\left(-\frac{r^2}{2\sigma^2}\right) \tag{6.2.41}$$

目标毁伤规律为

$$E_0(y,z)=E_0(r)=1-\exp\left(-\frac{\delta_0^2}{r^2}\right) \tag{6.2.42}$$

其中引信起动的散布量不考虑,即认为引信解除保险的起动作用距离大于

脱靶量 r。在这种情况下,单发反坦克导弹毁伤目标概率的计算式为

$$W = \int_0^{+\infty} \frac{r}{\sigma^2}\exp\left(-\frac{r^2}{2\sigma^2}\right)\left[1 - \exp\left(-\frac{\delta_0^2}{r^2}\right)\right]\mathrm{d}r \tag{6.2.43}$$

令 $r^2/2\sigma^2 = t$,变量变换后得

$$W = 1 - \int_0^{+\infty} \exp\left[-\left(t + \frac{\delta_0^2}{2\sigma^2 t}\right)\right]\mathrm{d}t \tag{6.2.44}$$

通过数值积分计算,即可求出对目标达成预期毁伤程度所需要的反坦克导弹的弹药消耗量。

6.3 标准计算法

标准计算法,是信息化时代实施战役火力毁伤计算的主要方法,采用标准化思想,以标准兵器、标准弹药、标准目标和标准计算环境对应的毁伤关系为基础,以兵器、弹药、目标、计算环境换算系数为核心,综合考虑战场环境影响因素,预测计算对单个目标、目标系统、目标体系的毁伤效果以及达到预期毁伤程度的火力资源需求量。

6.3.1 基本思路

标准计算法主要包括标准毁伤关系构建、标准化系数换算、火力毁伤计算3部分内容。其中,标准毁伤关系构建是标准计算法的基础,区分为直瞄火力、中近程火力、远程火力,采取理论分析、仿真实验、实弹检验相结合的方式,建立"标准兵器—标准弹药—标准目标—标准计算环境—标准毁伤程度"的毁伤关系。标准化系数换算是标准计算法的核心,基于战斗效果等效、毁伤威力等效、毁伤效果等效和影响结果等效的原则,计算求取不同兵器、不同弹药、不同目标和不同计算环境相对标准兵器、标准弹药、标准目标和标准计算环境的换算系数。火力毁伤计算是标准计算法运用的关键,首先标准化火力毁伤任务量,统计标准目标物和标准集群目标的种类与数量;而后,依据建立的标准毁伤关系和求取的标准化换算系数,计算兵力和弹药需求量;预先评估对单个目标、目标系统、目标体系的可达毁伤程度和满意度。基本思路如图6-9所示。

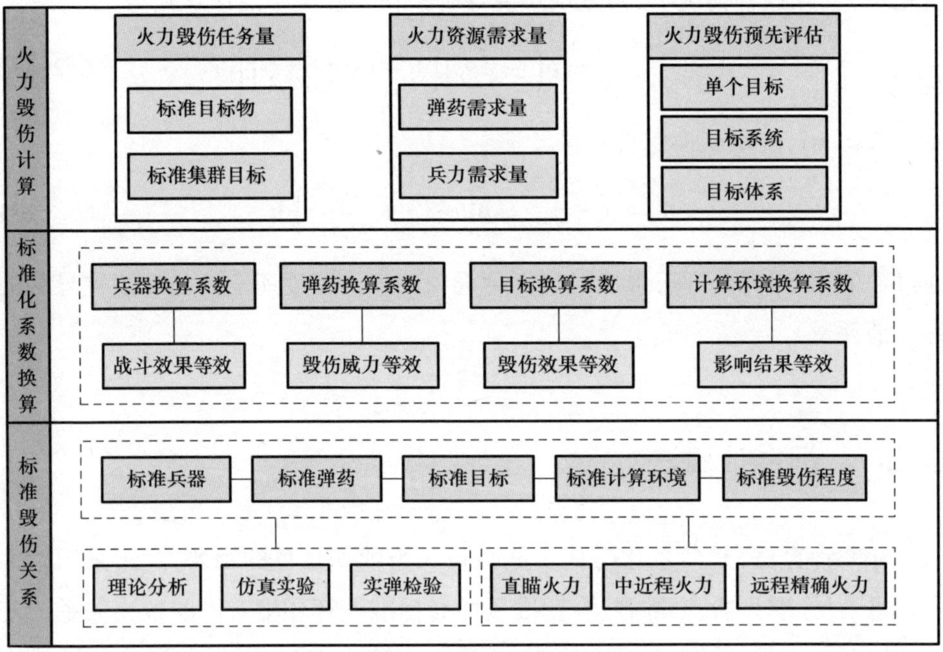

图 6-9 标准计算法基本思路

6.3.2 标准毁伤关系构建

标准毁伤关系构建区分直瞄火力、中近程火力、远程精确火力，以兵器、弹药、目标标准基础数据为核心，以标准计算环境和标准毁伤程度为框架，以毁伤效能最大化为目的，建立“标准兵器—标准弹药—标准目标—标准计算环境—标准毁伤程度”之间相互对应的毁伤关系。

综合考虑作战兵器和武器弹药的毁伤效能、目标易损性和经济性、时效性要求，建立了 8 组标准毁伤关系：①直瞄火力的标准毁伤关系，使用某型反坦克导弹发射车发射制导破甲弹打击标准装甲目标；②使用某型反坦克导弹发射车发射制导攻坚弹打击标准工事；③中近程火力的标准毁伤关系，使用某型加榴炮发射杀爆弹打击标准集群目标（标准支撑点、标准炮阵地）；④使用某型加榴炮发射激光末制导炮弹打击标准单个目标物；⑤远程精确火力的标准毁伤关系，使用某型远程箱式火箭炮发射制导杀爆弹打击标准技术兵器；⑥使用某型远程箱式火箭炮发射激光末制导侵爆弹打击标准工事、标准机场跑道、标准桥梁等；⑦使用某型远程箱式火箭炮发射制导末敏弹打击标准装甲目标；⑧使用某型远程箱式火箭炮发射多弹种复合打击标准集群目标。标准毁伤关系如图6－10所示。

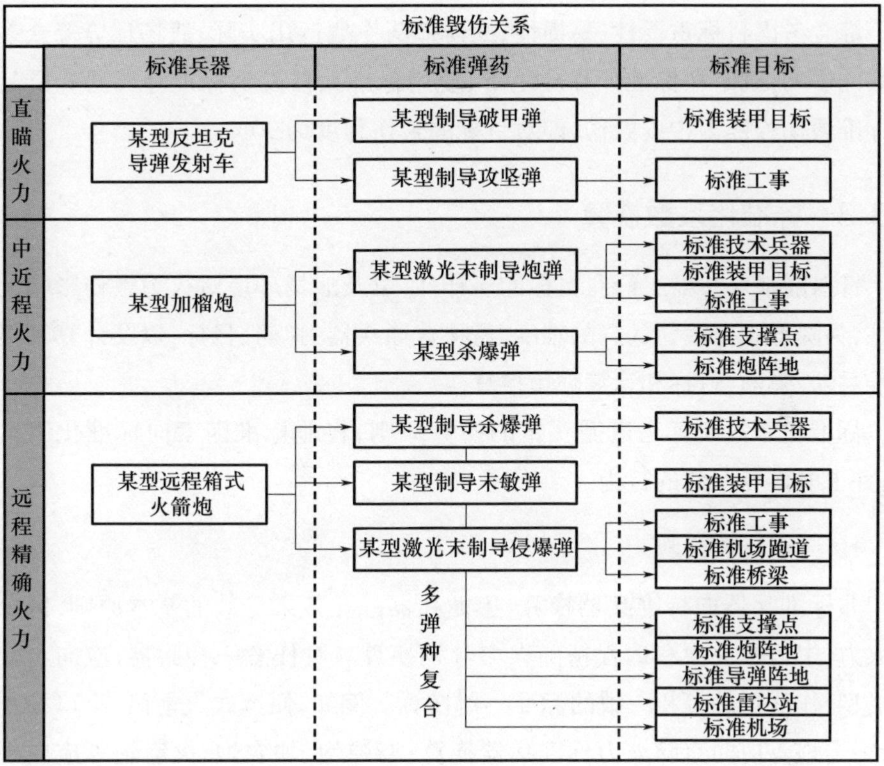

图6－10　标准毁伤关系

1. 标准基础数据

以标准兵器、弹药、目标的实际性能数据为参考，通过理论分析、结合作战运用特点，构建标准兵器、弹药、目标的标准基础数据。标准基础数据以服务标准计算为目的，是利用标准计算法实施计算的核心，是火力毁伤计算的数据基础。

2. 标准计算环境

武器弹药对目标的毁伤易受到作战环境的影响，其中，气象条件、弹道条件、地形条件、决定诸元方法、射程大小、受干扰情况等对弹药射击精度影响明显。在计算火力毁伤标准时,需明确标准计算环境。针对不同的标准兵器和标准弹药,影响其毁伤的作战环境因素也各不相同,即标准计算环境各不相同。

3. 标准毁伤程度

综合考虑目标重要性、易损性、武器弹药作战运用实际、战场环境等众多因素共同影响,确定在标准计算环境下,使用标准兵器发射标准弹药对标准目标的标准毁伤程度为中度毁伤,即对目标的毁伤程度为30%。

6.3.3 标准化系数换算

针对陆战场兵器、弹药、目标的多样性,以及战场环境对火力毁伤影响的复杂性,为降低火力毁伤计算的难度,需将普通兵器、弹药、目标,以及计算环境向标准兵器、弹药、目标和计算环境换算。

标准化系数换算是遵循一定的换算原则,将非标准因素向标准化因素换算,并求取换算系数的行为。

1. 兵器换算系数

非标准兵器向标准兵器换算,遵循兵器战斗效果等效的基本原则,区分直瞄火力、中近程火力和远程精确火力分别换算。对任意一种兵器,应向与其火力类型、作战目的等相一致的标准兵器换算。例如,便携式火箭筒、小口径加农炮、突击炮等应向直瞄火力标准兵器换算;榴弹炮、加农炮、火箭炮等应向中近程火力标准兵器换算;远程多管火箭炮、常规导弹发射架等应向标准远程精确火力标准兵器换算。

根据非标准兵器向标准兵器的换算系数计算方法(见3.4.4小节),求取各型主战兵器向标准兵器的换算系数。

2. 弹药换算系数

非标准弹药向标准弹药换算,遵循弹药毁伤效果等效的基本原则,区分直瞄火力弹药、中近程火力弹药、远程精确火力弹药换算。对任意一种弹药,应向与其火力类型、弹药效力等相似的标准弹药换算。例如,突击炮发射的破甲弹应向直瞄火力标准反装甲弹药换算;某型火箭炮发射的火箭弹应向中近程火力标准无控杀爆弹换算;远程多管火箭炮发射的某型制导杀爆弹应向远程精确火力标准压制弹药换算。

根据非标准弹药向标准弹药的换算系数计算方法（见3.5.4小节），求取各型主用弹药向标准弹药的换算系数。

3. 目标换算系数

非标准目标向标准目标换算，遵循目标等效的基本原则，也就是目标易损性相同或相似。对于任意单个目标，应向与其易损性相同或相似的标准目标换算。例如，汽车、运输车、雷达车、通信车等应向标准技术兵器换算；装甲坦克、装甲步战车、装甲运输车等应向标准装甲目标换算；而各型钢筋水泥建筑物、坚固工事、碉堡等应向标准工事换算。

根据非标准目标向标准目标的换算系数计算方法（见3.6.3小节），求取陆战场目标向标准目标的换算系数。

4. 计算环境换算系数

计算环境换算系数是以相同毁伤关系为基础，在非标准计算环境和标准计算环境条件下，对标准目标达到标准毁伤程度的标准弹药消耗之比，或发射等量标准弹药对标准目标达到毁伤程度之比。通常采用弹药消耗比值法或毁伤程度比值法反映计算环境对火力毁伤的影响结果。

非标准计算环境向标准计算环境换算，遵循影响结果等效，即对目标的最终毁伤效果等效，区分直瞄火力计算环境、中近程火力计算环境和远程精确火力计算环境换算。当前作战环境应根据使用兵器类型，向所换算标准兵器对应的标准计算环境换算。例如，当反坦克导弹、便携式火箭筒、小口径加农炮、突击炮、坦克等执行射击任务时，战场环境应向直瞄火力标准计算环境换算；当榴弹炮、加农炮、加榴炮、火箭炮等执行作战任务时，战场环境应向中近程火力标准计算环境换算；当远程多管火箭炮、远程箱式火箭炮、常规导弹发射架执行射击任务时，战场环境应向远程精确火力标准计算环境换算。

6.3.4 火力毁伤计算

火力毁伤计算是标准计算法的关键，主要完成毁伤任务量计算、火力资源需求量计算和火力毁伤预先评估计算等任务。火力毁伤计算以计算标准结果为基础,将作战毁伤关系向标准毁伤关系换算,乘以标准兵器、弹药、目标和计算环境换算系数,求取火力资源需求量和火力毁伤预先评估结果。

1. 火力毁伤计算标准

火力毁伤计算标准是指按照标准毁伤关系,在标准计算环境下,对标准目标毁伤达到标准毁伤程度,所需的标准弹药消耗量。

以标准兵器、标准弹药、标准目标、标准计算环境和标准毁伤程度构建的8组标准毁伤关系,其计算条件主要由兵力编组、弹药消耗、目标特性、计算环境、毁伤要求等组成,如图6-11所示。

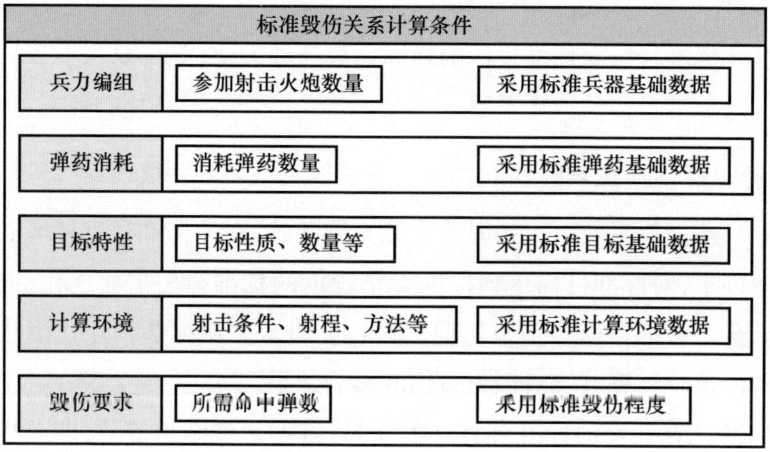

图6-11 标准毁伤关系计算条件

1)直瞄火力标准毁伤关系的计算条件

直瞄火力的标准毁伤关系包括:使用反坦克导弹发射车发射制导破甲弹打击标准装甲目标;使用反坦克导弹发射车发射制导攻坚弹打击标准工事。①兵力编组:反坦克导弹通常以单辆发射车为单位执行射击任务;发射车性能数据同直瞄火力标准兵器基础数据。②弹药消耗:对单个装甲或工事目标射击,通常行单次单发射,即1发标准反坦克导弹;未达到毁伤要求时,增加弹药消耗量;弹药性能数据同直瞄火力标准弹药基础数据。③目标性状:毁伤1个标准装甲目标或1个标准工事目标,装甲目标的性能数据同标准装甲目标基础数据,工事目标的性能数据同标准工事基础数据。④计算环境:发射阵地与目标之间海拔高度相同,均为0m;射击条件为标准射击条件,且目标区无干扰、无烟尘、无雨雾、天气良好。⑤毁伤要求：目标预期毁伤程度达到中度毁伤（30%）；中度毁伤标准装甲目标需命中1发标准制导破甲弹；中度毁伤标准工事目标需命中1发标准制导攻坚弹。

2）中近程火力标准毁伤关系的计算条件

中近程火力的标准毁伤关系包括：使用加榴炮发射杀爆弹打击标准集群目标（标准支撑点、标准炮阵地）；使用加榴炮发射激光末制导炮弹打击标准单个目标物（标准技术兵器、标准装甲目标、标准工事）。

（1）无控杀爆弹标准毁伤关系计算条件。

无控杀爆弹因其价格成本低、毁伤能力强，可对集群目标实施“面杀伤”。①兵力编组：加榴炮通常以营为单位执行射击任务；火炮性能数据同中近程火力标准兵器基础数据。②弹药消耗：根据加榴炮营的携弹量，一次射击每门炮消耗规定数量的杀伤爆破榴弹；弹药性能数据同中近程火力标准无控杀爆弹基础数据。③目标特性：毁伤1个标准排支撑点，排支撑点的性能数据同标准支撑点基础数据；毁伤1个标准炮兵连阵地，炮兵连阵地采用标准炮阵地基础数据。④计算环境：炮兵营使用精密法决定射击开始诸元，中等装药、瞬发引信、间瞄射击；炮阵地与目标之间的射程为标准射程；炮阵地与目标之间海拔高度相同，均为0m；射击条件为标准射击条件。⑤毁伤要求：目标毁伤程度需达到中度毁伤（30%）；标准计算环境下（精密法决定诸元、最有利火力分配、标准射程），加榴炮单炮的射击效能为特定面积。

（2）制导杀爆弹标准毁伤关系计算条件。

激光末制导炮弹命中精度高，毁伤能力强，可对单个目标物实施“精确拔点”。①兵力编组：发射某型激光末制导炮弹打击点目标时，加榴炮通常以单炮为单位执行射击任务；火炮性能数据同中近程火力标准兵器基础数据。②弹药消耗：根据自行加榴炮的携弹能力，一次射击消耗1发激光末制导炮弹；弹药性能数据同中近程火力标准制导杀爆弹基础数据。③目标特性：毁伤1辆标准技术兵器、1个标准装甲目标或1个标准工事目标，技术兵器、装甲目标、工事目标采用标准基础数据。④计算环境：加榴炮使用精密法决定射击开始诸元，中等装药、瞬发引信、间瞄射击；炮阵地与目标之间的射程为标准射程；炮阵地与目标之间海拔高度相同，均为0m；射击条件为标准射击条件，且目标区无烟尘、无雨雾、天气良好，云层高度满足要求。⑤毁伤要求：目标毁伤程度需达到中度毁伤（30%）；中度毁伤标准技术兵器需命中1发激光末制导炮弹;中度毁伤标准装甲目标需命中1发激光末制导炮弹;中度毁伤标准工事目标需命中2发激光末制导炮弹。

3)远程精确火力标准毁伤关系计算条件

远程精确火力的标准毁伤关系包括:使用远程火箭炮发射制导杀爆弹打击标准技术兵器;发射激光末制导侵爆弹打击标准工事、标准基础炮弹、标准桥梁等;发射制导末敏弹打击标准装甲目标;使用远程火箭炮发射多弹种复合打击标准集群目标。①兵力编组:远程火箭炮通常以单炮为单位执行射击任务;火箭炮性能数据同远程精确火力标准兵器基础数据。②弹药消耗:对单个目标物射击,通常使用单发射,即1发标准制导火箭弹;未达到毁伤要求时,增加弹药消耗量;弹药性能数据同远程精确火力标准制导火箭弹基础数据。③目标特性:毁伤1个标准技术兵器、1个标准装甲目标、1个标准工事目标、1条标准机场跑道、1架标准桥梁、1个标准集群目标,技术兵器、装甲目标、工事目标、跑道、桥梁、集群目标均采用标准基础数据。④计算环境:发射阵地与目标之间大地高相同,均为0m;射击条件为标准射击条件,且目标区无大风、无雷雨、天气良好。⑤毁伤要求:目标毁伤程度需达到中度毁伤(30%);中度毁伤标准技术兵器需命中1发制标准导杀爆弹;中度毁伤标准装甲目标需命中1发标准制导末敏弹;中度毁伤标准工事目标需命中1发标准激光末制导侵爆弹。

2. 火力资源需求量计算

火力资源需求量主要包括弹药需求量和兵器需求量。其中,弹药需求量计算主要是以火力毁伤计算标准数据为核心,以标准弹药消耗量为基础,将非标准毁伤关系计算条件向标准毁伤关系计算条件换算,最终求取对任意目标达到预期毁伤程度标准弹药的消耗量。

1)计算步骤

弹药需求量计算步骤(图6-12)包括以下4步:①获取需毁伤目标基本信息,根据目标易损性相似换算原则和换算系数,将其换算成标准目标;②获取作战计算环境基本信息,区分火力类型,根据换算系数,将其换算成标准计算环境;③明确预期毁伤程度,将其换算成标准毁伤程度;④匹配火力毁伤计算标准数据,求取标准弹药消耗量,再乘以指定使用弹药的换算系数,即可求得指定弹药需求量。

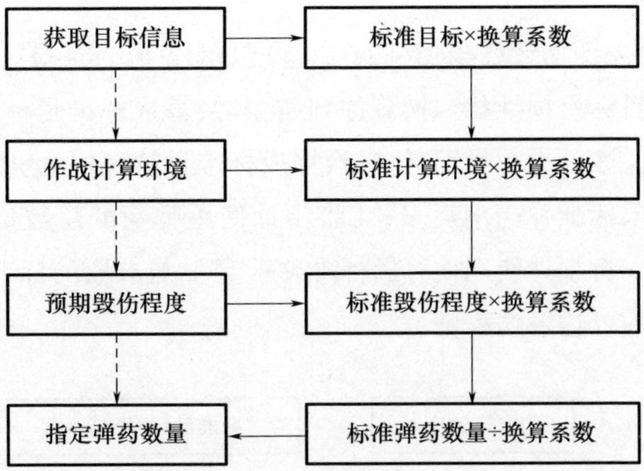

图 6 - 12　弹药需求量计算步骤

2)计算方法

弹药需求量等于标准毁伤关系下标准弹药消耗量乘以向标准目标换算系数,乘以向标准计算环境换算系数,再乘以向标准毁伤程度换算系数。弹药需求量计算方法如图 6 - 13 所示。

图 6 - 13　弹药需求量计算方法

若当前仅有非标准弹药可供使用,则非标准弹药需求量等于标准弹药需求量除以对应弹药换算系数。非标准弹药需求量计算方法如图 6 - 14 所示。

图 6 - 14　非标准弹药需求量计算方法

3. 火力毁伤预先评估计算

火力毁伤预先评估计算是以火力毁伤计算标准数据为核心,以标准弹药消耗量为基础,将非标准毁伤关系计算条件向标准毁伤关系计算条件换算,最终求取使用任意数量弹药对目标的可达毁伤程度。

1)计算步骤

火力毁伤预先评估计算步骤(图6-15)包括以下5步:①获取需毁伤目标基本信息,根据目标易损性相似换算原则,将其换算成标准目标;②获取作战计算环境基本信息,区分火力类型,将其换算成标准计算环境;③匹配火力毁伤计算标准数据,求取标准弹药消耗量;④将预计使用弹药的总数量换算成对应标准弹药的数量;⑤将预计使用换算后标准弹药数量与求取的标准弹药消耗量相比,判定对目标的可达毁伤程度。

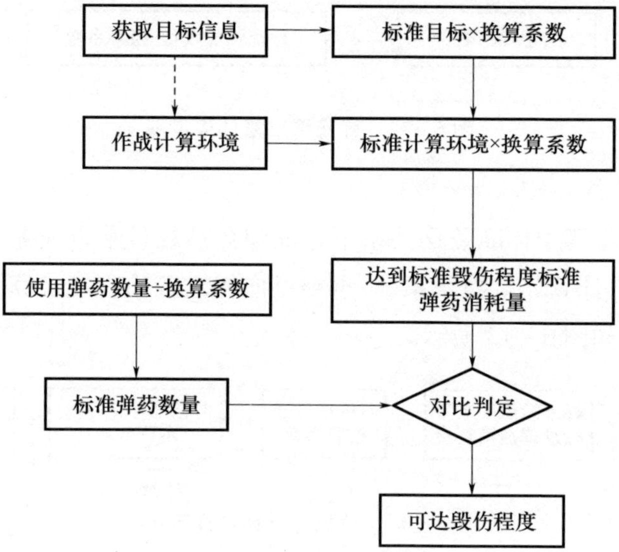

图6-15 火力毁伤预先评估计算步骤

2)计算方法

作战计算环境下对目标达到标准毁伤程度的标准弹药消耗量等于标准毁伤关系下标准弹药消耗量乘以向标准目标换算系数,再乘以向标准计算环境换算系数,如图6-16所示。

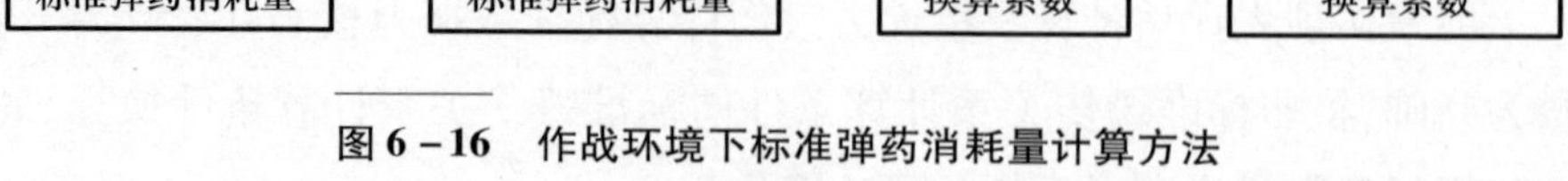

图6-16 作战环境下标准弹药消耗量计算方法

预计使用标准弹药数量与作战计算环境下标准弹药消耗量的比值等于预计使用弹药总数量，乘以向标准弹药换算系数，即可得到对应标准弹药数量，然后，再除以作战计算环境下标准弹药消耗量，即标准毁伤关系下标准弹药消耗量乘以向标准目标换算系数，再乘以向标准计算环境换算系数，如图6－17所示。

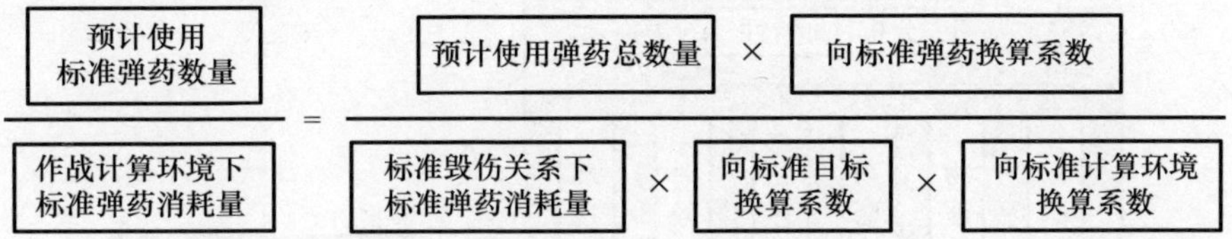

图6－17　弹药数量比值计算方法

可达毁伤程度，根据预计使用标准弹药数量与作战计算环境下标准弹药消耗量的比值，以及不同毁伤程度对应标准毁伤程度的增减比例，进行对比判定确定。

6.4　毁伤任务量计算

火力毁伤任务量是毁伤任务的数量表征，是计算火力毁伤资源需求量的前提和基础，其内容主要包括压制火力毁伤任务量、攻坚火力毁伤任务量和反装甲火力毁伤任务量，从计算方法类型上主要包括直接统计法和标准折算法。采用直接统计法时，使用目标数量和预期毁伤指标进行表征；采用标准折算法时，使用标准单个目标、标准集群目标换算为标准毁伤程度的标准目标数量进行表征。

6.4.1　直接统计法

直接统计法是采取拉单列表方式统计作战对象的目标种类、数量，以及各个目标的基本概况、物理特性、功能特性、法律属性和时敏特性等，并基于目标在体系中地位与作用，分析目标预期毁伤要求，确定各个目标毁伤指标的毁伤任务量计算方法。信息化陆战场的目标具有层次种类多、结构复杂、离散配置等特点，为达到精算细算要求，在情报侦察保障有力的情况下，应尽可能优先使用直接统计法进行火力毁伤任务量的计算，如图6－18所示。

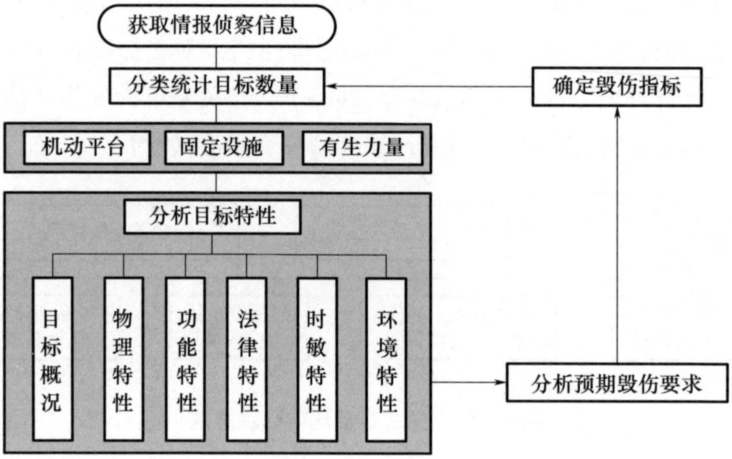

图 6 –18　直接统计法基本流程

6.4.2　标准折算法

标准折算法是通过标准化换算，统计标准单个目标数和标准集群目标数的一种火力毁伤任务量计算方法。标准单个目标数统计，区分标准技术兵器、标准装甲目标、标准工事、标准机场跑道、标准桥梁 5 类典型目标物进行标准化换算统计；标准集群目标数统计，区分标准支撑点、标准机场、标准导弹阵地、标准雷达站、标准炮阵地 5 类典型集群目标进行标准化换算统计。

1）标准单个目标数统计

计算目的是统计作战任务区域内技术兵器、装甲目标、工事等各类标准目标数量，表征标准计算法的直瞄火力、中近程火力和远程精确火力毁伤任务量。计算条件包括坦克、步战车、班堡、地堡、坚固火炮工事等点状目标，需要由攻坚火力、反装甲火力打击的点状目标，计算如下式：

$$N_T^0 = \sum_{i=1} N_{Ti}K_{Ti},\ N_G^0 = \sum_{i=1} N_{Gi}K_{Gi},\ N_J^0 = \sum_{i=1} N_{Ji}K_{Ji} \tag{6.4.1}$$

式中：N_T^0、N_G^0、N_J^0 为标准装甲目标总数、标准工事总数、标准技术兵器总数；N_{Ti}、N_{Gi}、N_{Ji} 为第 i 个或第 i 类装甲目标、工事目标或技术兵器的实际个数，K_{Ti}、K_{Gi}、K_{Ji} 为第 i 个或第 i 类装甲目标、技术兵器、坚固点目标向标准装甲目标、标准技术兵器、标准工事的换算系数。

2)标准集群目标数统计

计算目的是统计作战任务区域内支撑点、机场、导弹阵地、雷达站和炮阵地等各类标准集群目标数量,表征标准计算法中近程火力、远程精确火力的毁伤任务量。计算条件包括敌集群目标种类、数量及其相对应各类集群目标的换算系数,计算如下式:

$$N^0 = \sum_{i=1} N_i K_i \tag{6.4.2}$$

式中:N^0 为支撑点、机场、导弹阵地、雷达站和炮阵地等标准集群目标总数;N_i 为第 i 个或第 i 类集群目标个数;K_i 为第 i 个或第 i 类集群目标相对标准集群目标的换算系数。

6.5 兵器需求量计算

兵器需求量计算包括直瞄火力门(件)数、中近程火力炮数或营数、远程精确火力门数或营数、中近程常规导弹发射架数或营数、航空兵对地支援架次、海军对地支援舰艇数等。概括起来,计算兵器需求量的主要方法有最大任务法、消耗能力法、使用次数法、兵器效能法等。

6.5.1 最大任务法

根据需要同时毁伤的任务量最大的阶段或时节来确定兵器需求量。兵器的最大需求量,通常体现在火力准备阶段或抗击敌进攻阶段。该方法主要用于计算中近程火力、远程精确火力的兵器需求量。

$$B_i = \frac{h_i A_i}{E_i} \tag{6.5.1}$$

式中:B_i为所需的第 i 种中近程火力或远程精确火力的兵器数;A_i为第 i 种中近程火力或远程精确火力的总毁伤任务量,通常使用目标个数表征;h_i为需第 i 种中近程火力或远程精确火力兵器同时毁伤的任务量份额,该份额可由指挥员根据实际确定;E_i为第 i 种中近程火力或远程精确火力兵器的单件兵器毁伤效能。

单件中近程火力、远程精确火力兵器毁伤效能有以下两种表征:①以射击效能公顷数表征兵器毁伤效能,使用标准无控杀爆弹药的中近程火力标准兵器，单炮射击效能一般为特定面积。②以能毁伤的目标数表征兵器毁伤效能，如果知道毁伤1个集群目标需要 B_{1i} 件 i 类压制兵器，则单件兵器毁伤效能为 $1/B_{1i}$。当最大毁伤任务量为 n_m 个集群(面积)目标时，变为

$$B_i = \frac{n_m}{\dfrac{1}{B_{1i}}} = B_{1i} n_m \tag{6.5.2}$$

6.5.2 消耗能力法

根据某种兵器在一次作战中的弹药消耗限额计算该兵器需求量。当消耗限额确定时应优先采用这种方法，计算如下式：

$$B_i = \frac{N_i}{N_{1i}} \tag{6.5.3}$$

式中：B_i 为第 i 种兵器需求量；N_i 为第 i 种兵器的弹药总需求量；N_{1i} 为第 i 种兵器在一次作战中1件或1个火力单位能够消耗的弹药量。

6.5.3 兵器效能法

兵器效能法：根据一件反装甲兵器的战斗效率，即在一次作战中可以击毁的标准装甲目标数量来计算反装甲兵器需求量。适用于直瞄火力反装甲兵器需求量的计算，计算如下式：

$$B_T = \frac{A_T}{m_{T1}^0} \tag{6.5.4}$$

$$m_{T1}^0 = \begin{cases} 0.9 - 0.5y, & \text{进攻作战}, y\ \text{为敌军掩蔽度} \\ 0.9 + 1.1y, & \text{防御作战}, y\ \text{为我军掩蔽度} \\ 2, & \text{预有准备的防御作战} \end{cases} \tag{6.5.5}$$

式中：B_T 为反装甲兵器需求量；A_T 为军团(兵团)反装甲任务量；m_{T1}^0 为单件反装甲兵器的战斗效率。直瞄火力攻坚兵器需求量的计算也可参照式(6.5.4)、式(6.5.5)执行。

6.5.4 兵器需求量冗余度

计划火力部门在提出兵器需求量建议时，要在需求量基础上增加一个冗余

量,即

$$B^0_{请} = B^0(1 + a) \tag{6.5.6}$$

式中:a 为冗余度,是冗余量与需求量的比值。冗余度要考虑自然损耗、一定的战斗损耗、可靠度、意外任务、计算误差等因素确定。通常中近程火力压制火炮取 5% ~10%;远程精确火力取 10% ~15%;直瞄火力兵器取 15% ~30%。

6.6 任务与资源分配计算

任务与资源分配计算目的是解决火力资源与毁伤任务量的适宜匹配问题,核心是确定陆战场各军兵种火力的任务份额(亦称分配比例),为高效运用陆战场各类火力提供兵器弹药支持,为火力资源的总量与过程控制提供量化依据。

6.6.1 基本思路

将火力资源需求量分解成各军兵种的实际需求量,通常需要完成以下 4 个层次的分解:①将火力资源需求量分解到陆军炮兵、航空兵、常规导弹、海军等;其中陆军炮兵又可分为陆军直瞄火力、中近程火力和远程精确火力。②将航空兵分解到陆军航空兵,空军歼击航空兵、轰炸航空兵等;对常规导弹区分到具体型号。③陆军直瞄火力分解到反坦克导弹、突击炮等,陆军中近程火力分解到榴弹炮、加榴炮和中程火箭炮等,陆军远程精确火力分解到远程火箭炮具体装备型号等。④弹药区分。依据弹药的毁伤机理和目标结构材质,可区分为杀爆、攻坚、反装甲 3 类弹药,进行兵器与弹药的还原计算。

按照上述 4 个层次进行迭代分配,以保证将火力资源投放量分配至主要作战方向、重要作战阶段和时节,而后完成火力毁伤兵器区分,进行力量的作战编组。

6.6.2 资源分配计算

任务量及火力资源的分配,总是从上级向下级、从全局向局部进行的。基本表达式为

$$Q_{ij} = A_{rij} q_{ij} Q_i \tag{6.6.1}$$

式中：Q_i 为第 i 类毁伤任务或火力资源总量；Q_{ij}为第 i 类毁伤任务或火力资源总量向第 j 个分配对象的分配量；A_{rij}为第 i 类毁伤任务或火力资源总量向第 j 个对象的分配份额；q_{ij}为调整系数，表示某个对象的重要程度。若全部分配对象为 m，应有

$$\sum_{j=1}^{m} A_{rij} q_{ij} = 1 \tag{6.6.2}$$

6.6.3 分配计算方法

分配计算的主要方法有经验数据法、编配能力法、任务分析法、消耗份额法等。①经验数据法，根据战争经验、一般原则和军队编制装备的发展估算任务份额，或依据已有的经验数据确定任务份额。②编配能力法，根据我方火力兵器的作战编配比例和作战效能计算任务份额，该方法遵循"能者多劳"的原则，广泛应用于兵器与弹药分配与还原计算，计算如式(6.6.3)所示。③任务分析法，根据火力部队或兵器的任务量与总任务量的比值，确定分配比例，分配比例一般计算如式(6.6.4)所示。④消耗份额法，根据各火力部队或兵器在战役中消耗弹药的能力与总弹药量的比值，确定任务份额，计算如式(6.6.5)所示。

(1)基于编配能力法的分配比例计算公式

$$\left.\begin{aligned} A_{ri} &= \frac{a_i f_i E_i}{\sum_{i=1}^{k} a_i f_i E_i} \\ A_i &= A A_{ri} \end{aligned}\right\} \tag{6.6.3}$$

式中：A_{ri}为第 i 种兵器(弹药)的分配比例；A_i为第 i 种兵器(弹药)的分配量；a_i为第 i 种兵器(弹药)的编配比例，即占总数的比值；k 为兵器(弹药)种类数；f_i为第 i 种兵器(弹药)的使用度，如中程火箭炮为 0.9、线膛炮为 1.2 等；E_i为兵器(弹药)效能，可根据需要选用标准兵器系数、标准弹系数、战斗力指数等。

(2)基于任务分析法的分配比例计算公式

$$A_{ri} = \frac{A_i}{A} \tag{6.6.4}$$

式中：A_i为第 i 类火力部队或火力兵器的毁伤任务量；A 为总毁伤任务量。

(3)基于消耗份额法的分配比例计算公式

$$A_{ri} = \frac{N_i^0}{\sum N_i^0} \tag{6.6.5}$$

式中：N_i^0为第 i 种火力部队或兵器在战役中能消耗的标准弹数。

6.6.4　资源需求量分解与还原计算

火力资源需求分解与还原计算主要用战役火力筹划，采用的计算方法是标准计算法。

1. 还原计算

还原计算是将标准兵器（弹药）需求量还原成实际兵器（弹药）需求量。表达式如下式：

$$\text{兵器：}B_{ij} = \frac{B_{ij}^0}{K_{bij}} \tag{6.6.6}$$

$$\text{弹药：}N_{ij} = \frac{N_{ij}^0}{K_{nij}} \tag{6.6.7}$$

$$\text{航空兵：}B_{\text{航}i} = \frac{N_{\text{航}i}^0}{K_{n\text{航}i}} \tag{6.6.8}$$

式中：B_{ij}（B_{ij}^0）为使用第 j 种弹药的第 i 种兵器（标准兵器）实际需求量；N_{ij}（N_{ij}^0）为第 i 种兵器第 j 种弹药（标准弹药）实际需求量；K_{bij}为使用第 j 种弹药的第 i 种兵器向标准兵器换算系数；K_{nij}为第 i 种兵器第 j 种弹药向标准弹的换算系数；$B_{\text{航}i}$为第 i 种航空兵实际需求量（架次或团架次）；$N_{\text{航}i}^0$为分配给第 i 种航空兵的标准弹数；$K_{n\text{航}i}$为第 i 种航空兵 1 架次或 1 团架次向标准弹换算的系数。

2. 分解计算

分解计算区分为精确制导弹药和无控制导弹药，中近程火力、远程精确火力区分为陆军、航空兵、常导力量等各军种，从国外战争实践来看，阵地攻防作战航空兵任务份额为 25% 左右；战役战术导弹 10% 左右；陆军炮兵火力 60% 左右。渡海登岛战役、岛屿封锁战役等，航空兵、战役战术导弹的任务份额会有所增加。

6.7 毁伤时间计算

火力毁伤时间可根据火力平台类别,分别计算炮兵、航空兵及常导力量的火力毁伤时间,基于高效火力协调列出并行时间序列图,可取最先开始和最后结束时间作为火力毁伤的总时间。火力毁伤时间也可按毁伤时节,依次计算各时节各种主要平台的火力毁伤分段时间,再综合成火力毁伤总时间。进行火力毁伤时间筹划计算前,需要计算火力毁伤技术时间和战术时间。

6.7.1 火力毁伤技术时间

火力毁伤技术时间是从技术使用视角纯粹的火力毁伤时间,与火力平台发射速度、弹药投入量、射弹最大飞行时间、平均发射次数等因素密切相关,计算如下式:

$$T_1 = \frac{N_\mathrm{p}}{N_{\mathrm{p}t}} + nT_{f\max} \tag{6.7.1}$$

式中:N_p 为单件火力平台的弹药战役战术投入量;$N_{\mathrm{p}t}$ 为单件火力平台单位时间内弹药发射量;$T_{f\max}$ 为最大射弹飞行时间;n 平均发射次数。

6.7.2 火力毁伤战术时间

火力毁伤战术时间是从战术运用视角的火力毁伤时间,与火力平台战术机动时间、生存机动时间、射击准备时间、补给时间等内容要素紧密相关,计算如下式:

$$T_2 = T_\mathrm{m} + T_\mathrm{s} + T_\mathrm{p} + T_\mathrm{r} = n_\mathrm{m}\frac{L_\mathrm{m}}{V_\mathrm{m}} + n_\mathrm{m}n_\mathrm{s}\frac{L_\mathrm{s}}{V_\mathrm{s}} + (n_\mathrm{m}T_{\mathrm{pmax}} + n_\mathrm{m}n_\mathrm{s}T_{\mathrm{pmin}}) + n_\mathrm{r}T_\mathrm{r} \tag{6.7.2}$$

式中:T_m 为作战中实施战术机动的次数;L_m 为每次战术机动的平均距离;V_m 为战术机动的平均速度;T_s 为每个配置区域内生存机动的平均次数;L_s 为配置区域内每次生存机动的平均距离;V_s 为生存机动的平均速度;T_{pmax} 为火力单元最大射击准备时间,通常指战术机动后的射击准备;T_{pmin} 为火力单位最短射击准备时间，通常指生存机动后的射击准备；N_r 为作战中补给的天数；T_r 为作战中一次补给（弹、油、粮等）的平均时间。

6.7.3　火力毁伤总时间

火力毁伤总时间主要包括火力毁伤技术时间和火力毁伤战术时间两部分，其计算如下式：

$$T_h = T_1 + T_2 \tag{6.7.3}$$

火力毁伤总时间计算完毕后，通常应与作战总时间进行比较，若超过作战总时间，应重新设计作战时间，若不超过作战总时间，还应使火力毁伤总时间有一定的冗余度，以确保有余时应对隐蔽待机、抢修维护等突发情况。

第 7 章 毁伤效果评估

毁伤效果评估是科学调控打击行动的前提,核心是评判目标遭打击后的功能失效情况,主要通过多源情报侦察获取目标的毁伤信息,采用毁伤树建模、融合分析、历史数据统计分析等方法实施。

7.1 毁伤效果评估方法

7.1.1 单个目标评估

依据毁伤信息采集的完整度,毁伤效果评估方法主要分为信息评估法、融合评估法和经验评估法 3 种。此外根据未来战争的发展方向,提出了大模型智能评估法。

1. 信息评估法

信息评估法是指根据打击前后的目标图像、炸点位置、高温、超压等毁伤信息和制定的目标毁伤标准和构建的目标毁伤树模型,量化评估目标的毁伤效果。

1)基本思路

信息评估法是目标毁伤效果精确评估的基本方法,在精确评估方法体系中具有至关重要的地位与作用。毁伤信息是指利用各种情报侦察手段获取的目标毁伤状态信息,主要包括目标毁伤前后的图像、电磁信号、功能状态等信息,可通过光学照相、红外成像、合成孔径雷达(SAR)成像等侦察载荷获取,也可通过网电侦察获取,还可通过敌后渗透实施人力侦察获取。

信息评估法的基本思路:①基于目标性质、结构、材质、尺寸、位置、幅员等信息，系统分析目标的功能结构，建立目标的毁伤树模型；②融合处理情报侦察信息，提取打击前后目标区域图像的变化情况，评估目标物理结构毁伤情况，判定目标部件毁伤状态；③依据建立的目标毁伤树模型，量化评估目标的毁伤程度和毁伤等级。毁伤信息的完整性、毁伤判据的科学性是保证评估结果准确性的关键，信息评估法基本思路如图 7－1 所示。

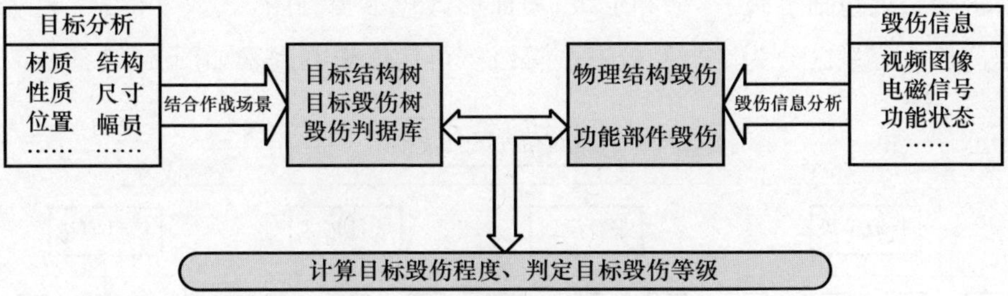

图 7－1　信息评估法基本思路

2）评估流程

信息评估法的作业步骤主要包括以下 3 步：①建立目标结构树、不同毁伤等级的毁伤树和目标毁伤判据库，确定目标部件毁伤对应的毁伤程度。②融合处理毁伤信息，对多源毁伤信息进行筛选、融合、甄别，提取目标部件的毁伤特征。③依据预先制定的毁伤判据，对提取的毁伤特征进行评定分析，采取自动或人工的方法，综合判定目标的毁伤程度和毁伤等级。作业步骤如图 7－2 所示。

图 7－2　信息评估法流程

3）计算可信度

毁伤效果评估与评估者的素养、评估方法的准确度、毁伤信息的完整度等密切相关。评估目标的毁伤效果，不同的评估者采用不同的评估方法，评估结论可能会产生较大的出入。基于以上考虑，引入了可信度指标，使用无量纲的百分数表征，用于表示评估结论的可能性，即实际发生的概率。

目标毁伤效果评估结论的可信度与毁伤信息的可靠性密切相关。可通过分析毁伤信息的获取手段、来源层级、表征形式、信息容量等因素，计算毁伤效果评估结论的可信度。获取手段包括特种侦察、天基侦察、空中侦察、电子侦察等；来源层级包括上级、本级和下级；表征形式包括视频图像、数字信息、文字描述等；信息容量区分为高、中、低三个等级。可信度影响因素如图 7－3 所示。

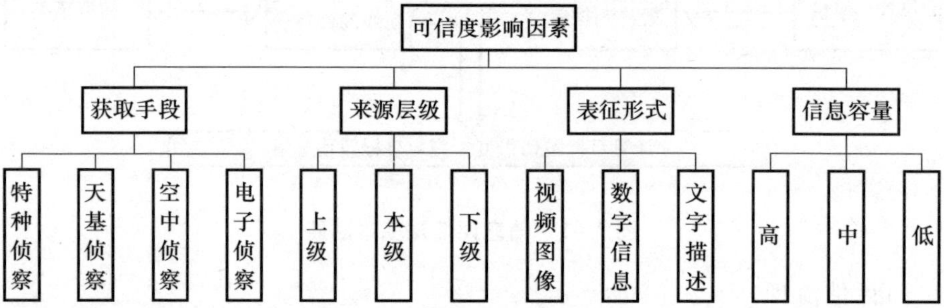

图 7－3　可信度影响因素

通常情况下，情报来源的层级越高、侦察手段性能越好、有效毁伤信息容量越大，评估结论可信度也越高。影响因素对评估结论可信度的影响因子赋值示例如表 7－1 所示。

表 7－1　可信度的影响因子赋值

序号	影响因素	具体类型	影响因子
1	侦察手段	特种侦察	0.9
2		天基侦察	0.8
3		空中侦察	0.7
4		雷达侦察	0.6
5	来源层级	上级	0.9
6		本级	0.7
7		下级	0.5
8	表征形式	视频图像	0.9
9		数字信息	0.7
10		文字描述	0.5

续表

序号	影响因素	具体类型	影响因子
11	信息容量	高	0.9
12		中	0.7
13		低	0.5

不同侦察手段可采用不同载荷，因此影响因子赋值应根据实际情况调整。毁伤信息中各影响因素对应的影响因子为 p_i，其结论可信度 P_a 如下式：

$$P_a = \prod_{i=1}^{4} p_i \tag{7.1.1}$$

2. 融合评估法

融合评估法是当获取到的毁伤信息不足以支撑直接评估毁伤效果时，需要借助深度学习、三维仿真等技术，辅助判定毁伤情况。

1）基本思路

毁伤效果评估基于真实毁伤信息得出评估结论，但是受限于侦察条件和手段，获取到的侦察信息有限，无法提供足够的毁伤信息。例如，卫星图像通常为俯视角度，且拍摄距离较远，只能获取目标的表面信息，可以用于评估目标外部的损伤情况，但是无法获取目标内部物理或功能的毁伤信息，评估毁伤效果的可信度较低。当侦察信息中毁伤特征不明显，无法直接通过毁伤树判定毁伤效果时，可采用融合评估法。

该方法以目标结构描述模型、弹药威力模型和毁伤效能数据等为基础，以计算机仿真运行平台为支撑，通过录入或加载火力打击计划，根据有限的毁伤信息，仿真弹目交会过程，计算评估单个目标或者目标系统的毁伤效果。融合评估法通过建立相关算法模型，综合考虑影响实际火力打击效果的各种因素，能够在无法获取足够目标毁伤特征信息的条件下，实现对目标毁伤效果的精确评估，融合评估法原理如图7-4所示。

（1）目标等效建模。

目标结构描述模型即目标等效建模，核心是建立逼真度高的典型目标三维模型，高分辨率仿真目标的系统组成和结构部件，除外观、尺寸外，还需要体现材质、防护程度等物理特性。

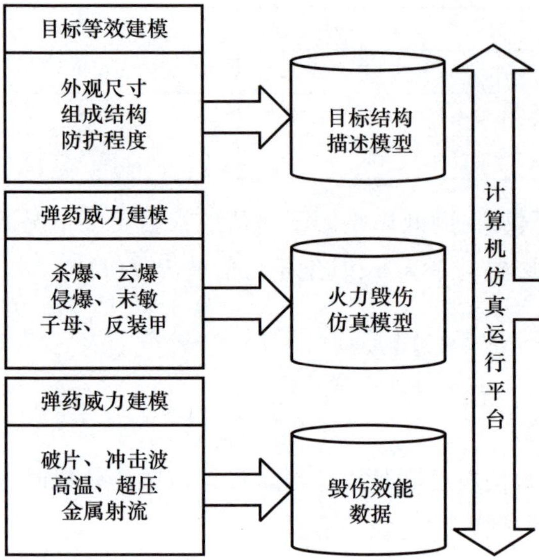

图 7－4　融合评估法原理

(2)战斗部威力分析。

战斗部威力分析,主要是构建不同弹药战斗部毁伤元的威力场,包括杀爆类、云爆类、侵彻类、末敏类、子母类、反装甲类等多种典型战斗部动爆威力分析模型。

战斗部动态威力数据是弹药毁伤效能评估的核心,是战斗部固有毁伤能力的客观反映。战斗部威力场数据在合理表征情况下可通过静态、动态试验或者静态试验加动态条件理论分析获得。根据有限元分析的思想,可以利用网格法表征威力场数据,如图 7－5 所示。

黑色区域表征毁伤元可以覆盖,颜色越深表示毁伤元密度越大、能量越高。白色及以外区域表示无毁伤元覆盖。不同类型的毁伤元既可以分别表示,也可以在同一个网格图中叠加表示。

(3)弹目交会计算。

弹目交会计算的核心是计算破片、冲击波、高温、金属射流等毁伤元作用于目标模型的动力学过程。弹目交会计算条件主要包括弹丸炸点坐标、落角、落速等信息,具体参量如图 7－6 所示。

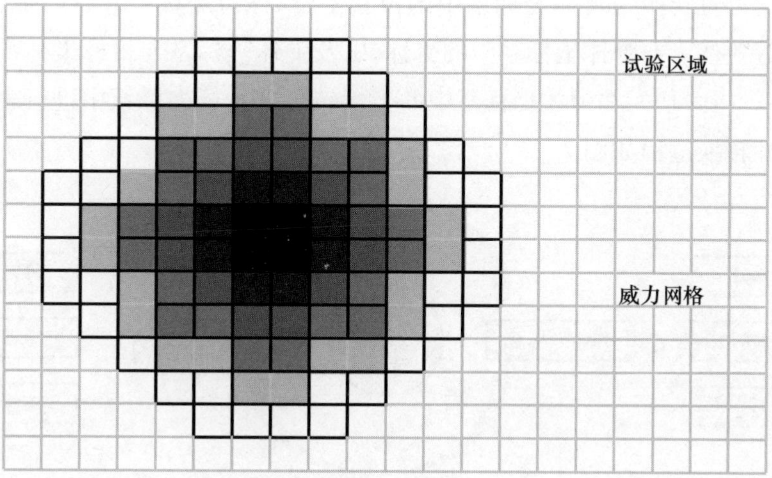

图7-5　弹药毁伤元分布示例

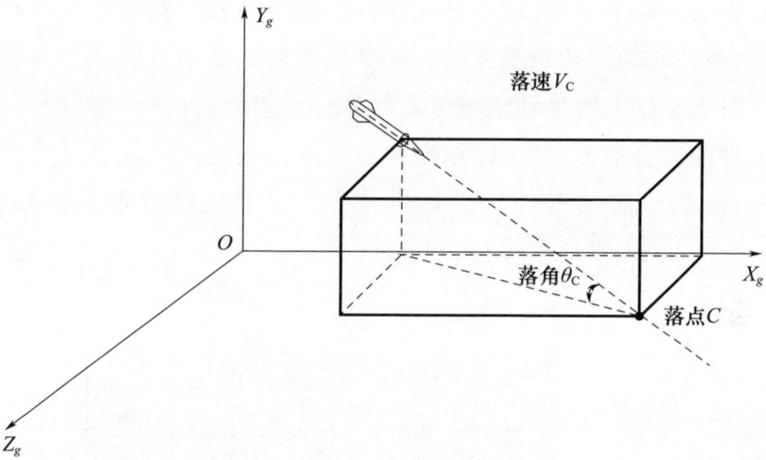

图7-6　弹目交会计算条件

弹目交会计算包括坐标一致性转换、交会轨迹计算、毁伤效应计算、毁伤程度计算4个步骤。

坐标一致性转换指在进行弹目交会计算前,需要统一弹药和目标的坐标表示形式。战斗部爆炸形成的破片、冲击波等毁伤元坐标位置,通常需要在弹体坐标系中进行表征。而目标结构、部件等坐标位置,通常需要在目标坐标系中进行表征。当需要计算毁伤元与目标交会的情况时,就需要将毁伤元在弹体坐标系中的位置转换到目标坐标系中的位置坐标,保持坐标一致性。根据破片、冲击波等毁伤元在弹体坐标系中的坐标,以及弹体坐标系与目标坐标系的相对位置关系,将毁伤元在弹体坐标系中的坐标转化到目标坐标系中进行表征。坐标一致性转换过程如图 7 -7 所示。

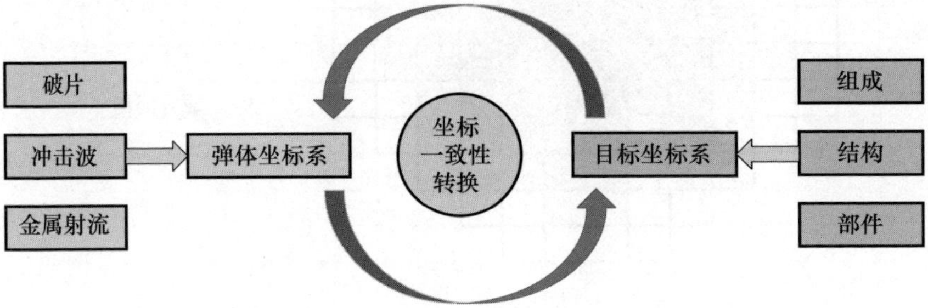

图 7 -7　坐标一致性转换示意

交会轨迹计算是指在目标坐标系中,根据毁伤元的初始位置及初始运动方向,建立毁伤元的运动轨迹方程。可以采用初始点和空间两个角的方式进行表征。对于毁伤元的运动轨迹可近似为一条射线,计算该射线与目标结构及关键部件的交会情况,并可以根据交会点及结构化网络编号计算出交会网格的编号,为后续毁伤效应计算提供依据。交会轨迹计算示意如图 7 -8 所示。

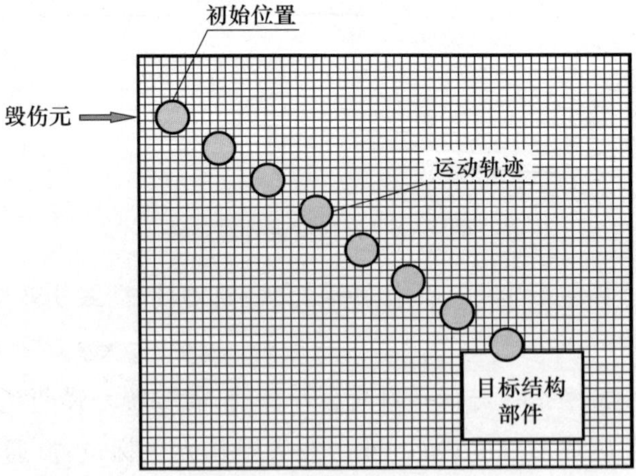

图 7 -8　交会轨迹计算示意

毁伤效应计算是目标毁伤效果评估的关键步骤，关系到计算精度。战斗部对目标部件的毁伤效应计算，可以分为战斗部整体计算和毁伤元单独计算两个层次。对于战斗部整体计算需根据战斗部对部件的最大毁伤半径，以及弹目距离计算出毁伤半径中的部件，直接判定部件的毁伤程度。对于毁伤元的毁伤效应计算则较为复杂，需要在上述毁伤元与目标交会计算结果的基础上，根据每个网格上所赋的结构厚度、材料属性及毁伤元的物理参数，计算对该网格的毁伤程度。统计每个网格的毁伤情况，即可得到毁伤元对目标部件的毁伤结果。同时，也可计算多个毁伤元的耦合毁伤，还可进行多弹药打击下目标结构的毁伤积累分析。计算方法如图7-9所示。

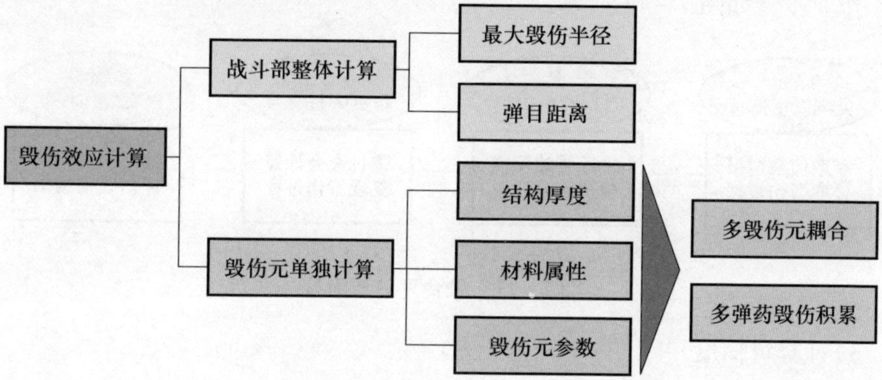

图7-9　毁伤效应计算示意

毁伤程度计算是在计算出目标关键部件中被毁伤元命中及结构破坏的情况，根据目标关键部件被毁伤元命中以及被破坏的情况，如冲击波对目标毁伤面积的比例、贯穿目标结构破片的数量等，计算得到目标关键部件的毁伤程度，并根据部件价值权重，计算目标整体的毁伤程度。目标毁伤程度计算过程如图7-10所示。

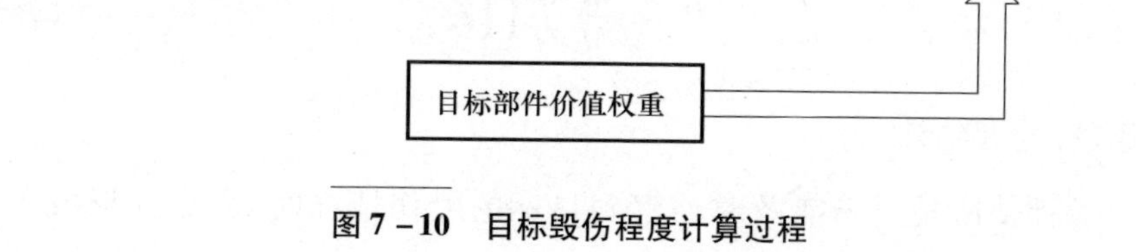

图7-10　目标毁伤程度计算过程

2)评估流程

融合评估法的使用时机为毁伤信息不完整,仅有少量的有效毁伤信息,不满足信息评估法的使用条件。评估流程分为4个步骤:①处理目标的毁伤信息,主要根据天基、空中等不同侦察平台的多源情报信息,提取目标毁伤数据,为后续效果评估提供数据支持;②建立弹目等效模型,根据目标的系统和部件组成、目标材质的防护特性等构建等效模型,以及根据弹药效能数据建立战斗部威力模型;③弹目交会计算,通过模拟仿真,将火力打击行动对目标的毁伤情况进行复现,以融合分析目标深层次的毁伤情况,弥补毁伤信息的不足;④根据仿真复现的结果评估目标的毁伤效果,仿真结果输出为该目标部件的毁伤情况。作业步骤如图7-11所示。

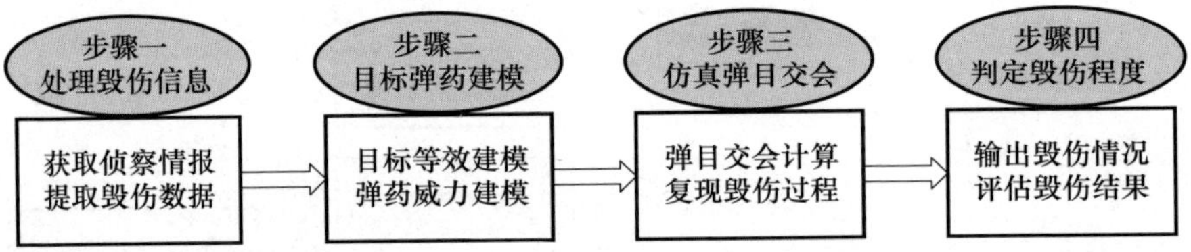

图7-11　融合评估法流程

3)计算可信度

融合评估法方法中影响可信度的因素包括毁伤信息、目标等效建模相似度和战斗部威力模型相似度。毁伤信息影响因素的可信度计算与上述方法一致。目标等效建模涉及部件的三维建模、材质属性设置和部件的数量,战斗部威力模型涉及各类毁伤元的毁伤威力模型,相似度如下式:

$$S = \frac{m}{M}\frac{n}{N} \tag{7.1.2}$$

式中:m为目标等效模型中准确建模并设置属性的部件数量;M为总部件数量;n为弹药模型准确建模的毁伤元模型数量;N为总毁伤元数量。基于融合评估法所得结论整体可信度为

$$P_b = \frac{m}{M}\frac{n}{N}\prod_{i=1}^{4} p_i \tag{7.1.3}$$

3. 经验评估法

经验评估法是当未能及时侦察到目标的毁伤情况时,为尽快形成评估报

告,可借助历史数据快速评估毁伤效果。

1)基本思路

经验评估法主要是应用数理统计的方法,依据实战、演习、试验获得的大量统计资料,找出数据库中与当前条件最接近的历史数据,并根据当前条件与历史条件的差异进行系数换算,再科学评估当前状态,最后得出可能的毁伤结果。运用经验评估法的前提,就是能够将所获取的历史数据的随机特性使用模型科学化描述表示。目前,常用的方法主要有抽样调查、参数估计、假设检验、回归分析4种方法。经验评估法相对前两种方法,具有自身的特点。通过采集获取相关数据,既能真实摸清陆军各兵种火力打击部队武器装备的效能底数和对目标的真实毁伤效果数据,又能为武器系统科学运用提供参考与借鉴。

但考虑到每次具体毁伤效果评估情况,不可能与历史经验完全一致,且任何历史经验数据也不可能涵盖所有情况,因此,评估人员不能过度依赖历史数据,必须灵活运用历史数据,实现对毁伤效果的科学评估。

2)评估流程

经验评估法的使用时机是未获得任何有效的毁伤信息,或者毁伤信息未能及时回传,即可通过事先制定好的标准,来简易评估目标的毁伤情况。

经验评估法分为3个步骤:①建立历史毁伤数据标准库,根据历史经验数据,对常见的典型目标建立弹药毁伤标准,包括规定弹药量对应的标准毁伤程度和毁伤等级,可以建立多型弹药对同一目标的毁伤标准;②计算等效换算系数,根据3项打击条件确定换算系数,分别是目标防护程度、环境干扰条件、弹药使用情况;③简易评估毁伤情况,根据当前条件的等效换算系数和目标标准毁伤程度,计算当前的毁伤程度,并确定毁伤等级。作业步骤如图7-12所示。

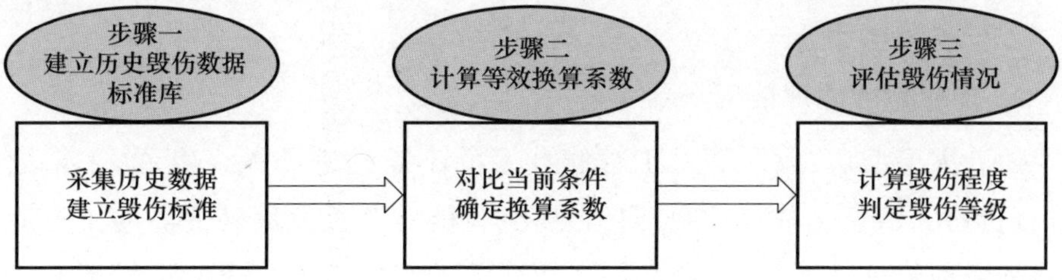

图7-12　经验评估法流程

等效换算系数计算示例:如果目标防护程度增加,那么实际毁伤程度相较于标准毁伤程度将降低,降低系数为 j_1,可初定为25%;如果出现了电磁干扰等环境干扰条件,那么实际毁伤程度也将下降,降低系数为 j_2,可初定为25%;如果实际使用的弹药量与标准弹药量不一致,那么换算系数 j_3 为实际弹药量 N_s 与标准弹药量 N_b 的比值,如下式:

$$j_3 = \frac{N_s}{N_b} \tag{7.1.4}$$

整体换算系数为 $C = j_1 j_2 j_3$。

3)计算可信度

经验评估法缺乏有效的评估信息,评估结果根据经验数据估算。经验数据的可信度与结论的可信度密切相关,经验数据可信度用 t 表示,t 的初始赋值根据经验数据采集情况确定,通常数据量越大、信息越完整,其可信度越高。同时,影响可信度的因素还有打击条件的等效换算,据此确定换算系数 k。换算系数反映的是目标防护程度、环境干扰条件、弹药使用情况等当前条件与标准条件的一致性。换算系数的取值规则如表7-2所示。

表7-2 换算系数的取值规则

序号	条件一致性	换算系数取值
1	全部一致	1
2	两项一致	0.75
3	一项一致	0.5
4	均不一致	0.25

经验评估法结论可信度如下式:

$$P_c = kt \tag{7.1.5}$$

4. 大模型智能评估

随着大模型、大数据等人工智能技术的不断推进和深入发展,未来战争将由机械化、信息化并重发展,向信息化、智能化并重发展转变。为了适应智能化战争毁伤评估需求,必须利用生成式人工智能技术(AIGC),发展基于大模型的智能化评估方法。大模型拥有庞大的参数规模,通常是具有数百万到数十亿的神经网络模型,能够应对更为复杂的任务。与传统的人工智能不同，AIGC 更加注重创造性和自主性，主要基于智能算法，通过学习大量的数据和模式来生成新的内容，立足有限的情报信息，更快更准地评估毁伤结果。

该方法必须满足三个条件：其一，必须有海量数据支撑，且模型科学合理，分辨率、颗粒度柔性可调；其二，必须融于神经网络、深度学习、模糊分析和边缘计算等智能算法，既可以高精度准确评估目标的毁伤效果，也可以优化调整火力打击方案；其三，研制开发的工具手段必须具有开放性、可扩展性和互通性，能够与各类指挥信息系统深度耦合，能够满足全天域、全时域毁伤效果评估要求。基本思路如图 7-13 所示。

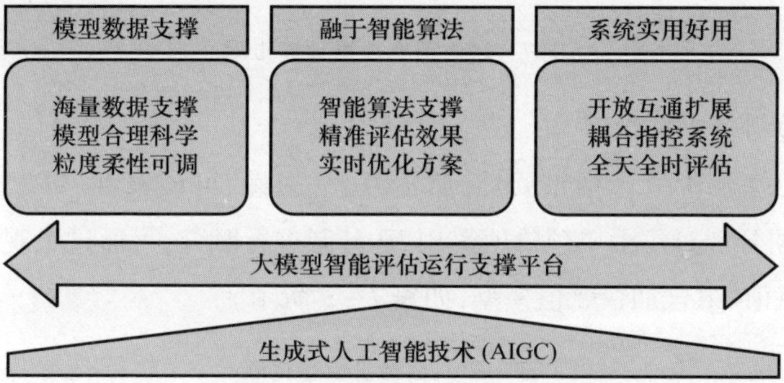

图 7-13　大模型智能评估方法

大模型智能评估方法，是一个逐步发展、螺旋上升的过程。在优化完善过程中，必须紧贴毁伤效果评估军事需求，充分运用大数据采集、挖掘和处理加工的最新技术，运用信息感知与数据融合，汲取人工智能最新研究成果，实现模型数据、评估方法、支撑平台与军事运用高度融合。

7.1.2　目标系统评估

目标系统是由单一或者多个链路元素构成，具有相同功能的目标集，链路上一个目标损毁将造成目标的整体毁伤。系统毁伤是指目标系统整体功能丧失或下降的程度，需要根据该系统中每个目标的毁伤程度，以及该目标在系统中所占的权重来计算。单个目标的毁伤程度可通过信息评估、融合评估、经验评估、大模型智能评估等方法进行，而评估目标系统毁伤程度还需要确定单个目标在目标系统中的权重。

1. 计算目标权重

权重反映的是单个目标在目标系统中的价值贡献，主要根据该目标的综合价值分析结果来计算，计算过程如图 7－14 所示。

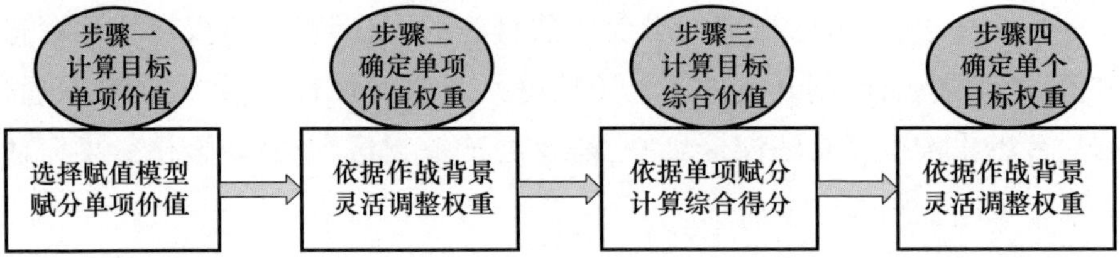

图 7－14　目标权重计算步骤

1）计算目标单项价值

目标的综合价值包括重要性、紧迫性、易损性、可侦察性、可靠性、准确性 6 个单项，须分别对每个单项价值采用 10 分制进行赋分，可通过主观加权赋值、客观加权赋值、组合加权赋值模型，如表 7－3 所示。

表 7－3　目标价值量化表

目标名称	重要性	紧迫性	易损性	可侦察性	可靠性	准确性
旅指挥所	10	9	8	7	9	7

2）确定单项价值权重

每个单项价值在综合价值中所占权重不同，不同作战样式、阶段时节、行动企图下权重也不同，指挥员可灵活调整单项权重 a_i，6 个单项价值权重和为 1。进攻战斗中可取以下默认值，如表 7－4 所示。

表 7－4　进攻战斗默认值

单项价值	重要性	紧迫性	易损性	可侦察性	可靠性	准确性
权重	0.3	0.15	0.1	0.1	0.25	0.1

3）计算目标综合价值

明确了目标系统中单个目标的单项价值 V_i 和单项权重 a_i 后，可加权计算目标的综合价值量化值 $V_{i综}$，为 10 分制，取值范围为 1～10。

$$V_{i综} = \sum_{i=1}^{6} a_i V_i \tag{7.1.6}$$

4)计算目标权重

根据每个目标的综合价值量化值，可计算整个目标系统的总体价值量化值$V_{总}$，如下式：

$$V_{总} = \sum_{i=1}^{n} V_{i综} \tag{7.1.7}$$

其中n为目标系统中单个目标的数量。

第i个目标的在目标系统中的权重b_i如下式：

$$b_i = \frac{V_{i综}}{V_{总}} \tag{7.1.8}$$

5)评估示例

根据敌情通报，发现敌指挥控制系统包含1个旅指挥所、2个炮兵群指挥所、4个营指挥所，根据目标的情报来源、威胁程度、时敏特性、隐蔽状态、结构材质、遮蔽性、能见度、可靠性、定位精度等，分别对7个目标的6个单项价值进行赋值，形成目标价值清单，如表7-5所示。

表7-5　目标系统单项价值量化赋值示例

序号	名称(数量)	重要性	紧迫性	易损性	可侦察性	可靠性	准确性
1	旅指挥所	10	9	8	7	9	8
2	炮兵群指挥所(1)	8	7	6	5	6	7
3	炮兵群指挥所(2)	8	7	6	5	6	7
4	营指挥所(1)	7	5	3	3	5	5
5	营指挥所(2)	7	5	3	3	5	5
6	营指挥所(3)	7	5	3	3	5	5
7	营指挥所(4)	7	5	3	3	5	5

指挥员根据作战样式、阶段时节、行动企图确定每个单项价值的权重，重要性权重系数$a_1=0.3$，紧迫性权重系数$a_2=0.15$，易损性权重系数$a_3=0.1$，可侦察性权重系数$a_4=0.1$，可靠性权重系数$a_5=0.25$，准确性权重系数$a_6=0.1$。

根据单项价值V_i和单项权重a_i可以计算目标的综合价值，并计算目标系统整体综合价值，如表7-6所示。

表 7-6 目标系统综合价值计算

序号	名称(数量)	重要性 0.3	紧迫性 0.15	易损性 0.1	可侦察性 0.1	可靠性 0.25	准确性 0.1	综合价值
1	旅指挥所	10	9	8	7	9	7	8.8
2	炮兵群指挥所(1)	8	7	6	5	6	7	6.75
3	炮兵群指挥所(2)	8	7	6	5	6	7	6.75
4	营指挥所(1)	7	5	3	3	5	7	5.4
5	营指挥所(2)	7	5	3	3	5	7	5.4
6	营指挥所(3)	7	5	3	3	5	7	5.4
7	营指挥所(4)	7	5	3	3	5	7	5.4
8	合计	54	43	32	29	41	49	43.9

根据目标的综合价值和目标系统的整体综合价值,计算单个目标在目标系统中的权重,如表 7-7 所示。

表 7-7 目标权重计算

序号	名称(数量)	综合价值	目标权重
1	旅指挥所	8.8	0.20
2	炮兵群指挥所(1)	6.75	0.15
3	炮兵群指挥所(2)	6.75	0.15
4	营指挥所(1)	5.4	0.12
5	营指挥所(2)	5.4	0.12
6	营指挥所(3)	5.4	0.12
7	营指挥所(4)	5.4	0.12
8	合计	43.9	1.0

2. 评估流程

目标系统评估包括 4 个步骤:①确定目标系统组成,即根据侦察情报,分析目标系统,确定系统内各个节点目标组成,并对单个目标进行分析;②计算每个目标的价值指标,即根据重要性、紧迫性、易损性、可侦察性、可靠性、准确性 6 项赋权,分别对目标单项价值赋分,并计算单个目标的综合价值;③计算单个目标的权重，即根据目标价值指标和整个目标系统中所有目标的价值总指标，计算单个目标在目标系统中所占的权重；④计算目标系统的毁伤程度，即根据系统中每个目标的毁伤程度和该目标在系统中所占的权重，计算目标系统整体的功能下降程度。作业步骤如图7－15所示。

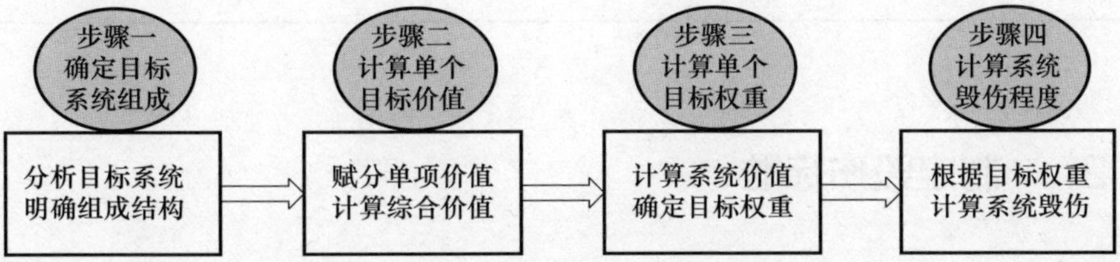

图7－15 目标系统评估流程图

7.1.3 目标体系评估

目标体系是为由敌作战系统、作战要素和作战单元，按照一定指挥关系、组织架构和运行方式构成，并在一定作战环境中实现特定作战目的的有机整体。目标体系由各系统、各要素构成，包括侦察预警、指挥控制、防空反导、火力打击、信息攻防、综合保障6类系统或要素。目标体系内各系统各要素统称为节点。目标体系评估是在明确了体系内各节点毁伤程度的基础上，根据各节点在体系中所占的权重，来计算目标体系的毁伤程度。

各节点的毁伤程度通过目标系统评估方法和单个目标评估方法来计算。各节点的权重主要通过指挥员战前根据作战目的、作战样式、作战时节、作战要求等灵活赋权，所有节点权重累计为1。在进攻战斗中，通常情况下目标体系中各系统的价值权重如表7－8所示。

表7－8 目标体系赋权示例

序号	目标系统	体系权重
1	侦察预警系统	0.2
2	指挥控制系统	0.2
3	防空反导系统	0.2
4	火力打击系统	0.2

续表

序号	目标系统	体系权重
5	信息攻防系统	0.1
6	综合保障系统	0.1
7	合计	1.0

7.2 制定毁伤标准

目标毁伤效果评估的落脚点是判定目标的毁伤效果,即确定目标的毁伤等级,为后续火力行动提供依据。此外,目标打击方案拟制和弹药消耗量测算,精确筹划、精确毁伤均需要统一的毁伤等级,明确具体判据,制定目标毁伤标准。

7.2.1 毁伤等级划分

毁伤等级是对目标毁伤程度的级别划分,评估目标的毁伤情况,需要明确对应的毁伤程度和对应的毁伤等级。毁伤等级通常按照5个等级划分,分别是未毁伤、轻度毁伤、中度毁伤、重度毁伤、摧毁。未毁伤则是目标未受到打击,或者打击后未能毁伤目标。轻度毁伤对目标的功能影响不大,可以简单维修处理或者不处理,继续发挥作用。中度毁伤对目标的功能影响较大,主体功能受损,需要大修。重度毁伤对目标的功能影响巨大,功能完全丧失,修复非常困难。摧毁则是目标完全解体,已经报废,无法修复。常用的毁伤等级是轻度毁伤、中度毁伤、重度毁伤3个等级。

为便于判定毁伤等级,需要细化对应的毁伤程度,如表7-9所示。

表7-9 目标毁伤等级和毁伤程度

序号	毁伤等级	毁伤程度	毁伤情况
1	未毁伤	[0,5%)	目标未受影响
2	轻度毁伤	[5%,20%)	对目标功能影响较小,可小修
3	中度毁伤	[20%,40%)	主体功能受损,需要大修
4	重度毁伤	[40%,60%)	功能完全丧失,修复非常困难
5	摧毁	[60%,100%]	目标完全报废,丧失价值

7.2.2　目标物分类

目标物是具有独立功用的目标基本组成要素。为便于判定毁伤效果，根据常见典型目标物的结构组成、毁伤特性和武器弹药毁伤作用机理，区分武器装备、设备、建筑设施、有生力量4大类典型目标物。4大类目标物可区分16个中类，57个小类目标物，武器装备、设备、建筑设施的具体分类如图7－16～图7－18所示。

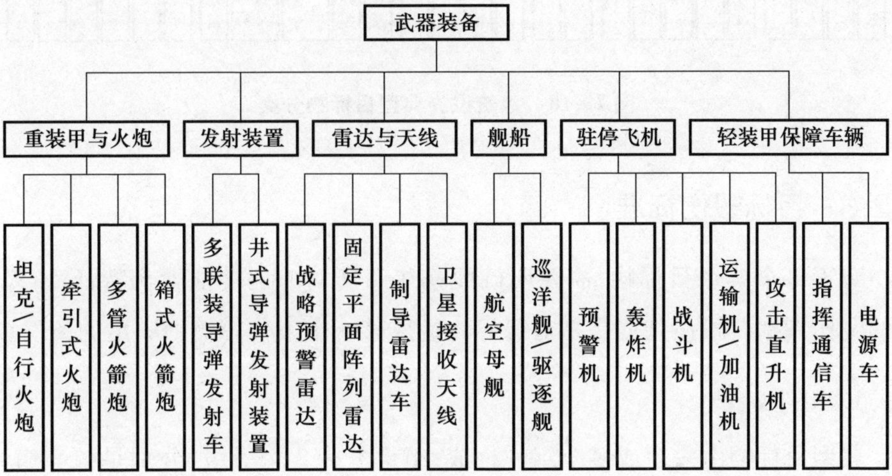

图7－16　武器装备典型目标物分类

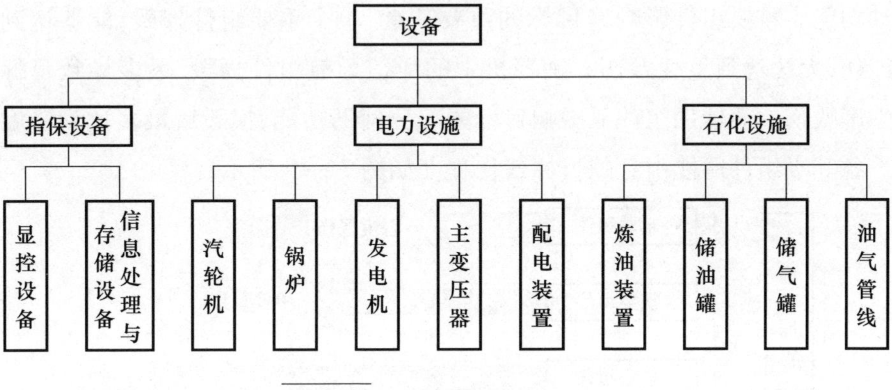

图7－17　设备典型目标物分类

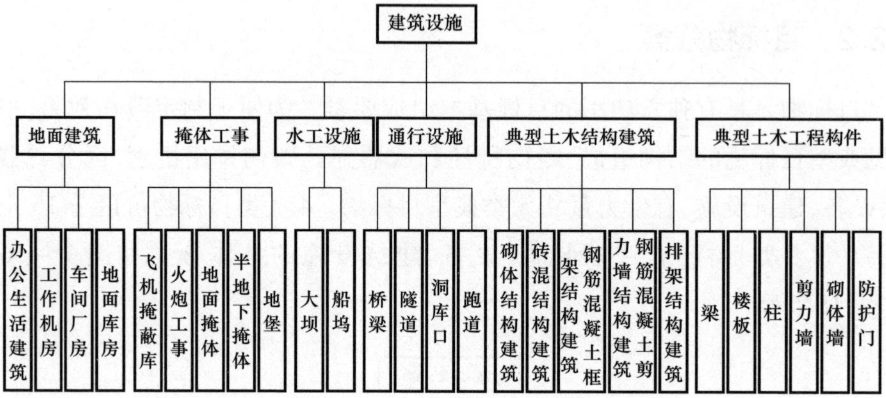

图 7-18　建筑设施典型目标物分类

7.2.3　目标毁伤标准

对于每个典型目标物,需要明确毁伤等级所对应的功能毁伤特征,以及相应的毁伤判据。毁伤判据是指对目标物达成某一个毁伤等级须满足的条件。

1. 组件划分

典型目标物由一个或多个组件构成,组件分为 3 个等级,分别是核心组件、重要组件和辅助组件。核心组件影响目标的核心功能,单个核心组件的损毁能够达到重度毁伤。自行火炮中武器组件影响着火力功能,动力行走组件影响着机动功能。重要组件影响着目标的重要功能,单个重要组件损毁,能够达到中度毁伤,无法达到重度毁伤。预警机中的通信导航组件损毁,最多导致目标达到中度毁伤。而辅助组件只影响目标的部分辅助功能,损毁后最多达到轻度毁伤。各等级组件所能引起的目标毁伤程度如图 7-19 所示。

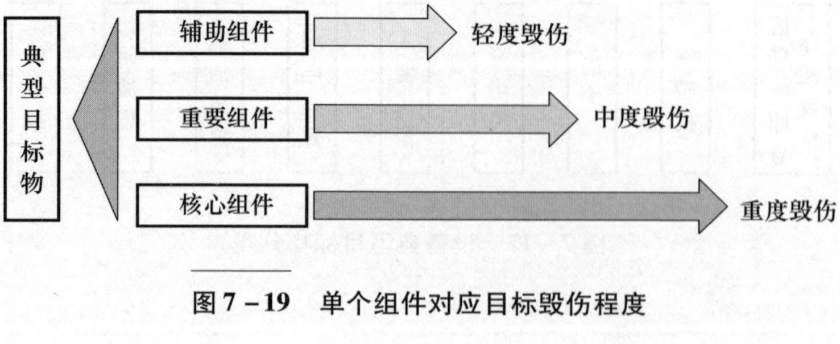

图 7-19　单个组件对应目标毁伤程度

2. 部件划分

对于组成目标的每个组件,可以单独判定毁伤等级,同样可以分为 5 级,分别是未毁伤、轻度毁伤、中度毁伤、重度毁伤、摧毁。组件由各个部件组成,那么根据各部件发挥的功能,可以将部件分为 3 个等级,分别是关键部件、次重部件和一般部件。

关键部件是指影响组件核心功能的部件,该功能部件一旦损坏,则无法完成本组件所承担的任务。自行火炮的武器组件承担“瞄准目标并将炮弹发射出去”的任务,而完成该任务至少需要高低机、方向机、弹药舱、炮管 4 个部件。因此,将这 4 个部件定义为关键部件。

次重部件是指影响组件重要功能的部件,一旦损坏,将大幅降低本组件完成任务的效率。自行火炮的武器组件中,如果装弹装置损坏则需要手动装弹,如果火控计算机损坏则需要手动装定射击诸元。以上部件损坏,虽然可以将炮弹发射出去,但效率低下。因此,将此类部件定义为次重部件,主要包括火控、装弹装置、炮塔、瞄准装置、复进机、驻退机等。

一般部件是指其他不影响组件主要功能的部件,该部件损坏对组件的影响较小,单个一般部件损毁能够导致组件轻度毁伤。自行火炮武器组件中机枪损坏,并不影响炮弹发射,只影响火炮近距离的防护能力。因此,将此类部件定义为一般部件。

目标物核心组件的部件结构示意如图 7－20 所示。

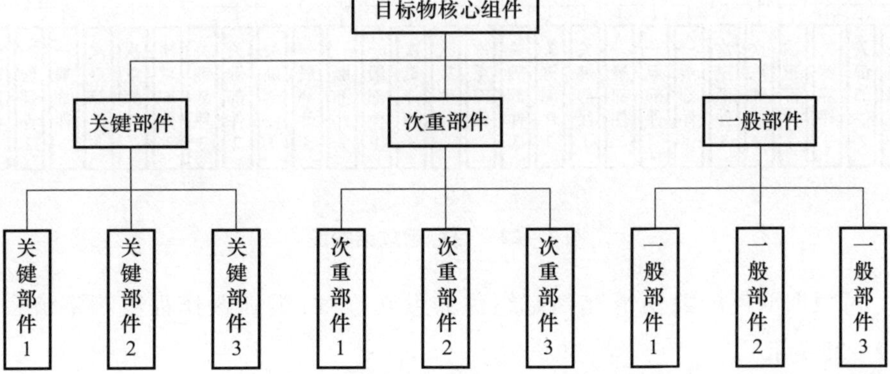

图 7－20　目标物核心组件组成结构

单个关键部件损毁能够导致组件重度毁伤,单个次重部件损毁能够导致组件中度毁伤,单个一般部件损毁能够导致组件轻度毁伤。不同等级部件对应组件的毁伤程度如图 7－21 所示。

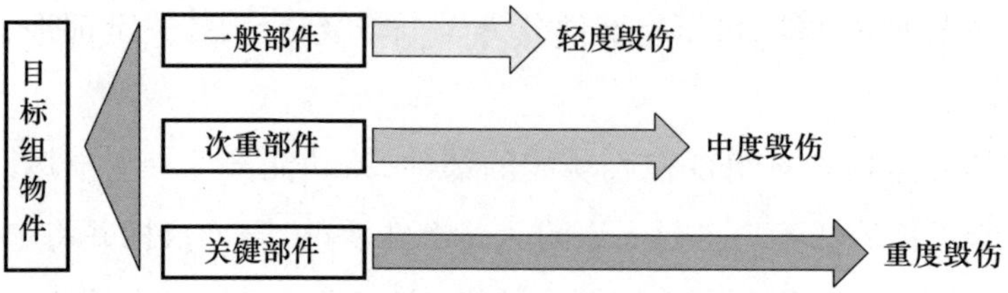

图 7－21　部件对应组件毁伤程度

3. 明确毁伤标准

目标组成结构沿用了可靠性评估中故障树的概念,基于演绎分析确定目标的组件和部件等级,以及目标结构和功能的关系,据此建立目标的结构图,制定目标的毁伤评估标准。根据目标的组件划分和组件的部件划分,可以构建目标的组成结构图,如图 7－22 所示。

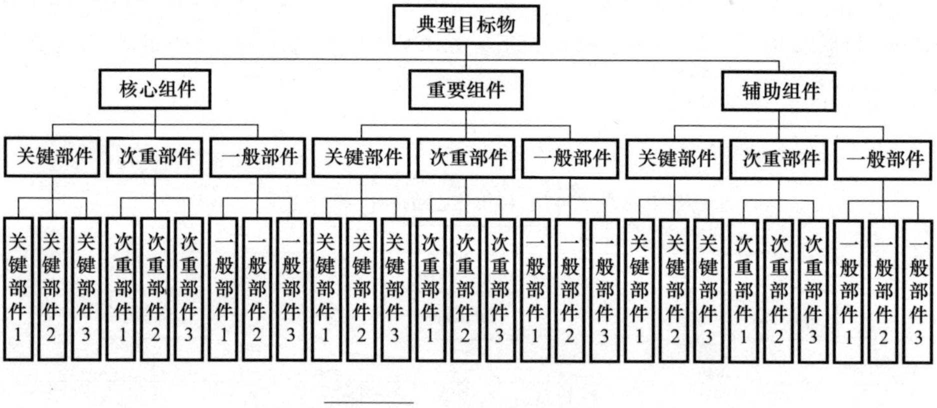

图 7－22　目标组成结构图

可根据部件的毁伤情况判定组件的毁伤程度,组件毁伤程度判定流程如图 7－23所示。

获得所有组件的毁伤程度后,再判定目标的毁伤程度。目标可能存在多个重要组件,或多个辅助组件,单个重要组件重度毁伤能够达到的目标最大毁伤程度为中度毁伤,但是多个重要组件同时重度毁伤,则能够导致目标重度毁伤。同样,多个辅助组件同时重度毁伤,则导致目标的中度毁伤。目标毁伤程度判定流程如图7-24所示。

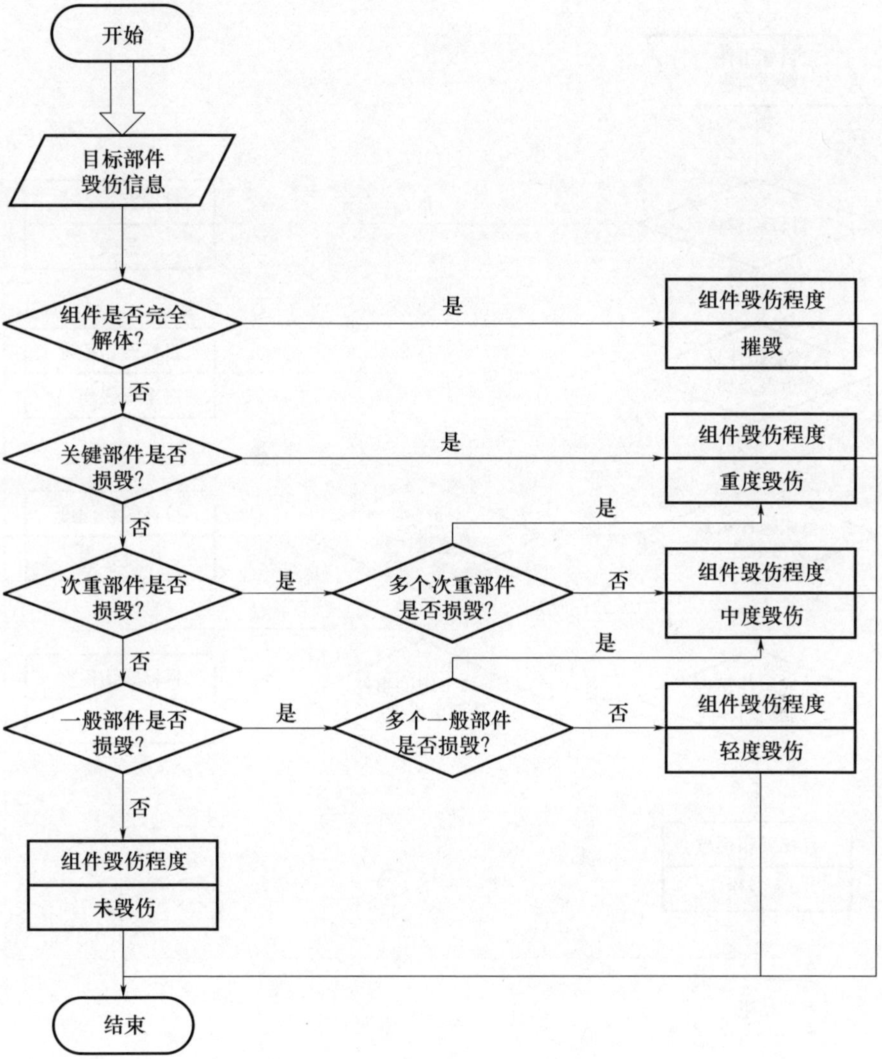

图7-23 组件毁伤程度判定流程

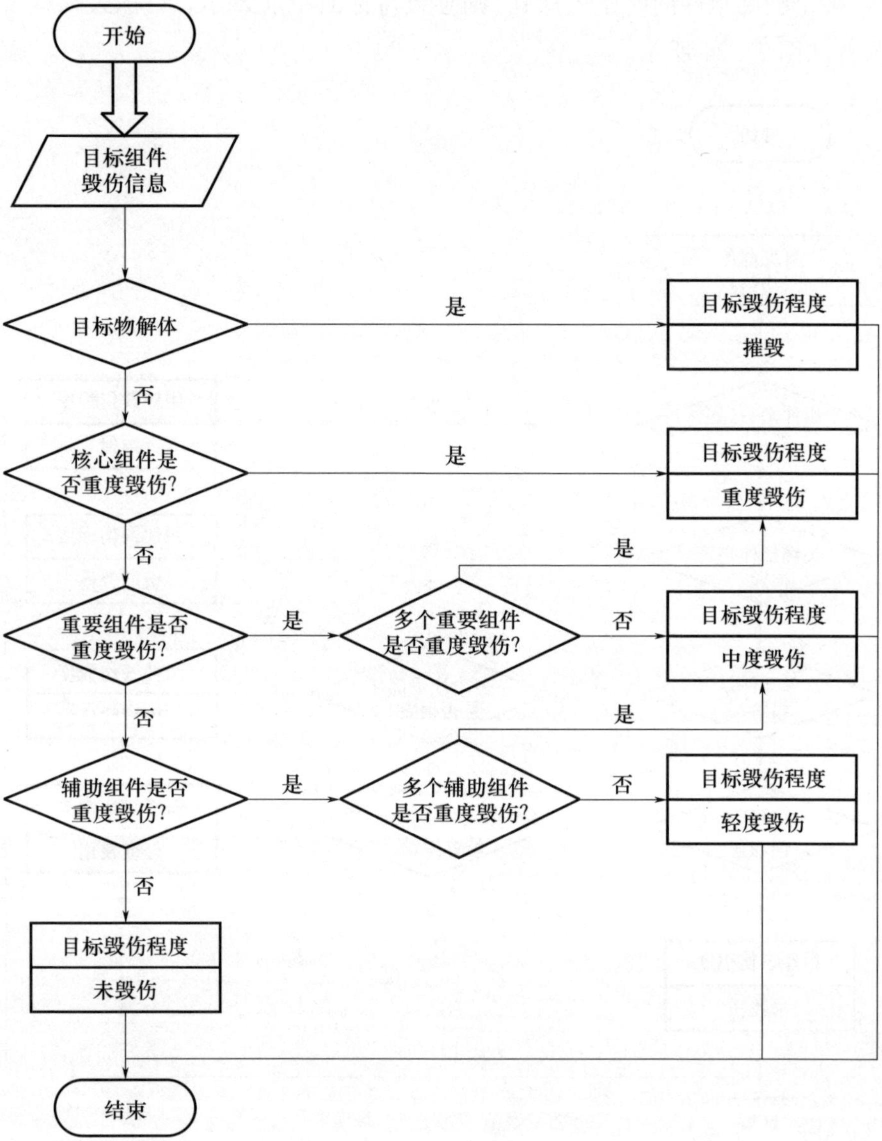
开始
目标组件
毁伤信息
目标物解体
是
目标毁伤程度
摧毁
否
核心组件是
否重度毁伤?
是
目标毁伤程度
重度毁伤
否
是
重要组件是否
重度毁伤?
是
多个重要组件
是否重度毁伤?
否
目标毁伤程度
中度毁伤
否
是
辅助组件是否
重度毁伤?
是
多个辅助组件
是否重度毁伤?
否
目标毁伤程度
轻度毁伤
否
目标毁伤程度
未毁伤
结束

图 7－24　目标毁伤标准

根据上述分析，目标的毁伤标准和组件的毁伤标准分别如表7－10、表7－11所示。

表7－10　目标毁伤标准

毁伤等级	功能毁伤特征	判据
重度毁伤	目标核心功能完全丧失	核心组件重度毁伤、多个核心组件中度毁伤、多个重要组件重度毁伤
中度毁伤	目标重要功能丧失	核心组件中度毁伤、重要组件重度毁伤、多个重要组件中度毁伤
轻度毁伤	目标辅助功能丧失	核心组件轻度毁伤、重要组件中度毁伤、辅助组件重度毁伤

表7－11　组件毁伤标准

组件等级	毁伤等级	功能毁伤特征	毁伤判据
核心组件	重度毁伤	组件功能基本丧失	关键部件损毁或多个次重部件损毁
	中度毁伤	组件功能大部分丧失	次重部件损毁或多个一般部件损毁
	轻度毁伤	组件功能部分丧失	一般部件损毁
重要组件	重度毁伤	组件功能基本丧失	关键部件损毁或多个次重部件损毁
	中度毁伤	组件功能大部分丧失	次重部件损毁或多个一般部件损毁
	轻度毁伤	组件功能部分丧失	一般部件损毁
辅助组件	重度毁伤	组件功能基本丧失	关键部件损毁或多个次重部件损毁
	中度毁伤	组件功能大部分丧失	次重部件损毁或多个一般部件损毁
	轻度毁伤	组件功能部分丧失	一般部件损毁

7.3　处理毁伤信息

依托天基、空中、弹载等不同侦察平台获取的目标多源侦察情报，需要进行数据处理、融合分析，最终获得有效的目标毁伤信息，为下一步精确判定目标毁伤效果提供依据。

7.3.1　视频信息处理

侦察平台获取的视频信息，分辨率高、数据量大。对于当前的数据传输手段而言，带宽无法满足实时传输要求。因此需要将视频进行压缩处理，剔除无效冗余信息,保留关键帧信息,而后进行传输,保证数据的实时性、准确性。

1. 基本原理

在视频数据处理中,关键帧提取技术尤为重要。随着视频采集技术的发展,传统的人工视频检索方式更费时、耗力。关键帧跟踪技术可通过特定方式提取到一帧或多帧图像来体现整个目标毁伤的核心内容,在去除视频冗余信息的同时,留存目标图像关键部分,对目标图像关键帧的精准跟踪定位和提取,能够大幅缩减视频数据分析的计算量,对后续目标图像中毁伤信息的获取奠定基础。

当前目标视频关键帧跟踪技术可以分为两类。一类是基于硬件,如基于嵌入系统,该类方法跟踪速度快,精度比较高,但是跟踪成本高、通用性差,效费比不高。另一类是基于软件,主要有基于语义模型、高斯混合模型等方法,该类方法成本低,对环境要求不高,通用性好,已成为当前关键帧跟踪的主要研究方向。

处理流程分为 3 步:①提取视频信息中关键帧的特征向量;②利用 RBF 神经网络算法,参照特征向量进行聚类分析;③依据聚类结果,实现目标视频图像关键帧提取和跟踪。具体步骤如图 7 – 25 所示。

图 7 – 25 视频信息的处理流程

对于目标视频的一个关键帧,将其划为多个子块,如图 7 – 26 所示。

假设第 C 个子块目标视频图像关键帧强度 ρ,其 x 和 y 方向的向量分别为 C_x 和 C_y,θ 表示运动图像关键帧矢量的方向,如下式:

图7-26 目标图像关键帧分块

$$\begin{cases} \rho = \sqrt{C_x^2 + C_y^2} \\ \sin\theta = \dfrac{C_y}{\rho} \\ \tan\theta = \dfrac{C_y}{C_x} \end{cases} \tag{7.3.1}$$

目标视频图像的关键帧根据时间前后进行排列，可得到直方图计算公式，如下式：

$$\begin{cases} \text{Hist}_{\text{q}} = \dfrac{1}{T}\sum_{t=1}^{T}\sum_{i=1}^{C} q_i^t \\ \text{Hist}t_{\text{r}} = \dfrac{1}{q}\sum_{t=1}^{T}\sum_{i=1}^{C} r_i^t \end{cases} \tag{7.3.2}$$

对 x 和 y 方向上的期望和方差进行评估：

$$\begin{cases} \mu_x = \dfrac{1}{T}\sum_{t=1}^{T}\sum_{i=1}^{C} C_{x,i}^t \\ \mu_y = \dfrac{1}{T}\sum_{t=1}^{T}\sum_{i=1}^{C} C_{y,i}^t \\ \sigma_x^2 = \dfrac{1}{T}\sum_{t=1}^{T}\sum_{i=1}^{C} (C_{x,i}^t - \mu_x)^2 \\ \sigma_y^2 = \dfrac{1}{T}\sum_{t=1}^{T}\sum_{i=1}^{C} (C_{y,i}^t - \mu_y)^2 \end{cases} \tag{7.3.3}$$

p_{ij}表示运动图像关键帧中第j个像素、第i个颜色分量，那么颜色分量1～3阶矩阵重计算公式为

$$u_i = \frac{1}{N}\sum_{j=1}^{N} p_{ij} \tag{7.3.4}$$

$$\sigma_i = \left[\frac{1}{N}\sum_{j=1}^{N}(p_{ij} - u_i)^2\right]^{\frac{1}{2}} \tag{7.3.5}$$

$$s_i = \left[\frac{1}{N}\sum_{j=1}^{N}(p_{ij} - u_i)^3\right]^{\frac{1}{3}} \tag{7.3.6}$$

2. 聚类分析

模糊C均值聚类分析算法通过隶属度划分每个数据点的归属类型，共有c类，第i类的聚类中心为c_i，u_{ij}表示第i个数据点(x_i)属于第j类的隶属度值，$\boldsymbol{U}$表示隶属度矩阵，所有数据的隶属度的和应该为1，即

$$\sum_{i=1}^{c} u_{ij} = 1,\ \forall j = 1,2,\cdots,n \tag{7.3.7}$$

模糊C均值聚类分析算法函数：

$$J(\boldsymbol{U},c_1,c_2,\cdots,c_c) = \sum_{i=1}^{c}\sum_{j=1}^{n} u_{ij}^m d_{ij}^2 \tag{7.3.8}$$

式中：d_{ij}为与x_i间的距离；m为模糊加权指数。

引入拉格朗日乘子$\lambda_i(i=1,2,\cdots,n)$，建立新的目标函数：

$$\begin{aligned} J(\boldsymbol{U},c_1,c_2,\cdots,c_c,\lambda_1,\cdots,\lambda_n) &= J(\boldsymbol{U},c_1,c_2,\cdots,c_c) + \sum_{j=1}^{n}\lambda_j\left(\sum_{i=1}^{c}u_{ij} - 1\right) \\ &= \sum_{i=1}^{c}\sum_{j=1}^{n}u_{ij}^m d_{ij}^2 + \sum_{j=1}^{n}\lambda_j\left(\sum_{i=1}^{c}u_{ij} - 1\right) \end{aligned} \tag{7.3.9}$$

对聚类中心和隶属度值进行求解：

$$c_i = \frac{\sum_{j=1}^{n} u_{ij}^m x_j}{\sum_{j=1}^{n} u_{ij}^m} \tag{7.3.10}$$

$$u_{ij} = \frac{1}{\sum_{k=1}^{c}\left(\frac{d_{ij}}{d_{kj}}\right)^{\frac{2}{m-1}}} \tag{7.3.11}$$

模糊C均值聚类分析算法根据目标视频关键帧特征，对分帧后的目标图像

进行分析，将目标视频关键帧划分为不同类别，便于对后续的目标视频关键帧跟踪操作，如图 7－27 所示。

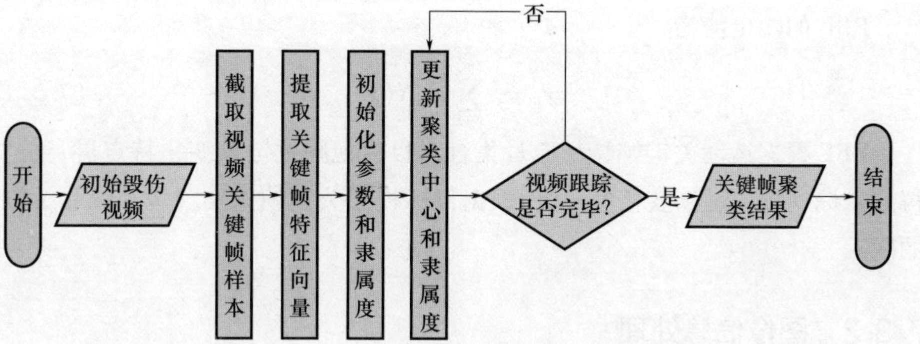

图 7－27 目标视频关键帧聚类分析流程

3. 自适应无监督跟踪

径向基函数神经网络（radial basis function neural network，RBF）是一种自适应无监督算法，具有良好的拟合能力，可以对目标视频图像进行关键帧跟踪。RBF 结构如图 7－28 所示。

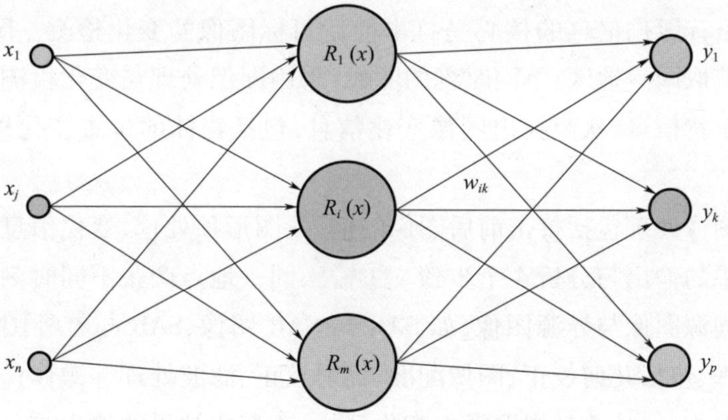

图 7－28 RBF 的结构

输入向量为运动图像关键帧特征向量集合 $\boldsymbol{x}=(x_1,x_2,\cdots,x_n)$，$y=(y_1,y_2,\cdots,y_p)$为目标视频图像关键帧变化值，RBF 采用高斯函数拟合运动图像关键帧变化轨迹，即

$$R_i(\boldsymbol{x}) = \exp\left[-\frac{\| \boldsymbol{x} - c_i \|^2}{2\delta_i} \right] \tag{7.3.12}$$

式中：δ_i 为第 i 个感知的变量；$\| \boldsymbol{x} - c_i \|$ 为向量（$\boldsymbol{x} - c_i$）的范数。

RBF 的输出值为

$$y_k = \sum_{i=1}^{m} w_{ik} R(x) \tag{7.3.13}$$

RBF 根据运动关键帧特征向量集合对目标视频关键帧变化特点进行分析，得到目标视频关键帧变化值，从而根据目标视频关键帧值实现运动视频关键帧的跟踪。

7.3.2 图像信息处理

毁伤信息最常见的是打击前后的图像，如天基侦察手段回传的光学图像。通过分析打击前后的图像差异，判定目标毁伤效果。核心内容是根据多时相图像变化检测算法得到目标图像上的毁伤区域，再结合目标整体结构和相关评估模型，对毁伤区域进一步分析处理，提取目标结构功能的毁伤情况。

1. 基本原理

提取目标毁伤信息的核心是打击前后目标图像的变化检测。图像的变化检测通过获取同一地区、不同时刻的图像，采用图像处理与变化检测算法，过滤不相干的干扰信息，从而找出图像变化信息，包括物体的位置变化以及状态的变化。

毁伤图像处理包括打击前后图像的输入、图形预处理、变化信息的提取，变化检测结果的输出与分析 4 个步骤。①输入同一地点两张不同时刻的图像，其中又分为同源图像与异源图像，如 SAR 与 SAR 图像、SAR 与红外图像等；②图像的预处理，包括几何校正、图像配准、辐射校正、滤波处理等操作；③图像变化信息的提取方法，核心是提取毁伤变化区域；④变化结果的输出与分析，包括变化检测结果精度的评估以及变化结果对特定区域产生的效果评估。毁伤图像处理流程如图 7－29 所示。

2. 图像预处理

对目标区域打击前、后拍摄的两幅不同时相的图像，由于拍摄时刻不同，目

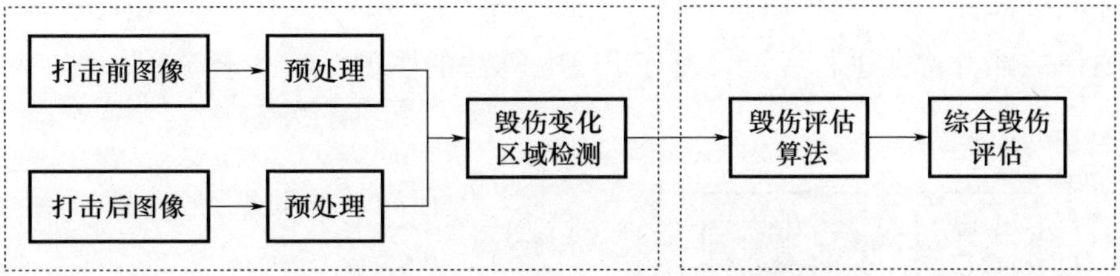

图 7-29 毁伤图像处理流程图

标区域所处的光照条件、大气辐射,甚至是云层分布情况都不同,因此两幅图像在成像条件和成像质量上存在诸多差异。如果直接将其作为输入图像,对其进行变化检测,得到的输出结果必然存在误检和漏检,将影响打击效果评估的精确性。对图像进行预处理的主要目的是减弱干扰因素影响,提高变化检测精度。预处理的流程包括图像配准、图像辐射校正、图像去噪等,如图 7-30 所示,其中核心环节是图像配准和图像去噪。

图 7-30 图像预处理的主要流程

1)图像配准

对图像进行配准是图像预处理阶段的首要操作。由于两幅图像拍摄方位角度不同,会产生空间位置上的漂移,即两幅图像中相同位置反映的实际空间位置不同。因此需要以其中一张图像为参考,通过空间变换将另一张图像映射到基准图像上,使两张图像中相同位置对应于相同的空间位置,从而确保两张图像的像素点能够准确对应。两张图像的映射过程可表示为

$$I_1(x,y)=f(I_2(x,y)) \tag{7.3.14}$$

式中:I_1 为参考图像;I_2 为待配准图像;f 为二维空间坐标变换方程,待配准图像可以通过该坐标变化方程映射到参考图像上。

图像的配准方法可以分为三种:①基于灰度和模板,直接采用相关运算的方式计算相关值来寻求最佳配准位置,但计算量偏大,对噪声敏感;②基于变换域,主要有傅里叶-梅林(Fourier-Mellin)变换;③基于特征配准的加速稳健特征(speeded-up robust features,SURF)算法,包括点、线、面等特征,先提取两张

图像的特征，生成各自的特征描述子，通过两者特征描述子之间的相似度，对两幅图像的部分特征进行匹配。基于 SURF 算法的图像配准主要流程如图 7－31 所示。

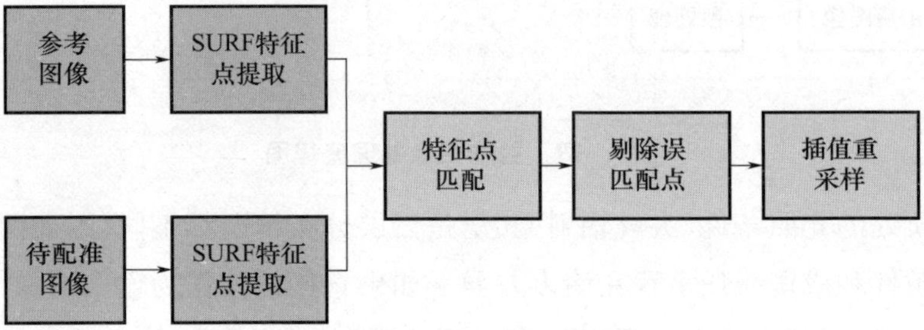

图 7－31　图像配准流程图

第一步，提取图像 SURF 算法特征点，方法如图 7－32 所示。

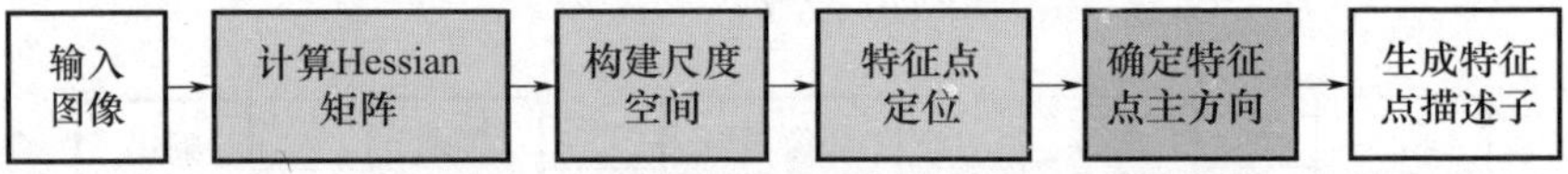

图 7－32　SURF 算法特征点提取流程图

第二步，特征点匹配，核心根据其中一张图像上的若干参考点，在另一张图像上寻找到匹配度最接近的待匹配点。而作为衡量匹配度的标准，可以采用欧氏距离，两点间的欧氏距离越小，表明这两点的匹配度越高，即特征点匹配的核心是寻找与参考点欧氏距离最小的待匹配点。遍历两张图像上的每个特征点，将欧氏距离最小的特征点作为初步的匹配结果。

第三步，消除误匹配点，由于仅将欧氏距离作为特征点匹配的唯一参考量，在获得的特征点匹配对中存在误匹配的情况，主要通过随机抽样一致（RANSAC）算法来消除误匹配点。

第四步，插值重采样。消除误匹配点后，通过剩下的匹配点获取相应的透视变换矩阵，将待配准图像进行重采样操作，最终得到参考图像坐标系下的配准图像，如图 7－33、图 7－34 所示。

2）图像去噪

对于多时相图像存在的噪声情况，可采用中值滤波对图像进行去噪处理。中值滤波是一种非线性的滤波器，它可以去除图像纹理中尖锐的边缘部分，并

图 7-33 机场跑道打击前后图像

图 7-34 火炮阵地打击前后图像

且可以洗去均匀介质区域中的纹理。

中值滤波的思路是对于图像中的任意像素点，以自身为中心，取尺寸 $m \times m$ 的区域，比较该矩形区域内各像素点的像素值大小，对其进行排序，选取中间值的像素值作为该像素点的像素值，将该矩形区域依次遍历整个图像，即可过滤掉处于极值的孤立噪声像素点，达到去噪的目的，如下式：

$$\hat{f}(x,y) = \underset{(s,t)\in S_{xy}}{\text{median}}\{f(s,t)\} \tag{7.3.15}$$

式中：$\hat{f}(x,y)$ 为中心像素点 (x,y) 的像素值输出值；S_{xy} 为中心点为 (x,y)，尺寸为 mm 的矩形区域；$f(s,t)$ 为像素点 (s,t) 的像素值；median 为对数据取中值操作。

3. 变化信息提取

对目标区域进行定点打击后，通过打击后拍摄的目标区域图像与打击前的图像进行对比分析,从中找出图像中变化的区域。变化检测的输出是一个二值图像,将无区域内的像素值设为1,将无变化的区域内的像素值设为0,整个图像的像素点可分为两个部分,变化检测本质是二分类问题。对变化检测最原始的方法是将图像灰度值相减,再通过合适的阈值将变化大的像素点和变化小的像素点进行分类,基本原理如下式:

$$f(x)=\begin{cases}1, & |I_1(x)-I_2(x)|>T\\0, & |I_1(x)-I_2(x)|>T\end{cases} \tag{7.3.16}$$

式中:$f(x)$为变化检测输出的图像,也为二值图像;$I_1(x)$和$I_2(x)$分别为打击前后的图像;T为设定的阈值。

为了更进一步提高图像变化检测的精准度,可采用双重检测的方法。变化检测分为3个步骤:①对图像进行预检测,将容易检测出来的图像中变化区域和未变化区域先提取出来,并对其进行标记制作成正负样本;②利用深度学习进行训练,基于人工智能、机器学习等训练出分类模型;③将整个图像通过分类模型进行再检测,分类出变化区域和未变化区域,生成最终的变化图像。变化检测步骤如图7-35所示。

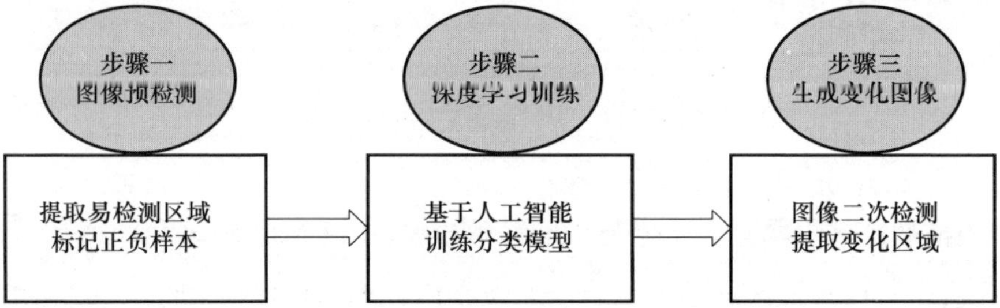

图7-35　变化检测步骤

7.4 判定毁伤效果

判定目标的毁伤效果包括计算目标的毁伤程度和确定目标的毁伤等级两个部分。

7.4.1　计算毁伤程度

1. 基本思路

计算毁伤程度是判定毁伤效果的重要环节，毁伤程度表征的是目标功能的下降程度，目标功能是组成结构的外在表现，可通过分析目标组成结构的毁伤情况，计算目标的毁伤程度。目标可分为 3 个等级的组件，而组件又可分为 3 个等级的部件，主要根据目标部件和组件的毁伤情况来计算毁伤程度。目标各组件部件占目标整体的功能份额示意如图 7－36 所示。

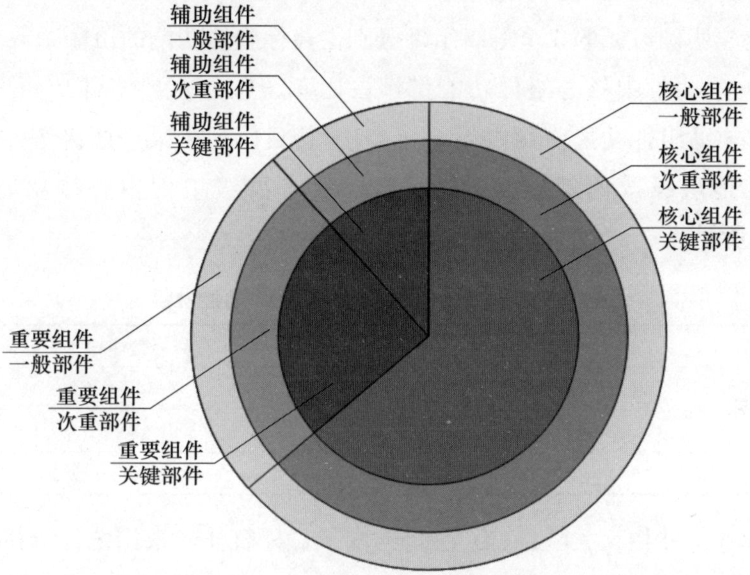

图 7－36　目标组件部件功能份额示意图

计算目标毁伤程度的核心是确定目标每个组件、每个部件所占目标整体的功能份额。计算步骤分为 4 步：①明确各个组件占该目标整体的功能份额，根据组件的等级份额系数和等级内各组件的份额计算；②明确各部件占该组件整体的功能份额，根据部件的等级份额系数和等级内各部件的份额计算；③明确所有部件占目标整体的功能份额，根据前两步的结果计算；④计算目标的整体毁伤程度，获取毁伤信息确定各个部件的毁伤状态，根据所有毁伤部件所占的总份额计算毁伤程度。作业步骤如图 7－37 所示。

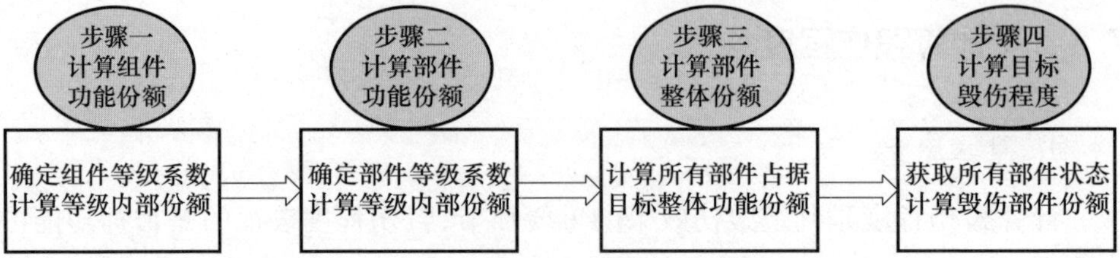

图 7－37　毁伤程度计算流程

2. 计算流程

1)计算组件功能份额

需要先明确目标的 3 个等级组件分别占目标整体功能的份额系数 a。通常情况下,单个目标中核心组件功能份额占比 $a_1=0.6$,重要组件功能份额占比 $a_2=0.3$,辅助组件功能份额占比 $a_3=0.1$。若目标缺少某一层级组件,其对应份额由其他层级按比例分配,通常情况下,各层级组件占整体功能份额如表 7－12所示。

表 7－12　目标各层级组件占整体功能份额

序号	组件等级	占目标整体功能的份额
1	核心组件	$a_1(0.6)$
2	重要组件	$a_2(0.3)$
3	辅助组件	$a_3(0.1)$

目标各组件相互关联、互为支撑,构成了目标整体。根据统计分析,每个等级内的各组件所占该等级的份额 X 服从参数为 λ 的指数分布,λ 为该组件损毁后,剩余组件所占该等级的份额。目标某一等级共包含 n 个组件,其中第 $i(i<n)$ 个组件所占该等级的份额 $X_i=\lambda^{i-1}-\lambda^i$。

2)计算部件功能份额

明确了目标各组件所占目标整体的功能份额后,还需明确每个目标组件中 3 个等级的部件分别占该组件整体功能的份额 b,具体功能占比如表 7－13所示。

根据统计分析,目标组件中各部件占该等级的功能份额 Y 服从参数为 λ 的指数分布,λ 为该部件损毁后,剩余部件所占该等级的份额。例如,核心组件共

包含 m 个关键部件,其中第 $j(j<m)$ 个部件所占该等级的份额 $Y_j=\lambda^{j-1}-\lambda^j$。

表7-13　目标组件各等级部件占整体功能份额

序号	部件等级	占目标整体功能的份额
1	关键部件	$b_1(0.6)$
2	次重部件	$b_2(0.3)$
3	一般部件	$b_3(0.1)$

3)计算所有部件占目标整体的份额

确定了每个部件所占该等级的份额后,即可计算目标中每个部件所占该目标的功能份额 Z。第 i 个组件中第 j 个部件占整个目标的功能份额 Z_{ij} 如下:

$$Z_{ij}=ab(\lambda^{i-1}-\lambda^i)(\lambda^{j-1}-\lambda^j) \tag{7.4.1}$$

其中,所有部件的功能份额总和应为100%,如下式:

$$\sum_{i=1}^{n}\sum_{j=1}^{m}Z_{ij}=100\% \tag{7.4.2}$$

4)计算目标毁伤程度

根据毁伤信息得知,某目标共有 t 个部件损毁,第 l 个部件对应的功能份额为 Z_l,则该目标的毁伤程度 D,如下式:

$$D=\sum_{l=1}^{t}Z_l \tag{7.4.3}$$

7.4.2　判定毁伤等级

1. 基本原理

判定目标的毁伤等级主要采用毁伤树分析模型,基于目标毁伤树,判定目标毁伤程度。毁伤树是由事件和逻辑门构成的树形结构图,树中不同事件相互之间的关联通过逻辑门的形式呈现。毁伤树分析是易损性研究中常用方法。毁伤树分析通常指目标在一定的条件下,通过事件与事件之间的逻辑关系对可能导致目标毁伤的不同情况进行分析,由总体到局部,由果寻因,自上而下地逐步具体化,形成树状图。其中,事件用来描述组件、功能或设备的毁伤状态,逻辑门用来关联各事件之间的毁伤关系。

毁伤树分析方法主要使用了目标易损性研究中常见的逻辑门符号(与门、

或门）和事件符号（顶事件、中间事件和底事件）构建典型目标的毁伤树，如图7－38所示。

与门：当且仅当该逻辑门的所有输入事件同时发生时，输出事件才发生。

或门：当该逻辑门的任意一个输入事件发生时，输出事件就发生。

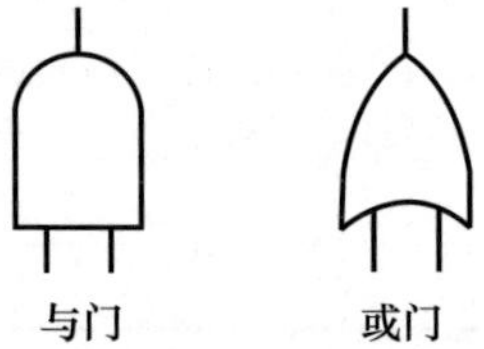

图7－38 逻辑门符号

在以往的毁伤树研究中，通常只采用了与门和或门来表述事件之间的关系。以飞机为例，该目标包含结构组件、操稳组件、通信导航组件等，结构组件重度毁伤，将导致飞机重度毁伤，而操稳组件或通信导航组件重度毁伤，将导致飞机中度毁伤，但是如果操稳组件和通信导航组件同时重度毁伤，将导致飞机重度毁伤。仅使用与门和或门，无法表述上述关系。

根据目标毁伤标准，一个及以上的核心组件重度毁伤将导致目标重度毁伤，而一个重要组件重度毁伤能够达到的目标最大毁伤程度为中度毁伤，但多个重要组件同时重度毁伤，将导致目标重度毁伤。可采用“与或门”来描述该情况，如图7－39所示。

“与或门”：先与后或，也称为“表决门”，即当且仅当该逻辑门的所有输入事件中，有 n 个输入事件发生，输出事件才发生，n 为表决生效的数值要求。3个输入的与或门，所有输入事件中，两两组合，逻辑关系为“与”，两两组合后的输出事件作为新的逻辑门的输入事件，逻辑关系为“或”，内部逻辑如图7－40所示。

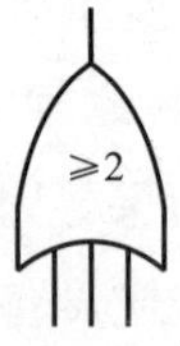

图7－39 “与或门”符号

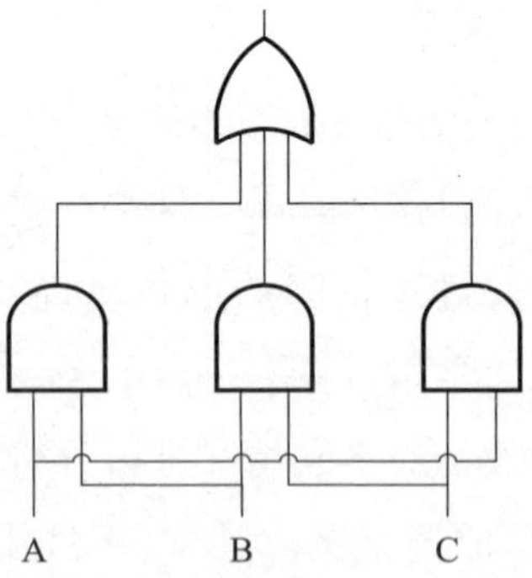

图7－40 “与或门”内部逻辑

顶事件:最终的结果事件,位于毁伤树的最顶端。中间事件:最终结果和最基本原因之间的事件,除顶事件外其他所有逻辑门的输出事件都是中间事件。底事件:导致顶事件发生的最初始原因的事件,只能作为逻辑门的输入且位于毁伤树的最底层。事件符号如图7－41所示。

2. 建立毁伤树

根据目标的组件划分和组件的部件划分,目标分为核心组件、重要组件和辅助组件,组件分为关键部件、次重部件和一般部件,由此生成毁伤树中的顶事件、中间事件和底事件。从目标功能组成出发,选择正确的逻辑门展示各个事件之间的逻辑关系,最终得到目标的毁伤树。

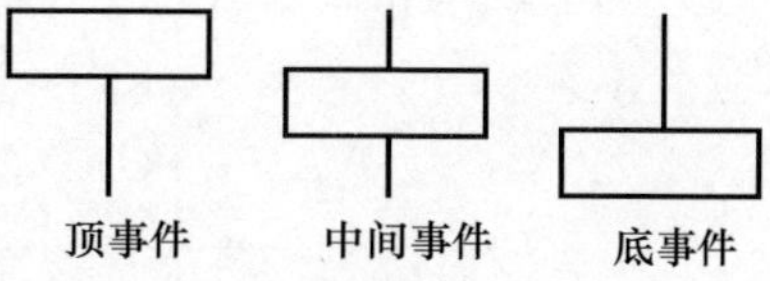

图7－41　事件符号

顶事件:目标的毁伤程度,分为重度(以上)毁伤、中度毁伤、轻度毁伤,其中重度毁伤以上包含重度毁伤和摧毁两种毁伤程度。

中间事件:组件的毁伤程度,其中核心组件、重要组件、辅助组件,均包括重度(以上)毁伤、中度毁伤、轻度毁伤。

底事件:部件的毁伤情况,其中部件通常有损毁、部分损毁或未损毁等多种状态。

根据前面制定的毁伤标准,采用自下而上逐层索引的方法,将目标的毁伤程度、组件的毁伤程度和部件的毁伤情况进行关联,构建典型目标的通用毁伤树。

目标的重度(以上)毁伤涉及的中间事件包括核心组件重度毁伤、多个核心组件中度毁伤和多个重要组件重度毁伤;涉及的底事件包括核心组件关键、次重部件损毁,以及重要组件的关键、次重部件损毁。

目标的中度毁伤涉及的中间事件包括核心组件中度毁伤、重要组件重度毁伤和多个重要组件中度毁伤;涉及的底事件包括核心组件的次重、一般部件损毁,以及重要组件的关键、次重、一般部件损毁。

目标的轻度毁伤涉及的中间事件包括核心组件轻度毁伤、重要组件中度毁伤和辅助组件重度毁伤;涉及的底事件包括核心组件的一般部件损毁,重要组件的次重、一般部件损毁,辅助组件的关键、次重损毁,如表7－14所示,目标重度(以上)、中度、轻度毁伤树如图7－42～图7－44所示。

表 7－14　毁伤树事件关联关系

顶事件	中间事件	底事件
目标重度毁伤	核心组件重度毁伤	核心组件关键部件损毁
		核心组件次重部件损毁
	核心组件中度毁伤	核心组件次重部件损毁
		核心组件一般部件损毁
	重要组件重度毁伤	重要组件关键部件损毁
		重要组件次重部件损毁
目标中度毁伤	核心组件中度毁伤	核心组件次重部件损毁
		核心组件一般部件损毁
	重要组件重度毁伤	重要组件关键部件损毁
		重要组件次重部件损毁
	重要组件中度毁伤	重要组件次重部件损毁
		重要组件一般部件损毁
目标轻度毁伤	核心组件轻度毁伤	核心组件一般部件损毁
	重要组件中度毁伤	重要组件次重部件损毁
		重要组件一般部件损毁
	辅助组件重度毁伤	辅助组件关键部件损毁
		辅助组件次重部件损毁

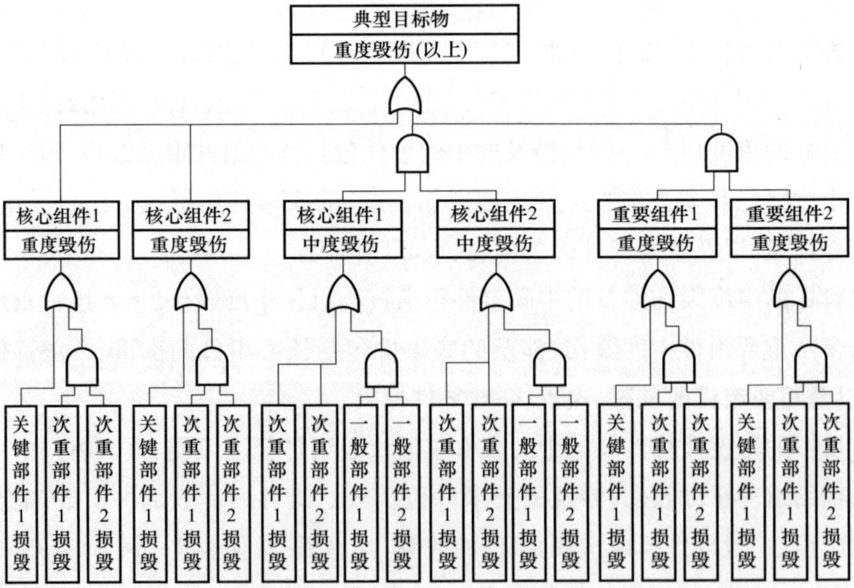

图 7－42　目标重度（以上）毁伤树

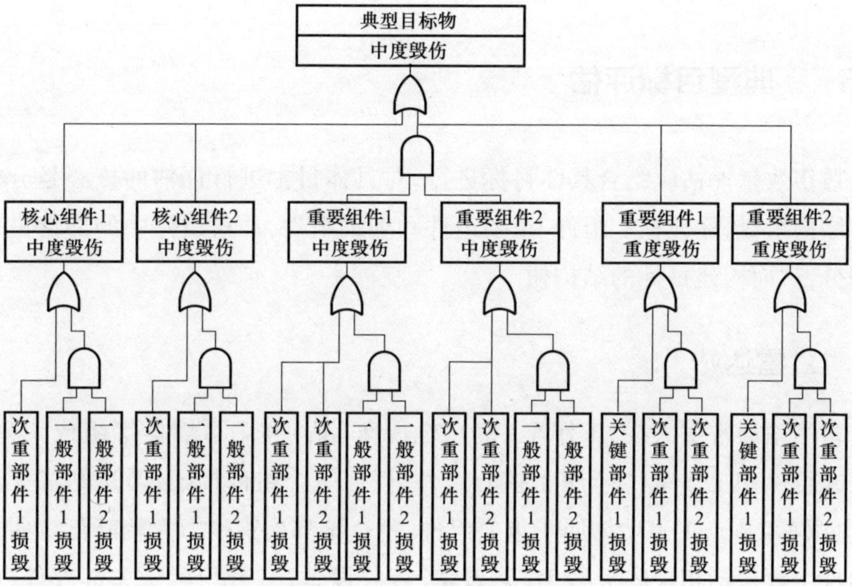

图7-43　目标中度毁伤树

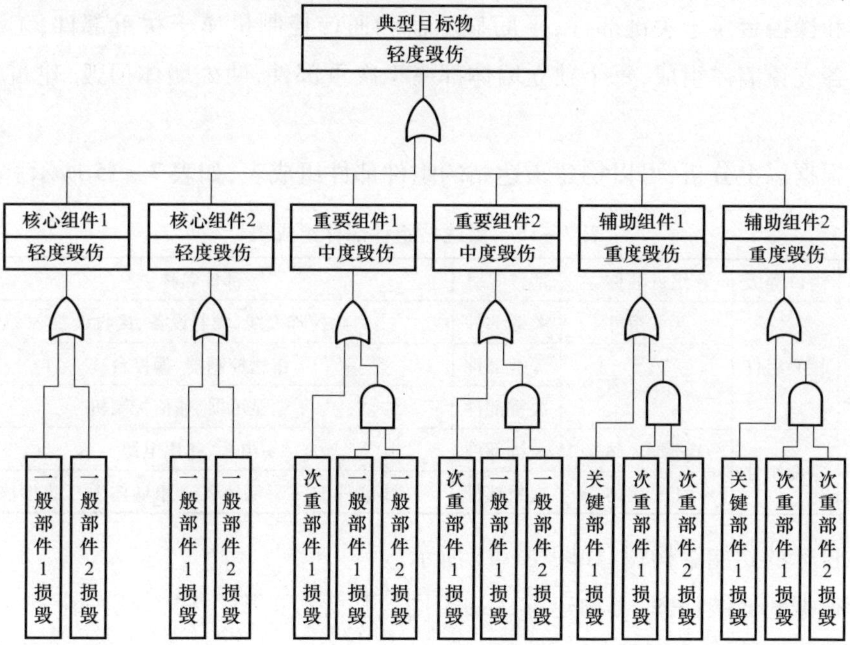

图7-44　目标轻度毁伤树

7.5 典型目标评估

毁伤效果评估应结合具体目标进行,对具体目标进行评估的核心是分析目标的结构组成,区分核心组件、重要组件和辅助组件,并对组件中的部件进行等级划分,从而构建目标的结构树。

7.5.1 雷达站

雷达站通常由天线、工作车(室)、电源车(站)和工事墙体等组成,其中雷达天线组件和工作车(室)属于核心组件,任何一个组件损毁,雷达站都无法工作;电源车(站)、工事墙体属于重要组件,雷达站都侦察能力大幅降低。雷达天线组件主要包括相控阵天线、发射设备、接收设备,三者均属于关键部件;电源车(站)主要是主电源和备用电源,属于次重部件,二者均损坏,才无法给雷达站供电;工作车(室)包括雷达控制器、平面显示器、操控台、通信控制机等,雷达控制器和操控台属于关键部件,平面显示器和通信控制机属于次重部件;工事墙体由各支撑墙体组成,每个独立墙体都属于次重部件,两处墙体损毁,建筑将会倒塌。

根据以上分析,可以构建雷达站的组件部件组成表,如表 7-15 所示。

表 7-15 雷达站组件部件组成表

序号	组件等级	组件名称	部件等级	部件名称
1	核心组件	天线组件	关键部件	相控阵天线、发射设备、接收设备
2		工作车(室)	关键部件	雷达控制器、操控台
3			次重部件	平面显示器、通信控制机
4	重要组件	电源车(站)	关键部件	主电源、备用电源
5		工事墙体	次重部件	工事墙体 1、工事墙体 2、工事墙体 3、工事墙体 4

目标的功能结构树,如图 7-45 所示。

根据组成结构图,可构建雷达站不同毁伤等级的毁伤树,分别如图 7-46、图 7-47、图 7-48 所示。

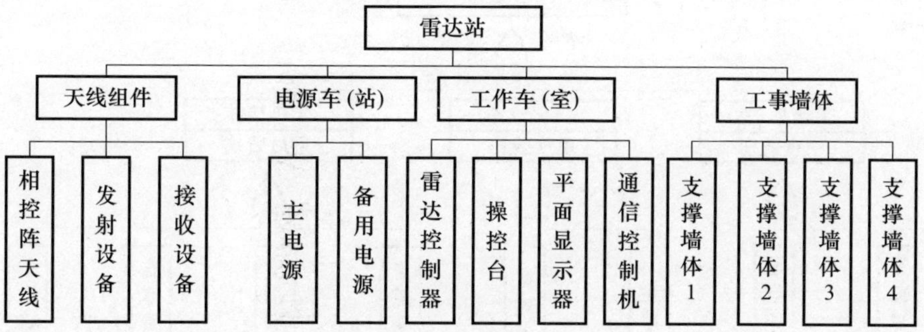

图7－45 雷达站组成结构图

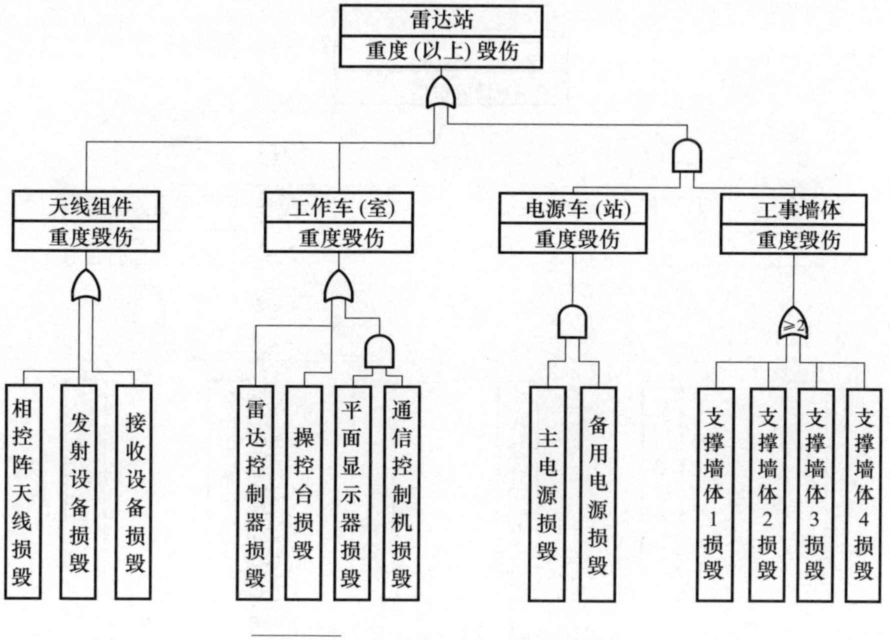

图7－46 雷达站重度（以上）毁伤树

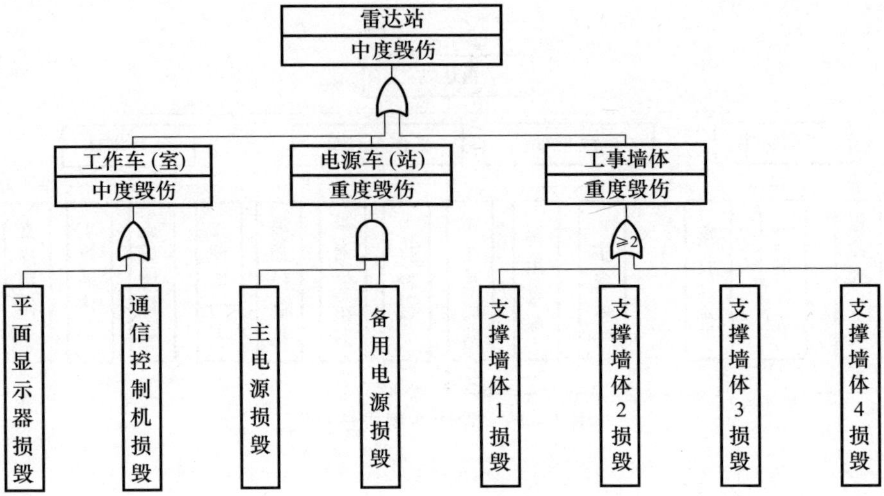

图 7-47　雷达站中度毁伤树

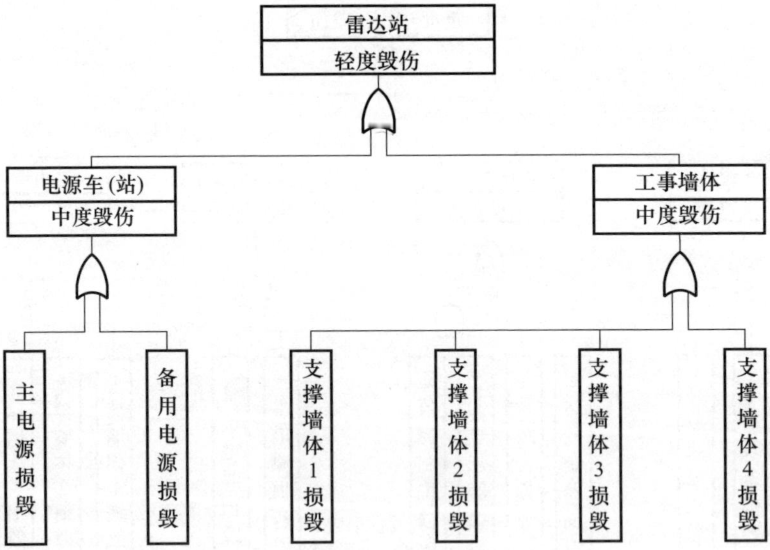

图 7-48　雷达站轻度毁伤树

当获取到雷达站的毁伤信息后，依据毁伤树可以判定目标的毁伤程度，并计算评估结论的可信度。

若从毁伤信息获知，雷达站电源车（站）的主电源损毁，其余组件未毁伤。该事件属于轻度毁伤树中的底事件，可快速判定雷达站的毁伤程度为轻度毁伤，同时还可根据结论可信度计算模型，计算结果可信度。

7.5.2　指挥所

指挥所包括地面（地下）指挥所、车载指挥所等，以地下指挥所为例进行分析，地下指挥所主要由指控中心、发电站、蓄水站、排水组件、通风组件等组成，其中指控中心、发电站、通风组件属于核心组件，蓄水站、排水组件等属于重要组件。指控中心主要是指控设备，属于关键部件；发电站包括发电设备和蓄电设备，发电设备属于关键部件，蓄电设备属于次重部件；通风组件包括通风口和循环设备，通风口属于关键部件，循环设备属于次重部件；蓄水站包括储水设备和净水设备，储水设备属于关键部件，净水设备属于次重部件；排水组件主要是排水设备，属于关键部件。

根据以上分析，可构建地下指挥所的部件组成表和结构树，分别如表 7－16 和图 7－49 所示。

表 7－16　指挥所组件部件组成表

序号	组件等级	组件名称	部件等级	部件名称
1	核心组件	指控中心	关键部件	指控设备
2		发电站	关键部件	发电设备
3			次重部件	蓄电设备
4		通风组件	关键部件	通风口
5			次重部件	循环设备
6	重要组件	蓄水站	关键部件	储水设备
7			次重部件	净水设备
8		排水组件	关键部件	排水设备

根据上述组成结构图，可以得出指挥所不同毁伤程度的毁伤树。指挥所的重度毁伤树，如图 7－50 所示。

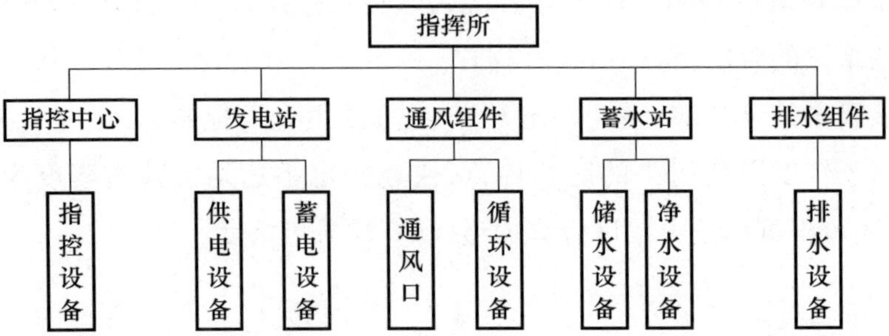

图 7－49　指挥所组成结构图

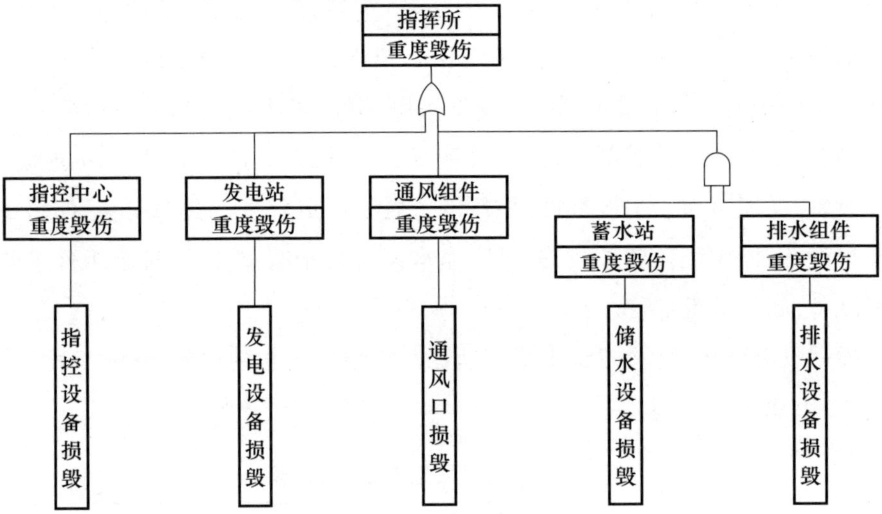

图 7－50　指挥所重度毁伤树

当获取到指挥所的毁伤信息后，依据毁伤树可以判定目标的毁伤程度，并计算评估结论的可信度。

假如从侦察分队回传的毁伤信息中获知，目标的指控设备和发电设备已经完全损毁，该事件属于重度毁伤树中的两个底事件，指挥员即可快速判定，该指挥所的毁伤程度为重度毁伤。

7.5.3　坦克

坦克由火控组件、动力传动组件、装甲防护组件和信息通联组件组成，其中火控组件和动力传动组件属于核心组件，装甲防护组件和信息通联组件属于重要组件。火控组件中炮管、装弹设备、高低机、方向机属于关键部件，瞄准装置、复进机、助退机属于次重部件，机枪属于一般部件；动力传动组件中发动机、油箱属于关键部件，驾驶舱设备、诱导轮、驱动控制机、主动轮属于次重部件，履带、悬挂装置、转向控制机构、操纵装置属于一般部件；装甲防护组件中反应装甲和复合装甲属于关键部件，烟幕发射器属于次重部件；信息通联组件中热成像和红外观测设备属于关键部件，数据链终端设备属于次重部件。

根据以上分析，可以构建坦克的结构树，如图7－51所示。

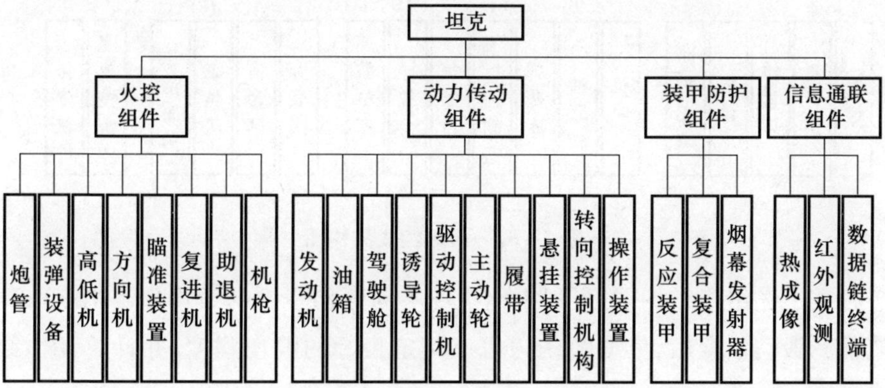

图7－51　坦克组成结构图

根据上述组成结构图，可以得出坦克不同毁伤程度的毁伤树。当获取到坦克当前的毁伤信息后，依据毁伤树可以判定目标的毁伤程度，并计算评估结论的可信度。

7.5.4　机场

机场大体可分为飞行活动区、飞行保障区、营区和飞机疏散区4个功能区，其中飞行活动区属于核心组件，飞行保障区属于重要组件，营区和飞机疏散区属于辅助组件。飞行活动区主要由跑道、滑行道、停机坪、塔台和飞机防护工事等组成，其中跑道、滑行道属于关键部件，停机坪、塔台和飞机防护工事等属于次重部件；飞行保障区主要由飞行管制室、气象台、导航台、机库、机棚、油库、弹药库和航材库等组成，其中机库、油库、弹药库属于关键部件，飞行管制室、气象台、导航台属于次重部件，航材库属于一般部件；营区主要由办公区、宿舍区、家属区和生活服务设施等组成，办公区属于关键部件，宿舍区、家属区属于次重部件，生活服务设施属于一般部件；飞机疏散区主要由个体停机坪、飞机掩蔽库或掩体等组成，其中飞机掩蔽库或掩体属于关键部件，个体停机坪属于次重部件。

根据以上分析，可以构建机场的结构树，如图 7－52 所示。

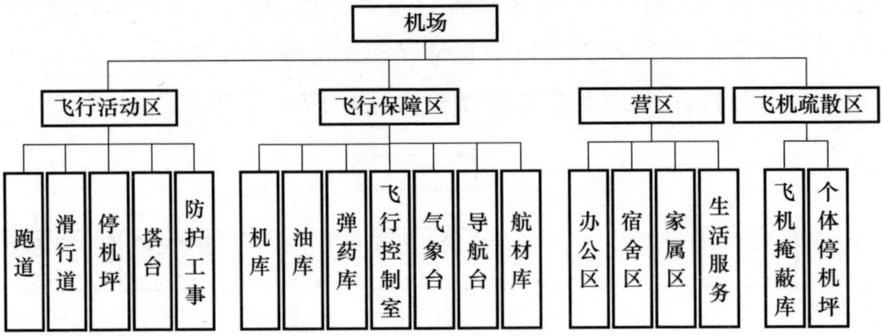

图 7－52　机场组成结构图

根据上述组成结构图，可以得出机场不同毁伤程度的毁伤树。当获取到机场当前的毁伤信息后，依据毁伤树可以判定目标的毁伤程度，并计算评估结论的可信度。

7.5.5　防空导弹阵地

防空导弹阵地主要由射击控制阵地和发射阵地组成，两者都属于核心组件。射击控制阵地通常配置有侦搜雷达、制导跟踪雷达和指控平台等装备，其中侦搜雷达、制导跟踪雷达属于关键部件，指控平台属于次重部件；发射阵地由若干个井盖式地下发射堡组成，由于每个发射堡均可独立完成发射任务，其中一个损坏不影响其他发射堡，因此发射堡属于次重部件。

根据以上分析，可以构建防空导弹阵地的结构树，如图 7－53 所示。

根据上述组成结构图，可以得出防空导弹阵地不同毁伤程度的毁伤树。当获取到防空导弹阵地当前的毁伤信息后，依据毁伤树可以判定目标的毁伤程度，并计算评估结论的可信度。

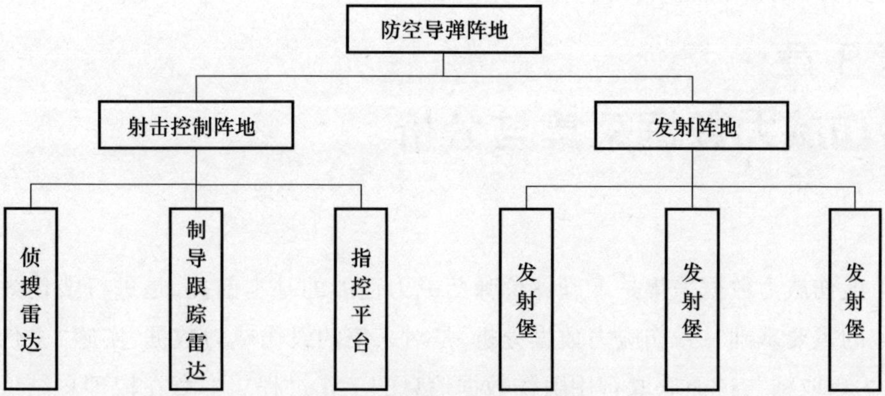

图7-53 防空导弹阵地组成结构图

第8章 毁伤威力数据采集与分析

毁伤威力数据采集是准确评价弹药威力性能的基本前提，是进行毁伤效能研究的重要基础。毁伤威力数据分析，是对采集的毁伤威力数据，实施“去伪存真、去粗取精”，进而获取有用毁伤数据信息的工作过程。本章在梳理总结近年来国内外毁伤威力数据采集技术与方法的基础上，重点研究了冲击波、破片、侵彻（穿甲）、聚能（破甲）等毁伤威力数据采集技术，以及静（动）态毁伤试验效应场布设原则与方法。

8.1 概述

陆战场毁伤威力数据采集的主要内容有冲击波、破片、侵彻和热辐射等信号数据。由于上述信号数据是连续变化的物理量，要实现对其采集、转换、处理和显示，必须依托由各类传感器、A/D 转换器、示波器等组成的采集系统。

8.1.1 采集系统组成

采集系统是指将相关器件、仪器和装置组合而成，能定量获取某种信息数据的有机整体。一个毁伤威力数据采集系统主要由相应传感器、中间变换装置、信号显示与记录装置、分析与处理装置等组成。①传感器是采集系统的入口端，主要用于从采集对象获取毁伤威力信息，并将其转换为适合测量的变量或数据。对于不同的采集对象，采集者应选用合适的传感器，由于不同传感器的作用原理各异、同一类传感器性能指标差异大，因此，传感器选择是毁伤威力数据采集系统设计中非常重要的一项工作。②中间变换装置是对传感器输出的信号进行加工和处理的装置，包括信号转换、放大、滤波、调制与解调、整形等，以便实现信号的传输、显示与记录。③信号显示与记录装置是将处理过的信号进行记录和显示的装置，以便于采集者进行观察与分析处理，主要包括示波器、工控机等。④信号分析与处理装置是将采集的信号经过滤波、变换、增强、压缩、估计、识别等变换，分析信号构成和特征值参量，以获取数据信息的工作装置，主要包括专用信号处理机、信号分析处理应用软件等。采集系统组成如图8－1所示。

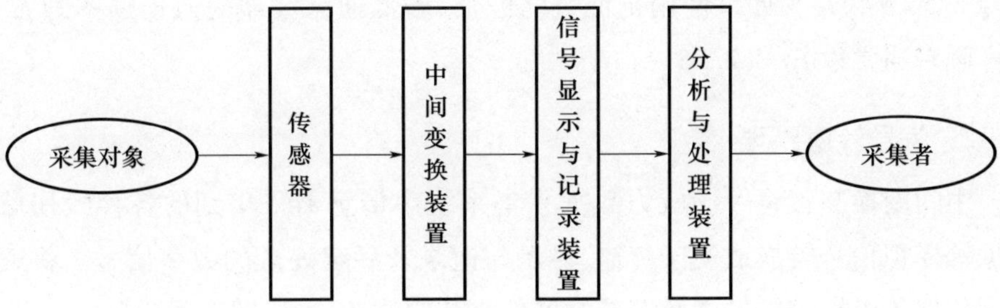

图8－1　采集系统组成

8.1.2　数据采集原理

构建毁伤威力数据采集系统时，采集者应了解信号采样机理和信号转换原理，以合理设置数据采集系统的采样频率，确保采集的毁伤威力数据真实可信。

1. 信号采样定理

对于某一个连续信号 $x(t)$，若其带宽是有限的，且最高频率为 f_m，则当对信号 $x(t)$ 进行采样时，采样的最小频率为 f_s，存在以下关系：

$$f_s \geqslant 2f_m$$

即采样的最小频率 f_s 不小于2倍原信号 $x(t)$ 最高频率 f_m。

那么可认为采样得到的信号 $x_s(t)$，能还原出原信号 $x(t)$，即采样信号 $x_s(t)$ 保留了原信号 $x(t)$ 的全部信息。

采样定理是由奈奎斯特（Nyquist）和香农（C. E. Shannon）分别于1928年和1949年提出的，所以又称奈奎斯特采样定理或香农采样定理。该定理规定了连续信号采样成为离散信号时的采样最小频率与原信号最大频率之间的关系。

在实际采集工作中，对信号 $x(t)$ 采样时，要设置最小采样频率 f_s，首先要了解 $x(t)$ 的最高截止频率 f_c。若 $x(t)$ 不是有限带宽或频带较宽时，在采样前应对

$x(t)$进行低通滤波，去除$f>f_c$的高频部分。使频谱不发生混叠的最小采样频率，即$f_s=2f_c$称为“Nyquist 率”，这种用以防混叠的模拟滤波器又称“抗混叠(anti - alasing)滤波器”。由于信号频谱中任何大于$f_s/2$的分量，都将以$f_s/2$为对称点折叠回来，因此称$f_s/2$为折叠频率。

对于带限信号，若其最高频率为f_m，则实际采集工作中，采样频率一般取$f_s=(2.56\sim4)f_m$。如果使用抗混叠滤波器，若低通滤波器的截止频率为f_c，则采样频率通常取$f_s=(2.56\sim4)f_c$。

2. 信号转换原理

中间变换装置将毁伤威力数据采集系统中传感器采集到的各种毁伤威力数据等模拟信号转换成便于传输、显示与记录及后续处理的数字信号。将毁伤威力数据等模拟量转换成数字量的器件或装置称为 A/D 转换器(analog - digital converter,ADC)。

在 A/D 转换之前，为避免频率混叠，将模拟信号进行抗混叠滤波，以去除信号中的高频部分。采样保持电路决定采样时刻，并在量化和转换为数字代码时，保持每个采样值，其输出信号为阶梯形状的模拟信号。A/D 转换器对采样保持信号进行量化和数字化，二者同时进行，最终把最接近采样保持值的量化电压值的数字代码分配给这个采样值。A/D 转换的方法主要分为两类：①直接比较法，将输入的模拟信号直接同作为标准的参考电压相比而得出数字量，其中有逐次逼近式、随动跟踪式、斜坡式等方法。②间接比较法，将输入的模拟量和参考电压都变成中间物理量进行比较，再编码输出，其中有电压—频率式和电压—时间式等方法。

根据 A/D 转换装置与计算机连接方式的不同，可将其分为内插式和外接式两大类。内插式 A/D 转换装置根据总线的不同可分为 ISA 总线 A/D 转换装置、PC104 总线 A/D 转换装置、PCI 总线 A/D 转换装置等；外接式 A/D 转换装置根据计算机接口类型的不同可分为并口式 A/D 转换装置和串口式 A/D 转换装置。

8.1.3 数据采集技术

陆战场毁伤威力数据采集具有组织复杂、成本高、风险大等特点，要实现毁伤威力数据采集的准确可信，采集者要了解传感器、同步触发控制等技术的工作原理。

1. 传感器技术

传感器是毁伤威力数据采集系统的核心器件。它将采集的毁伤威力信号转换成可以直接测量的数据,为后续传输、显示和处理提供原始数据。因此,传感器的性能直接决定毁伤威力数据采集工作的质量。

弹药毁伤威力评估所需采集的毁伤威力数据主要有冲击波超压、破片速度、侵彻深度和热辐射效应等毁伤威力数据,所使用的传感器主要有压阻式传感器、压电式传感器、温度传感器等。

1)压阻式传感器

半导体材料在某一个方向上受应力作用时,其电阻率会发生显著的变化,这种现象被称为半导体压阻效应。实际上,任何材料都能不同程度地呈现压阻效应,只是半导体材料的压阻效应比较明显。

压阻式传感器是利用半导体的压阻效应,将被测量转换成电阻变化的一种传感器。压阻式传感器具有体积小、重量轻、精度高、灵敏度高等优点,但其制造工艺较复杂、受温度影响较大。

2)压电式传感器

某些材料沿一定方向对其施加外力而使之变形时,内部会发生极化作用,其表面会产生电荷,而当外力消失后其又重新回到不带电状态,这种现象称为压电效应。相反,如果在这些材料的极化方向施加电场,其就会在一定方向上产生机械变形或机械应力,当外电场消失后这些变形或应力也会随之消失,这种现象称为逆压电效应。

压电式传感器是利用某些材料的压电效应制成的传感器。它是一种可逆型换能器,既可以将机械能转换为电能,又可以将电能转换为机械能。压电式传感器实物如图 8－2 所示。

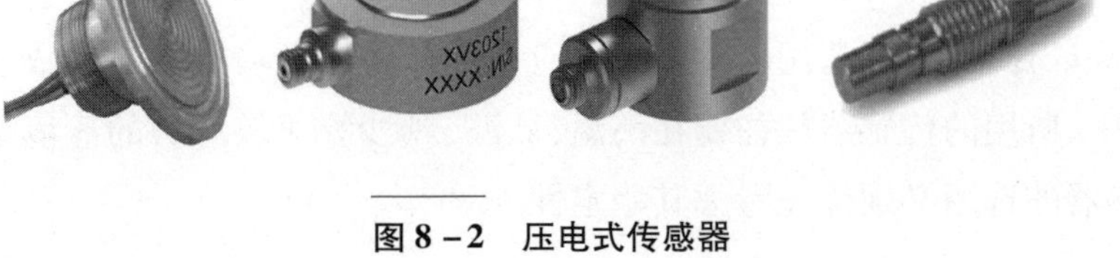

图 8－2　压电式传感器

压电传感器具有体积小、重量轻、结构简单等优点，主要用于动态力学的数据采集。

3）传感器选用原则

在实际工作中，针对某一组毁伤威力数据采集时，可供选择的传感器型号非常多。如何根据被采集对象和实际采集条件合理地选用传感器，得到真实可信的毁伤威力数据，是构建毁伤威力数据采集系统非常重要的一项工作。

（1）灵敏度。

传感器的灵敏度越高，其可感知的变化量越小，即被采集信号稍有微小的变化，传感器便有较大的输出，但灵敏度越高，干扰信号也就更容易混入，并且也会被放大。因此，选择传感器时既要考虑检测微小量，又要尽量降低噪声，不能单纯追求灵敏度。

（2）精确度。

传感器精确度表征传感器的输出数据与被采集数据的对应程度。由于传感器处于采集系统的最前端，因此，传感器能否真实地反映被采集数据，对整个采集系统具有直接影响。然而，传感器精确度越高，其价格越昂贵，因此不能只考虑传感器的精确度，还应考虑经济性，应从实际采集需要综合考虑传感器的精确度。

（3）频率响应特性。

传感器的频率响应特性必须在所测频率范围内尽量保持不失真。实际传感器的响应总有一定延迟，但延迟时间越短越好。一般光电效应、压电效应等物性型传感器，响应时间短、工作频率范围宽；而电感、电容、磁电式等结构型传感器，由于受到结构特性的影响，响应时间长、工作频率范围窄。

在动态测量中，传感器的响应特性对测试结果有直接影响，选用时应充分考虑被采集物理量的变化特点，如稳态、瞬变、随机等。

（4）稳定性。

传感器的稳定性是指经过长期使用以后，其输出特性不发生变化的性能。影响传感器稳定性的因素主要有时间、环境等。

为保证稳定性，在选用传感器之前应考虑其使用环境。在毁伤威力数据采集过程中，所用的传感器往往要在高温、低温、风沙等比较恶劣的环境条件下工作，传感器的选用必须优先考虑其稳定性。

(5)线性范围。

任何传感器都有一定的线性范围,在线性范围内输出与输入成比例关系。线性范围越宽,则表明传感器的工作量程越大。

为保证采集的精确度,传感器必须在线性范围内工作,然而任何传感器都无法保证绝对线性,在采集精度范围内,也可扩大至其近似线性范围内工作。因此,传感器选用时必须考虑被采集信号的变化范围,确保传感器线性范围大于被采集信号的变化范围。

采集对象的不同和采集环境的不同,所选用的传感器往往不同,采集标准不同对传感器的要求也不同。因此,要综合考虑采集对象、采集环境和采集标准选择合适的传感器。此外,实际采集工作中还应兼顾结构简单、体积小、质量轻、价格便宜、易于更换等因素。

2. 同步触发控制技术

在弹药毁伤威力数据采集过程中,同步触发是决定能否圆满完成采集任务的关键环节之一。根据信号源的不同,触发方式可分为内触发和外触发两种,如图8-3所示。

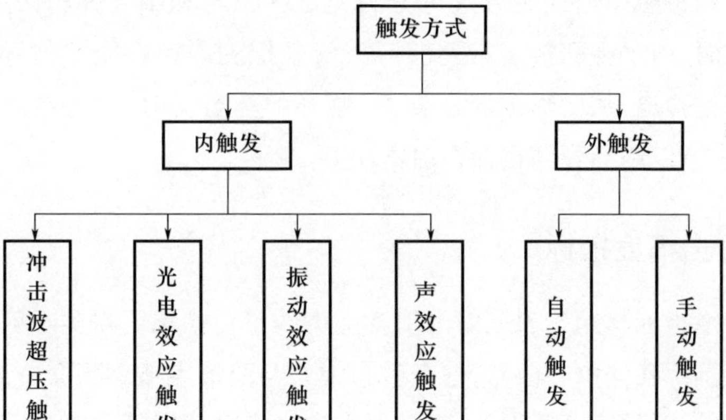

图8-3　触发方式分类

内触发是指利用弹药毁伤威力数据采集系统中某一路或几路被采集信号(如冲击波超压、震动、光电效应等)作为采集设备的触发源,当被采集信号值大于某一设定值时,生成触发指令启动采集装置按照预定程序工作,记录、存储被采集信号。内触发方式通常用于静态毁伤威力数据采集。

外触发是指设置专门的触发装置(如压力传感器、红外传感器、加速度传感器等)作为采集设备的触发源,当触发装置的信号电压大于某一设定值时,生成触发指令启动采集装置按照预定程序工作。触发可靠性仅与触发装置有关,与被采集信号无关,触发可靠性可事先进行试验,确保其触发可靠性。外触发方式又可分为自动外触发和手动外触发两种。

手动触发方式是指采集数据时,采集人员在远程控制站手动启动触发控制按钮,产生具有一定脉宽的触发信号启动采集装置按照预定程序工作,该方式通常用于动态威力毁伤数据采集。

在实际采集工作中,为提高触发系统的可靠性,通常将几种不同的触发方式进行组合集中使用,当其中一种触发方式引发整个系统同步触发时,其他触发方式将失去作用。

8.2 射击精度数据采集与分析

武器弹药按照弹道控制方式可分为非制导弹药和制导弹药两大类。非制导弹药射击时,由于弹药加工、诸元计算、气象探测等存在误差,必然导致实际弹道偏离理论弹道,从而形成射击误差;制导弹药射击时,因为在测量、解算等均存在误差,所以制导弹药也存在射击误差。

8.2.1 射击精度指标

射击精度指标是用于表征射击精度优劣的量化指标。在实际射击条件下,弹着点一般围绕几何中心散布,这个散布中心与瞄准点或期望命中点存在一定的偏差,这种偏差属于系统误差,可用射击准确度进行表征和度量;弹着点围绕散布中心的分布范围大小或密集程度,主要由随机误差造成,可用射击密集度进行表征与度量。因此,射击精度包括射击准确度和射击密集度两个方面,且需两者相结合进行表征和度量。

射击准确度,亦称诸元精度,其表示射弹散布中心对预期命中点的偏离程度,这种偏离由系统误差造成,可通过校正武器系统或修正射击诸元缩小甚至消除；射击密集度，亦称散布精度，其表示弹着点对散布中心的偏离程度，这种偏离由随机误差造成。射击精度、射击准确度、射击密集度三者之间关系可见图8－4。

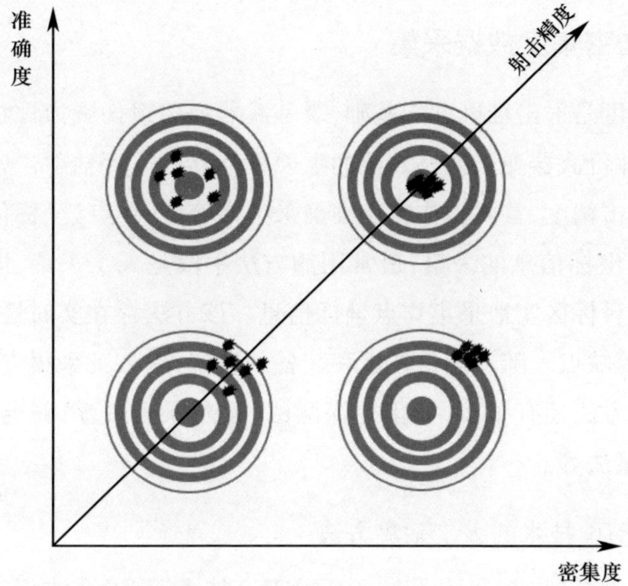

图8－4　射击精度、射击准确度、射击密集度三者的关系

8.2.2　射击准确度数据采集

对目标射击，首先要决定武器弹药对目标的射击诸元。然而，任何一种决定诸元的方法都要进行许多测量、计算等工作，每一环节都会产生一定的误差，这种误差就称为诸元误差。要提高射击准确度就要尽可能减小甚至消除诸元误差，这就要在射击准备工作中不断校正武器系统或修正射击诸元。射击准备工作主要有测地准备、气象准备、弹道准备、技术准备等，这些准备工作是否精确，将直接或间接影响射击诸元精度。因此，要提高射击准确度，首先要全面、准确地采集射击准备过程数据，其次根据采集的数据不断校正武器、修正射击。

采集射击准备中各项准备工作的过程性数据，应在组织实施射击准备过程中采集，为后续分析射击准确度提供数据支持。需要指出的是，根据武器平台和射击方法手段的不同,射击准备数据采集清单应进行灵活设计,只要能完整、真实地记录射击准备工作的过程性数据,为后续分析射击准确度、射击精度提供数据支持即可。

8.2.3 射击密集度数据采集

射击密集度是射击准确度的基础,既是武器弹药毁伤威力评估的关键性战技指标,也是评价武器弹药毁伤效能的重要性能参数。评估射击密集度甚至评价武器弹药射击精度,首要工作就是准确采集弹着点(炸点)坐标信息。

对于炸点坐标信息的采集,最常用的方法手段是人工采集,即待射击结束后派采集员到目标区实地采集炸点坐标信息。该方法存在实时性差、工作强度大、安全性差等缺点。随着测量技术和装备的发展,除人工采集方法外,炸点坐标信息采集的方法还有很多,如雷达探测法、激光探测法、声测定位法、红外探测法、视频测量法等。

1. 基于 RTK 技术的人工采集方法

实时动态测量(real - time kinematic,RTK)技术,是以载波相位观测为根据的实时差分 GPS 技术。它由基准站接收机、数据链、移动站接收机三部分组成。其工作原理是将基准站接收机作为参考站,对卫星进行连续观测,并将观测数据实时发送给移动站,移动站接收机在接收基准站传输数据的同时也同步接收卫星信号,然后根据相对定位原理,实时解算出移动站的三维坐标。

当前,我军武器弹药弹着点(炸点)准确坐标信息的采集仍以人工采集方法为主。对于着发射击(触地引信)的弹药地面爆炸的炸点坐标信息的采集,一般是待射击结束后派采集员到目标区找到弹坑利用 RTK 设备进行标定,而后读取弹坑坐标。其作业流程如图 8 -5 所示。

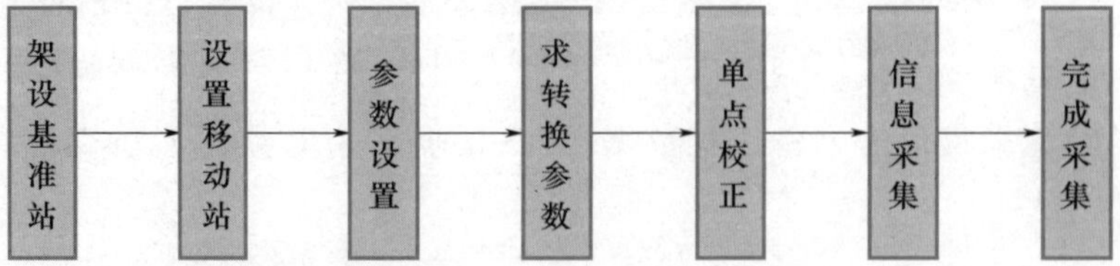

图 8 -5 基于 RTK 技术的人工采集作业流程

对于弹药空炸的炸点坐标信息的人工采集，则一般采用光学测量器材观察炸点进行采集。

炸点坐标信息的人工采集方法，由于要待射击结束后进入目标区进行采集，安全性和实时性差、劳动强度大，若发射出大量弹药则会有漏测、误测的可能，特别是空中炸点坐标信息的采集，依靠人工观察捕捉炸点位置不易，采集精度难以保证。因此，人工采集方法主要适用于对单发或少数炸点坐标信息的采集。

2. 基于被动声测技术的采集方法

利用声传感器接收声波信号，再通过系统分析声波信号，达到待识别对象的空间坐标定位的技术称为声测定位法。在三维目标的定位领域，基于到达时间差(time difference of arrival，TDOA)的定位技术是当前普遍运用的技术之一。

TDOA 定位技术一般是利用两种不同的信号到达同一节点所产生的时间差，或同种信号到达不同的节点所产生的时间差来确定节点间的距离。在被动声定位系统中，声音探测阵列的设计模型是非常重要的。通常情况下，探测阵列可分为线阵列、面阵列和立体阵列。线阵列中阵元成一条直线，以直线为界限在半个平面内定位，线阵列模型简易，定向及定位精度低；阵元在同一平面内的阵列为面阵列，面阵列可以探测以平面为界限的半个空间区域，其方位角、俯仰角及距离均受到阵元位置和有效声速的影响，且俯仰角探测精度不高；由多个传感器构成的立体阵列可以对整个空间进行探测定位，大大提高了俯仰角探测精度，从而提高了三维坐标的定位精度。如图 8－6 所示，就是一种基于 TDOA 的立体阵列炸点位置信息采集方法系统组成图。

该炸点位置信息采集系统主要由前端信息采集部分、信号传输部分和终端处理部分。前端信息采集部分利用声音传感器作为信息采集元件，完成采集炸点位置信息；信号传输部分完成把采集到的信息传输到终端处理部分；终端处理部分完成对收到的数据进行处理，并显示出炸点的确切位置。它集合声音探测技术、无线通信技术、应用数学及数据处理等技术，能实现对单发和多发炮弹连续射击时的炸点进行实时报靶。

每个传感器节点即一个嵌入式系统，包括传感单元、处理单元及无线传输

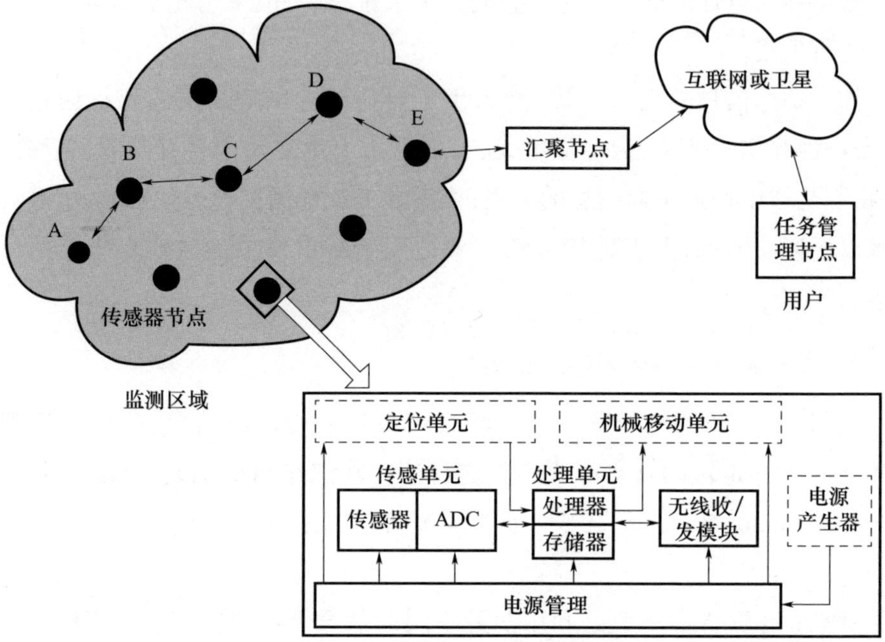

图 8-6 基于 TDOA 的立体阵列炸点位置信息采集方法系统组成图

单元等,除对采集到的信息进行本地处理外,还可以作为路由接收和转发由其他节点发来的数据,与其他节点共同协作完成某些特定功能。

在采集炸点坐标信息之前,需要事先在目标区布设声传感器阵列,确定每个声传感器单元具体位置,并编号;而后通联系统并初始化,确保系统各模块组成功能自检正常;最后采集系统按规定程序工作,声传感器阵列中各声传感器单元体采集到炸点坐标数据后进行编码,并通过无线传输发送到用户终端进行处理,最终在显示器上实时显示各发炸点坐标信息。

利用声测技术采集炸点信息的方法由于简单易操作、人力实现成本较低等优点,已得到广泛的应用。随着传感器技术的发展,声测技术还可与其他的传感系统结合组成多传感器系统,挖掘各自的优势,做到全方位侦察监控战场,获得更加准确有效的敌我信息,但因为声测定位主要依托时延估计,在距离和方向上均存在较大误差,虽然可以采用等高模型来减小误差,但是,声测定位法的精度还无法达到检测群发炸点的要求,所以在大多数情况下只能采集单发炸点坐标信息,无法用来采集群发炸点坐标信息。

3. 基于视频测量技术的采集方法

视频测量法的基本原理是在不同的角度下利用多个摄像机对目标区域爆炸图像实时监测并提取炸点位置信息，通过立体视觉模型配合 GPS 差分定位解算出炸点位置信息。视频测量法采集炸点坐标信息的装置由图像传感器、图像采集卡和计算机组成。双摄像机交会测量技术是由两台高速摄像机按照一定的方位角和俯仰角布设，实现对远距离和大视场空间动态目标进行坐标定位，其系统组成如图 8－7 所示。

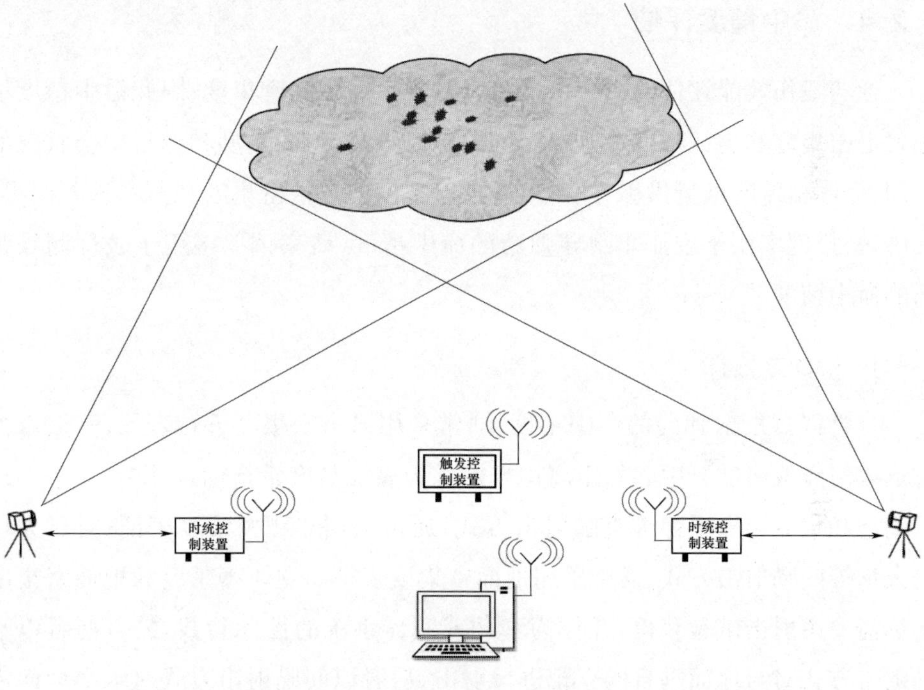

图 8－7 双目立体视觉炸点位置信息采集系统

该系统主要由 2 台型号和性能完全相同的高速摄像机、时统控制装置，1 台触发控制装置、数据处理工作站和相应的无线通信系统组成。根据目标区空间范围的不同，2 台高速摄像机可布设距目标区 1～3km，两台摄像相机间可相隔 1～2km，确保整个目标区在其视场范围内；触发控制装置通过无线传输的方式向时统控制装置发送正脉冲触发信号，时统装置接收触发信号后启动摄像机开始拍摄，同时记录摄像机此刻的拍摄时间并发送给数据处理工作站；数据处理工作站对2台高速摄像机拍摄的同一时刻弹丸炸点图像进行目标识别、极值和提取等处理,从而计算出弹丸爆炸时的二维坐标。然后,再将2台高速摄像测到的炸点二维坐标通过双数学交汇模型进行交汇处理,最终得到炸点三维坐标、炸点高度等信息。

双摄像机交会测量方法由于其结构简单、测量精度高、使用方便、成本低、实时性强等诸多优点,是近年来发展较为迅速的非接触式视频测量技术之一。

8.2.4 命中精度评估

弹药毁伤效能评估的命中精度对应射击精度中的密集度,因此命中精度沿用射击密集度的表征与度量方法。依据发射方式、弹药类型和弹目交会状态的不同,命中精度的度量指标有多种,概括起来主要包括密集度和概率偏差两类。其中,密集度多用于表征非制导弹药的命中精度,概率偏差多用于表征制导弹药的命中精度。

1. 密集度指标

身管武器发射弹药的命中精度,通常采用射击密集度进行表征,一般以弹着点或落点偏离散布中心的距离均方差作为表征与度量指标。其中,对于小口径高炮和坦克炮穿甲弹等直瞄射击方式,通常采用立靶密集度表征;对于大口径火炮等间瞄射击方式,通常采用地面密集度表征。立靶密集度和地面密集度指标需要由射击试验获得,并作为弹药或武器系统的性能参数之一,前者以直瞄射击方式对与地面垂直的立靶进行射击,后者以间瞄射击方式对水平地面进行射击。

1)立靶密集度指标

对立靶进行射击时,立靶平面上的命中点坐标体现为一组随机数(y_i,z_i) $(i=1,2,\cdots,N)$,N为某一弹药射击次数,y_i和z_i分别为命中点高低和方向(左右)坐标。

根据数理统计知识可知,当N较大,即大样本量时,立靶平面上命中点散布坐标的均方差为

$$\begin{cases} \sigma_y = \sqrt{\dfrac{\sum\limits_{i=1}^{N} (y_i - \bar{y})^2}{N}} \\ \sigma_Z = \sqrt{\dfrac{\sum\limits_{i=1}^{N} (z_i - \bar{z})^2}{N}} \end{cases} \tag{8.2.1}$$

式中：

$$\begin{cases} \bar{y} = \dfrac{1}{N}\sum\limits_{i=1}^{N} y_i \\ \bar{z} = \dfrac{1}{N}\sum\limits_{i=1}^{N} z_i \end{cases} \tag{8.2.2}$$

当 N 较小，即小样本量时，立靶平面上命中点散布坐标的均方差为

$$\begin{cases} \sigma_y = \sqrt{\dfrac{\sum\limits_{i=1}^{N} (y_i - \bar{y})^2}{N-1}} \\ \sigma_Z = \sqrt{\dfrac{\sum\limits_{i=1}^{N} (z_i - \bar{z})^2}{N-1}} \end{cases} \tag{8.2.3}$$

通常情况下，立靶密集度试验时，为节约费用常取小样本量计算立靶密集度。通常，采用 $\sigma_y \times \sigma_z$ 形式表征立靶密集度，并作为立靶密集度的指标。显而易见，σ_y 和 σ_z 越小，命中精度越高。

2）地面密集度指标

地面密集度一般采用概率误差 E 表征弹着点的随机误差，其定义为

$$\frac{M}{N} = \Phi\left(\frac{E}{\sigma}\right) = \frac{1}{2} \tag{8.2.4}$$

式中：N 为某一弹药的射击总弹数；M 为 $N/2$ 发弹药落在区间 $[-E, E]$；$\Phi(E/\sigma)$ 为正态分布概率积分；σ 为均方差。查正态分布概率积分函数表，可得 $\Phi(E/\sigma) = \dfrac{1}{2}$ 时，$E/\sigma = 0.6745$，于是：

$$E = 0.6745\sigma$$

因此，弹着点地面散布坐标的纵向（距离）和横向（方向）的概率误差与均方差之间的关系分别为

$$\begin{cases} E_y = 0.6745\sigma_y \\ E_z = 0.6745\sigma_z \end{cases} \tag{8.2.5}$$

将均方差表达式(8.2.3)代入式(8.2.5),可得

$$\begin{cases} E_y = 0.6745\sqrt{\dfrac{\sum\limits_{i=1}^{N}(y_i - \bar{y})^2}{N-1}} \\ E_z = 0.6745\sqrt{\dfrac{\sum\limits_{i=1}^{N}(z_i - \bar{z})^2}{N-1}} \end{cases} \tag{8.2.6}$$

对某一组 N 发相同弹药进行间瞄射击时,水平地面弹着点散布坐标随机数为$(y_i,z_i)(i=1,2,\cdots,N)$,$y_i$ 表示纵向(距离)散布坐标,z_i 表示横向(方向)散布坐标。按照式(8.2.6)计算,可得到纵向(距离)散布概率误差 E_y 和横向(方向)散布概率误差 E_z。若该组射击的射程平均值为 Y,则地面密集度可表示为

$$\begin{cases} \dfrac{1}{A} = \dfrac{E_y}{Y} \\ \dfrac{1}{B} = \dfrac{E_z}{Y} \end{cases} \tag{8.2.7}$$

式中:$1/A$ 和 $1/B$ 为变异系数,采用分子为 1 的分数表示,如 1/300、1/400 等,分别表示纵向(距离)和横向(方向)密集度。习惯上,横向(方向)密集度常用概率角度的形式表示,即E_z/Y 的单位为“密位”(mil)。

2. 概率偏差指标

对于精确制导弹药,一般根据概率偏差及其分布函数,求解出特征概率分位点的距离偏差值作为命中精度的表征与度量指标,其中对地攻击武器(弹药)多采用圆概率偏差(CEP)来表征。

大量实验表明,对地攻击的精确制导弹药,其实际命中点与期望命中点(瞄准点)的距离偏差服从正态分布。需要注意的是,这个距离偏差是指制导平面即垂直于末端弹道平面上的 r,并不是实际水平地面上的距离偏差 R,如图 8-8 所示。在制导平面上,随机弹道的落点分布近似为圆形,由于落角(末端弹道与水平面的夹角)的关系,水平地面上的落点分布也近似为椭圆形。显然,当落角为 90°即末端弹道与水平地面垂直时,随机弹道在水平地面上的落点与制导平

面上的落点是一致的。因此当落角较大时，其距离和方向的正态分布标准差σ_y和σ_z相差不大，随机弹道的水平地面落点也近似为圆形分布。

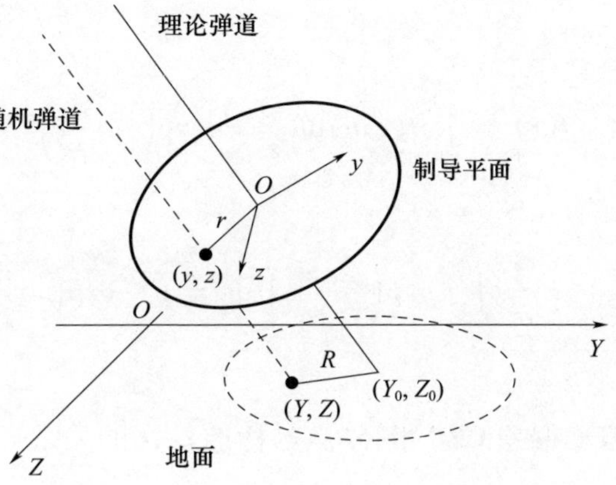

图 8-8　随机弹道在制导平面和地面落点示意图

制导平面上的圆概率偏差 CEP 是指随机弹道在制导平面 Oyz 上的落点(y_i, z_i)与理论弹道落点的距离偏差服从正态分布条件下，50% 概率弹道落点对应的偏差值。也就是说，在制导平面 Oyz 上，随机弹道落入以 CEP 为半径的圆内的概率为 50%。因此，CEP 可以理解为一种落点圆形散布的特征半径，记为$R_{0.5}$。需要指出的是，在实际处理中并不刻意强调 CEP 是指制导平面上的圆概率偏差，而是把地面的弹着点分布近似处理为圆形，此时 CEP 就是指地面上的圆概率偏差。

根据 CEP 定义，弹着点落入半径为$R_{0.5}$的圆内（记为$C_{0.5}$）的概率为 0.5，于是：

$$p(r = R_{0.5}) = \iint_{C_{0.5}} f(y,z)\,\mathrm{d}y\mathrm{d}z = 0.5 \tag{8.2.8}$$

式中：p 为概率；r 为落点分布圆半径；$f(y,z)$为正态分布概率密度函数。

对于任一发制导弹药，其落点在 y 轴和 z 轴上相互独立，则落点坐标(y,z)正态分布的标准差$\sigma_y = \sigma_z = \sigma$。这样便可得到落点坐标$(y,z)$的双变量圆形正态分布（瑞利分布）概率密度函数：

$$f(y,z) = \frac{1}{2\pi\sigma^2}\exp\left(-\frac{y^2 + z^2}{2\sigma^2}\right) \tag{8.2.9}$$

将式(8.2.9)换算为极坐标(r,θ)形式：

$$f(r,\theta)=\frac{r}{2\pi\sigma^2}\exp\left(-\frac{r^2}{2\sigma^2}\right) \tag{8.2.10}$$

则有

$$f(r) = \int_0^{2\pi} f(r,\theta)\,\mathrm{d}\theta = \frac{r}{\sigma^2}\exp\left(-\frac{r^2}{2\sigma^2}\right) \tag{8.2.11}$$

则式(8.2.8)有

$$p(r = R_{0.5}) = \frac{1}{\sigma^2}\int_0^{R_{0.5}} \exp\left(-\frac{r^2}{2\sigma^2}\right) r\mathrm{d}r = 1 - \exp\left(-\frac{R_{0.5}^2}{2\sigma^2}\right) = 0.5 \tag{8.2.12}$$

最终可得圆概率偏差 CEP 半径$R_{0.5}$与标准差 σ 的关系式：

$$R_{0.5}=1.177\sigma \tag{8.2.13}$$

因此，要评估制导弹药的命中精度，只需要根据采集到有限落点坐标数据计算出其标准差，即可得到圆概率偏差 CEP，进而评估该型制导弹药的命中精度。

8.3 冲击波数据采集与分析

弹药战斗部通常装填有大量炸药，当其在空气、水或者岩土等不同介质中爆炸时，都会形成冲击波，对打击目标形成毁伤。爆炸冲击波参数是弹药毁伤威力的基础数据，也是评估弹药毁伤威力所需采集的核心数据。

8.3.1 冲击波威力参数

武器弹药在空气介质中爆炸的毁伤威力可用其主要毁伤元——冲击波相关参数来表征，也可用爆炸 TNT 当量来综合表征。爆炸 TNT 当量是指某种炸药爆炸造成的威力相当于多少质量单位 TNT(俗称黄色炸药)爆炸所造成的威力。冲击波的基本表征参数有峰值超压 Δp_+、正压作用时间 τ_+ 和比冲量 I，这些表征参数能从不同侧面反映冲击波毁伤能力及差异，但孤立的冲击波表征参数无法表征冲击波的整体毁伤威力，还需要全面考察冲击波的空间分布即整个爆炸场。爆炸场中的目标毁伤是一个极其复杂的问题，不仅与冲击波载荷特性有关，也与目标特性有关。对于某些目标，爆炸冲击波对目标的毁伤程度与峰值超压 Δp_+、正压作用时间 τ_+ 和比冲量 I 均有关系。比如，峰值超压 Δp_+ 相同而比冲量 I 不同，毁伤效果也就不同，反之亦然。因此，即使单纯考察冲击波的毁伤能力，也不能简单地选择峰值超压、正压作用时间或比冲量某一参数进行度量和评估，需要综合考虑冲击波的波形结构（主要受对比距离和炸药类型影响）。因为，不同的冲击波波形结构对目标的毁伤呈现出不同特点，例如，峰值超压 Δp_+ 大而正压作用时间 τ_+、比冲量 I 相对小的冲击波，局部毁伤破坏作用更强，特别是对于较大尺度的目标来说，呈现出严重的局部破坏特征；正压作用时间 τ_+、比冲量 I 大而峰值超压 Δp_+ 相对小的冲击波，则往往使目标呈现出大范围、大面积的整体性破坏。基于此，采用冲击波相关表征参数虽可详细描述弹药爆炸冲击波的毁伤威力，但无法全面综合的表征冲击波的整体毁伤威力。

因为每单位质量 TNT 所产生的爆炸程度基本相同，所以可将其作为衡量炸药爆炸威力的参考系。爆炸 TNT 当量是通过爆炸理论和工程模型求解爆炸场中冲击波参数，考虑了整个爆炸场，且基于能量相似原理进行药量换算，可实现不同类型炸药的毁伤威力的等效评估。因此，采用爆炸 TNT 当量来表征弹药爆炸冲击波毁伤威力则能很好解决上述问题。

8.3.2　冲击波数据采集

冲击波作用在目标表面，会产生压力作用。压电式传感器正是利用某些材料的压电效应而制作的，这样就可以将冲击波压力的变化转换为电信号，从而记录冲击波的传播过程。

压电式传感器采集的信号无法直接利用，需要设计一套冲击波数据采集系统。首先要利用电荷放大器放大压电元件的微弱电信号，把高阻抗输入变为低阻抗输出，再利用数据采集设备，进行 A/D 变换、数字滤波等处理，最终输出、记录信号。冲击波数据采集系统原理如图 8 –9 所示。

图 8 –9　冲击波数据采集系统原理

根据冲击波数据采集系统原理，冲击波数据采集系统主要由压力传感器、电荷放大器、数字存储记录器、控制计算机、电源、同步触发装置等设备构成，如图8－10所示。

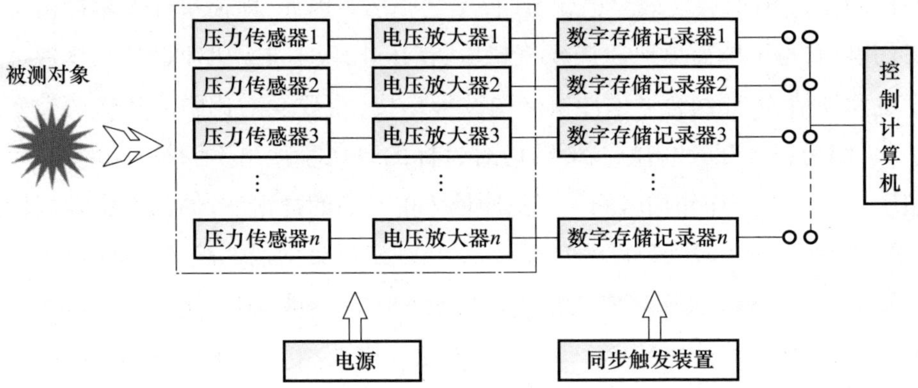

图8－10 冲击波超压数据采集系统

所有压力传感器通过信号电缆与数字存储记录器连接起来，构成一个采集网络，布设于采集区域。同步触发器与数字存储记录器通过信号电缆相连，给出触发信号，控制数字存储记录器开始或停止数据采集存储记录，实现全系统的统一零时。

针对一定规模的冲击波毁伤效应场，采集点位布设间距和布设范围的大小将会影响采集数据的可靠性、有效性，决定着传感器布设数量的多少，同时也直接影响着采集系统的建设费用。因此，需要综合考虑数据采集目的和弹药毁伤机理，在保证冲击波数据采集误差允许的前提下，合理确定传感器的布设范围及布设间距。

1. 静态威力试验数据采集

1）传感器布设

对于静态威力试验，传感器布设可参考图8－11。

将战斗部和传感器固定于空中，一般以高度不受地面反射波影响采集为原则，通常不低于3m。压力传感器感应面原则上应与冲击波传播方向平行，方便采集掠过的入射冲击波。根据弹药战斗部特性，一般选择3～6个爆心距离布设传感器，同一距离布置1～2个，具体也可根据试验实际需求和试验目的等因

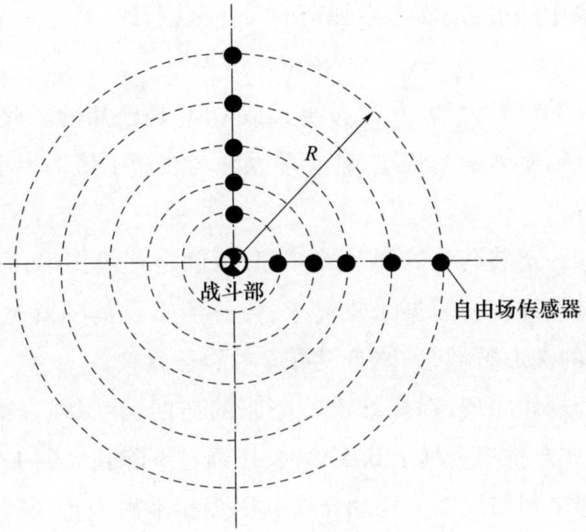

图8-11　静态试验传感器布设

素合理调整。固定传感器一般用钢制支架，支架需要具有足够的强度和刚度，并固定牢靠。

2)同步触发设置

在静态威力试验中，由于弹药战斗部壳体破裂的随机性使冲击波压力场变得相当复杂，其中包含透过壳体的透射冲击波，从破裂壳体中冲出的爆炸产物形成的二次冲击波，破片飞行形成弹道波，再加上地面反射效应和障碍物干扰等因素影响，冲击波压力场是不对称的随机分布压力场。因此，若只选取某一个测点的输出信号作为多路系统的触发信号，系统触发可靠性较低。大量试验证明，采用起爆战斗部的同时触发多路系统，其触发可靠性较高，一次试验采集的有效数据较多。

采用起爆战斗部的同时触发多路系统主要有两种触发方式：一是利用定制的起爆同步器实现在馈送雷管起爆电流的同时向多路系统输出触发信号。当电雷管起爆时，电雷管从通电到其端部输出冲击波的时间为5~25ms，为此，多路系统必须有足够长的记录长度。二是利用定制的触发同步器把战斗部装药爆炸时的电探极开关状态突变信号转变为多路系统输出触发信号。

2. 动态威力试验数据采集

1)传感器布设

由于在动态威力试验中，弹着点是随机的，因此传感器布设范围不仅需要

考虑弹药的命中精度，还需考虑弹药的毁伤范围，即

$$R_b = R_m + R_h \tag{8.3.1}$$

对于已知的试验弹药，其散布半径或 CEP 是已知的。此时，可先利用蒙特卡罗方法建立数字效应场模型，计算单发弹药在命中概率不小于 90% 时对应的效应场半径 R_m。

对于已知一定装药量的弹药战斗部，可确定其毁伤半径 R_h。因此，根据弹药动态威力试验冲击波数据采集需求，传感器布设范围就是以目标点为圆心，以 R_b 为半径的圆形区域，具体布设可参考静态试验。

根据弹药爆炸原理，在爆炸产物膨胀的初期，其压强衰减很快。对于中等威力炸药，爆炸产物半径增大 0.5 倍时，压强已下降到大约 1/34。此后，爆炸产物还要继续膨胀到与周围未扰动介质的压强相平衡为止，其相应的体积称为爆炸产物的极限体积，为原体积的 800 ~ 1600 倍。通过大量的理论计算与试验可知，球形装药爆炸时的极限体积半径约为原半径的 10 倍，柱形装药爆炸时的极限体积半径约为原半径的 30 倍。因此，爆炸产物对目标直接作用的范围很小。

对于战斗部而言，其形状通常为圆柱形，半径为 r_0，传感器布设间距为 L，假定弹药放在 4 个传感器的中心位置，如图 8 - 12 所示。

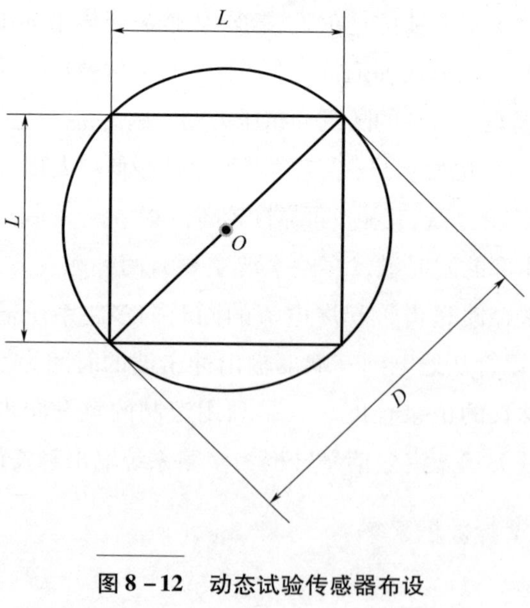

图 8 - 12　动态试验传感器布设

根据上述布设示意图,则有关系式:

$$D = 60r_0 \tag{8.3.2}$$

$$L = 42.42r_0 \tag{8.3.3}$$

依据上述公式计算出 L 值后,在综合考虑传感器布设数量、采集精度及试验经费的前提下,最终合理确定传感器的布设间距。

2)同步触发设置

在动态威力试验中,由于弹着点是随机的,多路系统中只有少数通道能输出较大的(压力)模拟信号,多数通道只能输出较小的(压力)模拟信号,若只选取一路或少数几路通道的输出信号作为多路系统的触发信号,则系统触发可靠性较低。因此,为提高系统触发可靠性,一般采用外触发同步装置来控制数据采集系统。可以用作外触发信号的有爆炸光电效应触发同步装置的输出信号、爆炸声效应触发同步装置的输出信号、定制的触发同步器、手动触发和光电效应触发并举、手动触发和战斗部的雷达监测信号触发并举等。

通过综合分析可知,动态威力试验冲击波数据采集系统一般采用远距离手动触发方案,同步触发器包括远端触发器和近端触发器两部分。其中,远端触发器布设于安全区之外,近端触发器与数据采集存储记录仪布设在一起,二者之间通过光纤或电缆连接,共同构成同步触发系统。试验时,试验人员通过有线话筒、无线对讲机远程监听爆点声音,为提高触发可靠性,同时通过望远镜远程观测爆点烟尘等方式监视炸点,在远程控制点手动启动触发控制按钮,远程有线控制触发仪器发出触发脉冲信号,控制冲击波数据采集系统记录压力信号。这样可以保证系统中各个传感器同步采集冲击波数据,并且不管弹着点在效应场何处,都能保证采集系统全部触发。

8.3.3　冲击波数据分析

通过静、动态威力试验,冲击波数据采集系统可采集到试验场中不同位置压力传感器测得的随时间变化的冲击波超压峰值数据,冲击波超压峰值数据采集表如表 8-1 所示。

表 8－1　冲击波超压峰值数据采集表

传感器编号			距爆心距离	
时刻	超压峰值	Δp	环境压强	
t_0				
t_1			正压持续时间 τ_+	
t_2				
t_3			负压持续时间 τ_-	
…				
t_n			比冲量 I	

将各压力传感器采集得到的冲击波超压峰值数据通过计算机分析处理后，可得到距爆心不同距离的压力时程($p-t$)曲线。基于试验采集的数据，可确定入射冲击波峰值超压 Δp_+，利用空气中爆炸冲击波超压经验公式，可得到比例距离 $\bar{R}$，则各冲击波测点对应的爆炸 TNT 当量 W_{TNT}的计算公式为

$$W_{TNT}=\left(\frac{R}{\bar{R}}\right)^3 \tag{8.3.4}$$

式中：R 为压力传感器距战斗部爆心的距离，m；W_{TNT}为冲击波测点对应的爆炸 TNT 当量，kg。

则对冲击波有效测点对应的爆炸 TNT 当量 W_{TNT}取算术平均值，即可作为弹药爆炸威力，即

$$\bar{W}_{TNT}=\frac{1}{n}\sum W_{TNT} \tag{8.3.5}$$

式中：$\bar{W}_{TNT}$为战斗部爆炸 TNT 当量(威力)，kg；n 为有效数据个数。

8.4　破片数据采集与分析

破片杀伤战斗部是装药爆轰驱动爆炸产生高速破片群，利用破片对目标的高速撞击、引燃和引爆作用来毁伤目标的部件。由于破片战斗部爆炸过程短暂，壳体材料在高速、高压条件下瞬变形态十分复杂，因此对破片的产生、破片在空气中飞行姿态以及破片撞击目标等物理过程很难描述。长期以来，对破片毁伤威力研究主要通过静动态威力试验，采集破片数据，评估破片毁伤威力。

8.4.1　破片威力参数

破片杀伤战斗部的威力表征可用载荷参数和效应参数两种方法。破片杀伤战斗部威力的载荷表征就是战斗部爆炸产生的毁伤元——破片，其参数主要有破片质量及形状、破片速度及空间分布（不同距离的破片存速）、破片数量及空间分布（飞散范围和分布密度）等，表现为多参数的数据集合形式。通过载荷参数集合的形式表征破片威力的优点是比较直观，缺点是不方便进行战斗部威力大小的比较。比如，在其他条件相同的情况下，战斗部产生破片数量多而速度低，相较于产生破片数量少而速度高，这两者很难对比分析其威力大小；同样产生破片质量小而数量多相较于破片质量大而数量少，这两者也很难对比分析其威力大小。因此，破片载荷参数只能间接反映破片毁伤目标的能力，且评估结果大多是定性的，很难从定量的角度对比分析不同战斗部对同一个目标，或者同一个战斗部对不同目标的毁伤能力的差别。

破片杀伤战斗部的效应表征参数主要有杀伤威力半径、密集杀伤半径和有效杀伤半径等。显然，采用效应参数来表征破片杀伤战斗部威力更具有优势，但需要有目标特性与易损性的研究基础和数据支撑。

1. 杀伤威力半径

杀伤威力半径简称杀伤半径，是武器弹药（战斗部）重要的战技指标之一，常用于表征与评估破片杀伤战斗部的毁伤威力。杀伤半径的确定主要取决于武器弹药（战斗部）的作战对象和打击目标。例如，确定对飞机、导弹、车辆等常规装备目标的杀伤威力半径，首先需要规定一定几何尺度的目标等效靶；等效靶的材质和厚度取决于目标特性与易损性，外形一般为矩形，具体尺寸设定要考虑破片散飞特性和布设半径等；然后根据不同半径处等效靶的破片穿孔数量或穿孔密度，取不小于规定要求的最大半径为杀伤威力半径。杀伤威力半径能够反映具体战斗部一定破片性能和散飞特性条件下，对目标的毁伤效果，可一定程度上定量区分同一战斗部对不同目标，或者不同战斗部对同一目标的毁伤能力差别。

2. 密集杀伤半径和有效杀伤半径

密集杀伤半径是指在以爆心为圆心的同心圆周上，对立姿人形靶（高

1.5m、宽 0.5m、厚 25mm 标准松木板)的破片穿孔数量的数学期望为 1 的圆周半径。在密集杀伤半径处,立姿人形靶的破片穿孔密度的数学期望为 $1/(1.5\times0.5)=1.333$ 枚/m^2。若把嵌入 25mm 厚标准松木板中的破片视为对人体目标具有杀伤作用的有效破片,则将嵌入立姿人形靶破片数量与穿孔数量之和的数学期望为 1 的圆周半径定为有效杀伤半径。显而易见,有效杀伤半径是密集杀伤半径的一种扩展,其大于密集杀伤半径。需要指出的是,密集杀伤半径和有效杀伤半径是专指有生力量目标的,可认为是杀伤半径的一种特例。

8.4.2 破片数据采集

1. 静态威力试验数据采集

扇形靶试验适用于榴弹、迫弹等破片杀伤弹丸、杀伤爆破弹丸和火箭弹等破片杀伤、杀伤爆破战斗部的静态威力试验,主要用于测定弹药战斗部的密集杀伤半径和有效杀伤半径。

试验用的扇形靶应选用干燥的三等松木板,厚度为 25mm,长度不小于 1.5m。每块扇形靶的扇面弧长应等于各扇形靶所处圆周的 1/6 或 1/12 弧长,高度为 3m,按照被试弹口径可分为大扇形靶和小扇形靶两种,选择原则如表 8-2 所示。

表 8-2 扇形靶选择与布置

弹径/mm	靶型	靶面块数	靶分布角/(°)	靶面距离/m
≥76	大扇形靶	6	60	10,20,30,40,50,60
<76	小扇形靶	6	30	4,8,12,16,20,24

靶架设计制造应牢固可靠,同一个靶面用以嵌钉木板的各支柱间的距离不大于 2m,靶架、靶板应能承受爆炸时的冲击波。在每块扇形靶面的 1/2 高处画一条平中心线,使其与被试战斗部(弹丸)质心位置等高,在每块靶面划分 $1.5\text{m}\times0.5\text{m}$ 的标准靶板分区标志线并编号。安装改装引信或起爆雷管,将战斗部(弹丸)竖直放置在爆桩上并使其质心距地面 1.5m。试验场具体布设如图 8-13所示。

静态威力试验后,采集人员进入试验场内进行实地数据采集,收集记录击

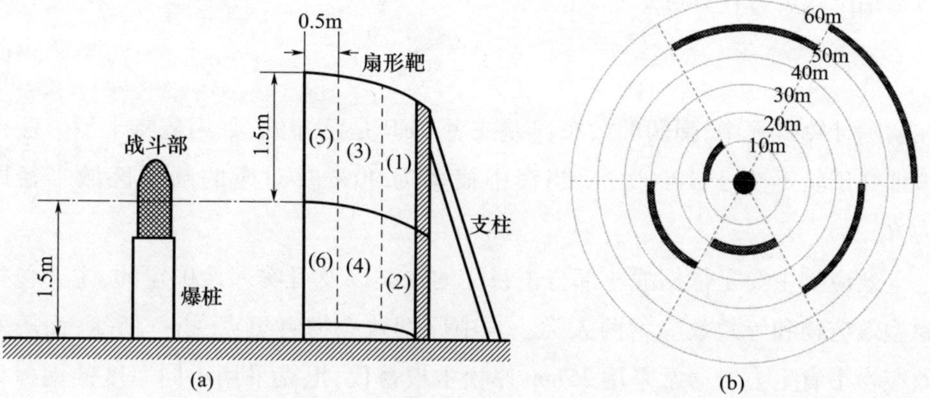

图8－13　试验场布设示意图

(a)试验场布设立面图；(b)试验场布设俯视图。

穿靶板的破片数量和嵌入靶板的破片数量，并将击穿破片数和嵌入靶板数分别按各扇形靶汇总制表，静态试验破片数据采集表如表8－3所示。

表8－3　静态试验破片数据采集表

靶板编号			靶板编号		
距爆心距离			距爆心距离		
分区编号	穿孔数量	嵌入数量	分区编号	穿孔数量	嵌入数量
(1)			(1)		
(2)			(2)		
…			…		
(n)			(n)		

2. 动态威力试验数据采集

在动态威力试验中，破片特性参数采集主要包括散布范围和散布密度，其他参数则由于弹头落点的随机性而不予考虑。无论是空爆战斗部还是触地爆战斗部，其试验场布设均相同，首先，根据弹药的命中精度和战斗部的有效杀伤半径计算确定效应场的建设范围；其次，根据弹药的主要打击目标布设等效钢板、木板或原型效应物；最后，在试验结束后实地采集不同效应物上破片穿孔或嵌入的数量、位置，事后进行处理得出破片的散布范围和散布密度。

效应场建设范围主要与弹药的命中精度和战斗部的杀伤半径 R_0 有关，通常根据下式进行计算确定：

$$N_0 = \frac{4}{3}\pi R_0 \tag{8.4.1}$$

在实际计算过程中，弹药的散布误差或者 CEP 是已知的，采用蒙特卡罗方法模拟抽样试验不少于 10000 次，当命中概率为 90% 时对应的圆形区域半径即为 R_m。

效应物主要是依据战斗部打击目标的种类以及可实现性确定的，主要包括原型效应物和等效效应物两大类。其中原型效应物有坦克、指挥所等；而等效效应物中有生力量通常采用 25mm 厚松木板替代，坦克采用不同厚度的钢板替代，仅测量破片散布范围和散布密度时也采用价格较为便宜的胶合板，效应场具体布设可参考静态试验。

动态威力试验后，采集人员进入试验场内进行实地数据采集，按照原型效应物、等效效应物的编号顺序分别收集记录破片穿孔或嵌入的位置、形状等数据，然后再根据效应物在效应场中的位置、战斗部爆炸位置等数据进行分析与处理，拟合出破片的散步范围与散布密度等关系曲线。动态威力试验破片数据采集表如表 8－4 所示。

表 8－4　动态威力试验破片数据采集表

<table>
<tr><td colspan="2">效应物编号</td><td></td><td>战斗部(弹药)型号</td><td></td></tr>
<tr><td colspan="2">效应物类型</td><td></td><td>爆炸坐标</td><td></td></tr>
<tr><td colspan="2">效应物名称</td><td></td><td>落 速</td><td></td></tr>
<tr><td colspan="2">效应物位置坐标</td><td></td><td>落 角</td><td></td></tr>
<tr><td>破片编号</td><td>穿孔形状</td><td>穿孔位置</td><td colspan="2">破片穿孔效应物图像</td></tr>
<tr><td>(1)</td><td></td><td></td><td colspan="2" rowspan="4"></td></tr>
<tr><td>(2)</td><td></td><td></td></tr>
<tr><td>…</td><td></td><td></td></tr>
<tr><td>(n)</td><td></td><td></td></tr>
</table>

8.4.3　破片数据分析

设密集杀伤半径和有效杀伤半径分别为 R_0 和 R_1，扇形靶的杀伤破片(穿透)数和有效破片(穿透与嵌入一半之和)数分别为 N_0 和 N_1；考虑到 R_0 和 R_1

处的圆周长分别为 $2\pi R_0$ 和 $2\pi R_1$，相当于标准人形靶（宽度为 0.5m）个数分别为 $4\pi R_0$ 和 $4\pi R_1$；又由于扇形靶高度为 3m、弧长为 1/6 圆周（$\pi/3$ 圆心角），而标准人形靶高度为 1.5m，因此，$4\pi R_0$ 和 $4\pi R_1$ 此对应的密集杀伤破片数和有效杀伤破片数分别为 $3N_0$ 和 $3N_1$。根据密集杀伤半径和有效杀伤半径的定义，可知：

$$N_0 = \frac{4}{3}\pi R_0 \tag{8.4.2}$$

$$N_1 = \frac{4}{3}\pi R_1 \tag{8.4.3}$$

通过式（8.4.2）和式（8.4.3）便可对试验后不同半径处扇形靶收集到的杀伤破片和有效破片进行统计、绘图，并可计算标记得到密集杀伤半径 R_0 和有效杀伤半径 R_1，如图 8-14 所示。

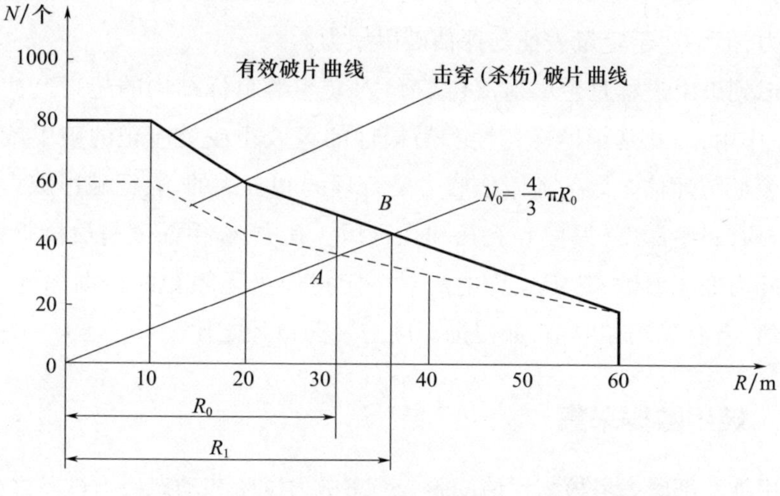

图 8-14　杀伤破片和有效破片与半径的关系曲线

8.5　聚能破甲数据采集与分析

破甲战斗部采用特定的装药结构，在抵达目标时战斗部爆炸产生超高速的聚能（金属）射流，将炸药的化学能转化为聚能（金属）射流的动能，由聚能（金属）射流侵彻和毁伤装甲、混凝土结构等坚硬、坚固目标。聚能射流除超高速

(头部速度可达10000m/s以上)的突出特点外,其破甲过程还具有高温、高压和高应变率的“三高”特征,因此,破甲行为属于流体力学范畴。

8.5.1 破甲威力参数

破甲战斗部主要依靠金属射流毁伤目标,金属射流是破甲战斗部的最核心部分,毁伤元破甲战斗部的载荷参数体现为射流参数。根据金属射流侵彻、破坏能力的特性,射流载荷参数主要有射流材料密度、射流(头部)速度、射流拉伸长度(断裂前)、射流直径等,这些载荷参数能够从不同角度和不同程度反映射流的侵彻、破坏能力。比如,射流材料密度越高、射流拉伸长度越长,侵彻深度越大;射流直径越大、射流(头部)速度越高,相应的穿孔孔径越大。破甲威力是多因素、多参数综合作用的结果,分析一种载荷参数不同所造成的穿甲威力差异,需要其他载荷参数都相同或相当时才有意义,因此尽管载荷参数能够反映破甲威力,但不适于定量表征与评估破甲威力。

考虑到破甲过程是金属射流(载荷)对装甲等目标结构的超高速冲击与侵彻、贯穿作用,因此基于目标特性和易损性的等效靶或效应靶的破甲威力效应参数来表征与评估金属射流毁伤威力是合理的和实用的,表征破甲威力的效应参数主要有破甲深度(厚度)、孔径和孔容积。其中,破甲深度是最核心、最常用的破甲威力效应参数,其定义为射流对一定材质半无限靶的侵彻深度,有时采用绝对值,有时采用相对值,如侵彻深度与装药口径之比。

8.5.2 破甲数据采集

破甲战斗部威力考核与评估试验有静态威力试验和动态威力试验之分,静态威力试验的条件和状态一致性和可控性好,试验结果稳定可靠,有利于客观反映战斗部的固有能力和真实威力,主要用于战斗部的威力指标考核与评估;动态威力试验需要通过实弹射击使弹药战斗部处于飞行状态下作用于目标,反映的是战斗部与全弹结合后的威力性能,考核的是全弹威力而不仅是战斗部的威力。

1. 静态威力试验数据采集

将破甲战斗部置于一定炸高并于静止状态下引爆,测定破甲威力的试验为静态破甲试验。试验用靶体主要由钢锭及钢垫板组成,其中钢锭直接用于测定被试战斗部的破甲深度，一般由直径或边长不小于装药口径 1.5 倍的热轧圆钢或方钢锯切而成。整个钢锭一般由一块厚钢锭和 2 ~ 4 块薄钢锭叠合组成，各块钢锭的端面应平整并与轴线垂直无毛刺。钢垫板位于钢锭与地面之间，用于放置钢锭。试验应辅以支架，将被试弹置于靶面上，采用支撑筒或吊具控制炸高。在装药中的引信预定位置装入假引信，并放入与装药匹配的扩爆药柱，在扩爆药柱中心插入起爆雷管，雷管底面紧贴扩爆药柱表面。按起爆雷管的类型不同，有导爆索、导火索或电起爆器等，在安全地点进行起爆操作。试验场地布设如图 8 – 15 所示。

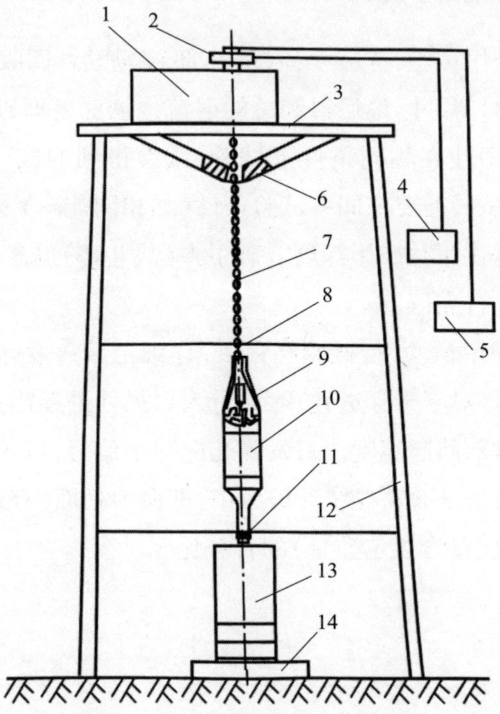

1—旋转装置；2—传感器；3—横梁；4—计数器；5—起爆器；6—防护板；7—导线；8—上定位环；9—锥形套；10—被试弹；11—下定位环；12—支架；13—钢锭；14—钢垫板。

图 8 – 15　静态试验场地布设

2. 动态威力试验数据采集

动态破甲试验属于综合性试验，是对引信作用可靠性、聚能装药作用正确性、着靶姿态正确性、爆炸完全性以及全弹破甲威力性能等的综合性考核。

靶板系统是按战技指标规定的一定厚度的均质靶板，或与装甲车辆等目标的防护装甲具有等效防护能力的靶板系统。试验用靶架结构较为简单，为确保试验安全，靶架结构应牢固地固定在水平地基上。靶架结构可采用仰式或俯式安放，靶板紧固于靶架上，并采取有效措施避免因爆炸冲击振动而使靶板脱离靶架。安装靶板时，调试法向角的精度要求为：法向角大于30°的安装误差应小于8mil；法向角小于30°时的安装误差小于3mil。被试弹为实弹、真引信，射击前应进行外观检查和称重。

8.5.3 破甲数据分析

对于静态破甲试验，待破甲弹（战斗部）爆炸后，回收钢锭并测量各段钢锭的破孔入口和出口尺寸，最后得到总的射流侵彻深度即破甲深度。需要指出的是，同一型弹药即使在相同条件下试验，试验得到的破甲深度并不完全相同。因此，静态破甲试验需要在同一试验条件（如相同炸高）下，进行一组多发（一般为5发）试验，得出平均破甲深度。破甲弹（战斗部）静态破甲的威力性能，通过平均破甲深度进行表征。

对于动态破甲试验，待试验结束后，详细记录每发弹的穿孔入口与出口的纵、横最大尺寸。对于未穿透孔，除测量入口尺寸外还需测量出孔的实际深度，同时测量靶板背部凸起高度。每发弹孔应写上编号，以便记录和评定是否有射击重孔。动态破甲试验需要统计破甲率，即命中靶面（有效区）的穿透靶板发数与试验有效发数（符合规定数量）的百分比。

附录
基本毁伤专业术语

【火力毁伤兵器】 是直接用于杀伤敌有生力量和破坏敌方作战设施,能够发射弹药的装备。例如,火炮、火箭炮、导弹发射架、作战飞机、军舰等。

【火力毁伤力量】 又称火力打击力量,是指参加火力毁伤的兵力、兵器和弹药。从空间上可分为地面、空中和海上火力毁伤力量;从军种上可分为陆军、空军、海军和火箭军火力毁伤力量;从作用距离上可分为远程、中程、近程火力毁伤力量;从编成上可分为战役军团、战术兵团和部(分)队火力毁伤力量。因此,火力毁伤力量是一个与装备、编制和人员密切相关的概念。

【火力毁伤资源】 简称火力资源,是指作战中可以使用的兵器和弹药的总称。特指静态的物质资源。

【火力毁伤对象】 需火力打击的单个具体目标、目标系统和目标体系。

【火力毁伤行动】 对火力毁伤对象实施打击的过程。

【火力毁伤任务】 对单个具体目标、目标系统、目标体系应毁伤的数量和程度。

【火力毁伤任务量】 是火力毁伤任务的数值表征,通常以达到一定毁伤指标时的目标的数量为衡量单位。

【火力毁伤任务份额】 是不同火力毁伤力量或不同阶段、不同方向所担负的火力毁伤任务量与总任务量的比值。

【火力毁伤能力】 以作战集团所拥有的火力资源的数量和质量来表征。其大小通常以可消耗的弹药量或能完成达到规定毁伤指标的火力毁伤任务量表示。

【火力毁伤要素】 构成火力毁伤的基本因素,包括火力毁伤对象、火力毁伤指标、火力毁伤力量、火力毁伤时间、火力毁伤方式。

【火力毁伤方式】 是实施火力毁伤的方法及程式,即根据选定的作战实施方法,为保证在规定的时间内达到一定的火力毁伤指标,使用火力毁伤力量对敌实施火力毁伤的方法和步骤。

【火力毁伤评估】 评价火力对单个目标、目标系统、目标体系的损伤过程和作用效果,包括火力毁伤预先评估和火力毁伤效果评估。

【火力毁伤预先评估】 火力打击实施前,评价火力对单个目标、目标系统、目标体系的作用效果,包括直接计算法预先评估和标准计算法预先评估。

【火力毁伤效果评估】 评判对单个目标、目标系统、目标体系遭火力打击后的功能失效情况,包括基于侦察信息评估、基于数据挖掘评估、基于历史数据评估、基于大数据智能评估等方法。

【目标毁伤程度】 目标遭打击后功能丧失或下降的程度,通常用无量纲的百分数来表征目标的毁伤程度。

【目标毁伤特性】 目标在冲击波、破片、金属射流等不同的毁伤元的作用下,被破坏而导致功能受损的敏感程度。

【目标毁伤幅员】 一发弹药落达以目标中心为中心点的一定幅员内,目标即被毁伤,落达在该幅员外则不能毁伤目标,该幅员称为目标毁伤幅员。

【目标毁伤等级】 对目标功能丧失或下降程度的级别划分,通常分为未毁伤(不大于5%)、轻度毁伤(5% ~20%)、中度毁伤(20% ~40%)、重度毁伤(40% ~60%)、摧毁(大于60%)5 个等级。

【目标毁伤判据】 评判目标毁伤效果的依据,通常区分轻度、中度、重度、摧毁等毁伤等级,设置相应的判定准则。

【目标物理毁伤】 目标在破片、冲击波、侵彻、热辐射等毁伤元直接作用下引起的外观形状、组成结构、功能部件等物理特性的损伤情况。

【目标功能毁伤】 目标被物理损伤后功能的失效或下降。

【目标系统】 由相同作战功能的具体目标关联聚合形成的有机整体,通常按照要素区分为情报侦察、指挥控制、火力打击等不同类型目标系统。

【目标体系】 由各个具体目标、各类目标系统关联聚合形成的有机整体。

【目标系统毁伤】 目标系统遭火力打击后导致其作战系统功能丧失或下降。

【目标体系毁伤】 目标体系遭火力打击后导致其作战体系功能丧失或下降。

【火力毁伤标准兵器】 用于计算火力打击兵器作战效能的计量单位。通常以某种典型兵器作为参照标准,其他兵器的战斗效能与标准兵器使用标准弹药时的战斗效能进行等效换算。

【火力毁伤标准弹药】　用于计算弹药毁伤效能的计量单位。通常以某种典型弹药作为参照标准,其他弹药的毁伤效能与标准弹药的毁伤效能进行等效换算。

【火力毁伤标准目标】　用于计算火力毁伤目标数量的计量单位。通常选取某种典型目标作为参照标准,其他目标依据其与标准目标的换算系数进行等效换算。

【战役火力毁伤计算】　围绕战役作战任务,以敌方目标体系为基础,以陆军炮兵、航空兵、常导力量等联合火力为基本力量,实施全局性计算。通常由作战集群作战控制要素实施,计算内容主要包括计划全纵深以及各方向、阶段、时节火力,支援空降或反空降火力,制定作战集群火力打击计划等。

【战术火力毁伤计算】　围绕群队作战任务,以敌方单个目标为基础,以各种火炮、火箭炮、反坦克导弹等火力为基本力量,实施局域性计算;通常由作战集群和作战群队作战控制要素共同实施,计算内容主要包括计划本方向各时节的火力,计划一道或数道逐次集中射击火力,制定作战群队火力打击计划等。

【弹性变形】　靶体在外力载荷作用下产生变形,当外力去除后变形完全消失的现象,主要区分为线弹性、非线弹性和滞弹性三种。

【塑性变形】　亦称残余变形,靶体在载荷外力作用下超过弹性变形范围之后将发生永久的变形。

【贯穿极限速度】　弹丸以规定的着靶姿态贯穿给定靶体的最低撞击速度。

【侵彻极限厚度】　弹丸以一定的着靶姿态和撞击速度侵彻给定靶体的最大深度。

【抗压强度】　靶体受到压缩力作用时不被破坏的能力,通常用所能承受的最大压强来表征。

【抗拉强度】　靶体受到拉力作用不被破坏的能力,通常用所能承受的最大拉力来表征。

【比动能】　侵彻体动能与目标作用面积的比值,即单位截面积上的动能。

【冲击波超压】　冲击波阵面后的压力与波前未扰动介质压力之差。

【冲击波正压】　冲击波作用后介质压力高于初始压力时的压差。

【冲击波负压】 冲击波作用后介质压力低于初始压力时的压差。

【毁伤半径】 弹药战斗部爆炸后,爆心或爆心投影点距对某一具体目标造成预定毁伤等级边缘的面积的等效圆半径。

【杀伤半径】 弹药战斗部爆炸后,爆心或爆心投影点距对某一具体目标具有某种毁伤等级、满足预定杀伤概率处的等效圆半径。对杀伤弹或杀伤战斗部,该距离称为破片杀伤半径;对爆破弹或爆破战斗部,该距离称为冲击波杀伤半径。

【密集杀伤半径】 以竖直放置的弹药战斗部为圆心设置标准扇形靶、在爆炸后每个标准人形靶上平均被一枚破片击穿时靶板距爆心的距离。

【威力场】 亦称毁伤元作用域,是毁伤元参数的时空分布。

【威力评估】 对目标的固有作用能力的评价与估量,一般采用靶场试验、计算机模拟仿真试验、理论计算等方法完成。

【战斗部威力评估】 战斗部对特定类型目标实施毁伤或产生其他效应的固有能力的评价与估量,包括战斗部装药能量输出规律、毁伤元形成与驱动规律、毁伤元性能表征与试验测试、威力场表征与数值模拟、威力评价与试验等内容。

【毁伤效应】 毁伤元与目标或靶元的相互作用现象,是毁伤元功效与目标响应结果的内在因果联系。包括目标在给定毁伤元作用下的毁伤机理、毁伤元与同类材质目标或靶元结构毁伤之间的破坏规律、结构毁伤与功能毁伤之间关系规律等。

【成坑效应】 弹药战斗部冲击或爆炸导致表面介质形成漏斗坑的作用现象。主要取决于弹药战斗部的冲击动能、装药量、比例爆深及目标介质性质等。

【侵彻效应】 具有一定飞行速度的侵彻体依靠自身动能撞击并侵入固体介质内部的作用现象,主要取决于侵彻体的形状、质量、着速、着角、攻角和目标特性等。

【冲量】 冲击波压力在一定作用时间内的累积值。

【比冲量】 冲击波压力在持续时间内所产生的单位面积的冲量。

【高功率微波辐射效应】 利用定向高功率微波束使电子设备性能降低、失效或烧毁以及人员生理功能紊乱、皮肤烧伤或死亡的作用现象。

【激光致眩/致盲效应】 利用激光照射人眼或光电设备使其短时间或永久

丧失感知周围环境能力的作用现象。

【短路效应】　利用弹药战斗部释放出的大量导电纤维丝或其他导电物质对电力设施输配电线路造成短路的作用现象。

【信息干扰效应】　利用一定能量的电磁波、红外辐射等干扰元对有信息接收功能的电子设备或人员产生欺骗、阻塞和干扰等的作用现象

参考文献

[1] 克劳塞维茨．战争论(第1卷)[M]．军事科学院,译．北京:解放军出版社,2005.

[2] 中国社会科学语言研究所词典编辑室．现代汉语词典(第7卷)[M]．上海:商务印刷馆,2018.

[3] 中国人民解放军总参谋部．军事目标学[M]．北京:解放军出版社,2011.

[4] 中国军事大辞海编写组．中国军事大辞海(第1卷)[M]．北京:线装书局,2010.

[5] 陆军参谋部编译．目标选定联合条令(联合出版物 JP3－60)[M]．北京:解放军出版社,2016.

[6] 徐培德,谭东风．武器系统分析[M]．长沙:国防科技大学出版社,2015.

[7] 夏征农,陈至立．辞海[M]．上海:上海辞书出版社,2019.

[8] 汪运洛．系统工程[M]．北京:机械工业出版社,2019.

[9] 郭宝柱．“系统工程”辨析[J]．航天器工程,2013(4):1.

[10] USAF. MIL－STD－499A Systems engineering management[M]. Washington D. C. :Department of Defense,1974.

[11] 钱学森．论系统工程[M]．上海:上海交通大学出版社,2007.

[12] 中国人民解放军军事科学院. 中国人民解放军军语[M]．北京:军事科学出版社,2012.

[13] 秦天. 军队指挥研究[M]．北京:国防大学出版社,2014.

[14] 中国人民解放军总参谋部. 炮兵射击教程[S]．北京:解放军出版社,2014.

[15] 总参谋部军训和兵种部. 军事词典及相关术语[M]．北京:总参谋部军训和兵种部,2006.

[16] 邹振宁,荣希军. 大数据时代作战指挥理论创新研究[M]．北京:蓝天出版社,2014.

[17] 刘卫国等. 数据化作战指挥研究[M]．北京:解放军出版社,2012.

[18] 张晓军. 美军联合作战情报支援[M]．北京:军事科学出版社,2010.

[19] 张志伟. 现代火力战[M]．长沙:国防科技大学出版社,2009.

[20] 任海泉. 军队指挥学[M]．北京:国防大学出版社,2007.

[21] 马亚龙. 评估理论与方法及其军事应用[M]．北京:国防工业出版社,2012.

[22] 平志伟,曾筱晓. 全域机动精确作战[M]．北京:军事科学出版社,2014.

[23] 杨保有. 陆军合成部队基于目标作战[M]. 石家庄:石家庄陆军指挥学院,2013.
[24] 丁邦宇. 作战指挥学教程[M]. 北京:军事科学出版社,2000.
[25] 张策. 精确作战指挥[M]. 北京:解放军出版社,2009.
[26] 丁禺. 毁伤主控论[M]. 北京:军事科学出版社,2013.
[27] 谢文,叶志红,丁忠熙,等. 末敏弹射击效能分析[J]. 火力与指挥控制,2021,46(7):62-65.
[28] 冯海川,谢文. 远程火箭炮对不规则面目标分布式多点毁伤计算[J]. 火力与指挥控制,2023,48(5):146-151.
[29] 谢文,卜昊. 美俄炮兵精确制导弹药现状及发展趋势[J]舰船电子工程,2024,44(2):1-3,48.
[30] 谢文,丁忠熙. 某型制导火箭弹火力分配[J]. 兵工自动化,2020,39(3):1-4.
[31] 谢文,叶志红,丁忠熙,等. 炮射云爆弹射击效能分析[J]. 兵工自动化,2023,42(7):69-73.
[32] 谢文,冯海川,张亚斌,等. 联合火力筹划工程化系统分析[J]. 兵工自动化,2018,37(7):7-10,38.
[33] 冯海川,叶志红,谢文,等. 图层网格法对混合目标群的毁伤评估[J]. 火炮发射与控制学报,2023,44(4):89-93,98.
[34] 张国伟. 终点效应及靶场试验[M]. 北京:北京理工大学出版社,2009.
[35] 王儒策,赵国志. 弹丸终点效应[M]. 北京:北京理工大学出版社,1993.
[36] 王树山,王新颖. 毁伤评估概念体系探讨[J]. 防护工程,2016,38(5):1-6.
[37] 陈曦,翟红波. 基于图像的目标毁伤评估研究进展[J]. 兵器装备工程学报,2024,45(7):224-234.
[38] 王儒策. 弹药工程[M]. 北京:北京理工大学出版社,2002.
[39] 张国伟. 终点效应及其应用技术[M]. 北京:国防工业出版社,2006.
[40] 曾松林,韩玉龙,孙守福,等. 侵彻爆破弹对机场跑道毁伤效果仿真[J]. 舰船电子工程,2022,42(12):80-84.
[41] 王凤英,刘天生. 毁伤理论与技术[M]. 北京:北京理工大学出版社,2009.
[42] 黄正祥,祖旭东. 终点效应[M]. 北京:科学出版社,2014
[43] 侯博,赵永刚,薛成. 外军毁伤效果评估研究[J]. 外军军事技术,2011(7):45-47.
[44] 程浩,刘俊友,赵瑾. 基于贝叶斯网络的车辆目标功能毁伤评估模型[J]. 舰船电子工程,2015,35(7):58-61.
[45] 陈旭光. 建筑物在侵爆作用下的累积毁伤评估[D]. 长沙:国防科技大学,2019.

[46] 杜建国,李利莎,张洪海.爆炸荷载作用下多层框架结构的振动毁伤效果快速评估方法[J]. 防护工程,2014,36(3):30-35.
[47] 王瀛,王大鹏,李文章,等.基于二次模糊综合评判的集群目标毁伤效果评估[J]. 四川兵工学报,2010,31(8):131-133.
[48] 甄自清,王跃利.基于模糊综合评判的地下指挥所毁伤效果评估[J]. 四川兵工学报,2009,30(4):74-76.
[49] 李康,刘娜,李守先,等.强爆炸火球热辐射尺度效应理论和数值研究[J]. 爆炸与冲击,2024,44(10):138-146.
[50] 杨云斌,钱立新,卢永刚.战斗部威力/目标易损性评估软件研究[J]. 现代防御技术,2008,36(6):66-70.
[51] 牛绿伟,高晓光,张坤,等.串并联结构分解目标毁伤评估[J]. 火力与指挥控制,2011,36(9):140-144.
[52] 王国辉,李向荣,孙正民.主战坦克易损性分析与毁伤评估仿真[J]. 弹箭与制导学报,2009,29(6):274-277.
[53] 军事科学院作战理论和条令研究部.信息化作战研究[M]. 北京:军事科学出版社,2010.
[54] 李峰,石全,孙正.目标毁伤效果评估技术研究综述[J]. 兵器装备工程学报,2018,39(9):69-72.
[55] 胡孝民等.联合火力战理论研究[M]. 北京:国防大学出版社,2004.
[56] 赵新生.联合火力打击研究[M]. 北京:海潮出版社,2014.
[57] 李洪峰,齐建文.联合信息火力作战研究[M]. 北京:海潮出版社,2010.
[58] 彭星光,高晓光.基于组合平行六面体的复杂目标毁伤效能评估[J]. 火力与指挥控制,2011,36(5):50-52.
[59] 张成,石全,赵湘.美军目标毁伤效果评估发展状况探析[J]. 国防科技,2011,271(6):63-68.
[60] 唐克,张罗政,杜涛.子母弹性能对装甲目标毁伤程度影响分析[J]. 弹箭与制导学报,2009,29(1):118-120.
[61] 赵国志,杨玉林.动能弹对装甲目标毁伤评估的等效靶模型[J]. 南京理工大学学报,2003,16(3):15-18.
[62] 程浩,刘俊友,赵瑾.基于贝叶斯网络的车辆目标功能毁伤评估模型[J]. 舰船电子工程,2015,35(7):58-61.
[63] 余先兴.末敏弹对集群目标射击毁伤效果的预评估结果描述模型[J]. 四川兵工学报,

2010,31(8):13－15.

[64] 王华,辛腾达,崔村燕,等.武器装备毁伤评估研究方法综述[J].装备学院学报,2017,28(1):105－110.

[65] 彭征明,李云芝,罗小明.反辐射导弹毁伤能力评估研究[J].装备指挥技术学院学报,2005,16(3):15－18.

[66] 卢利华.外军作战指挥[M].北京:国防大学出版社,2010.

[67] 陈建荣,郭齐胜,刘军.地面运动目标攻击命中概率模型及仿真[J].火力与指挥控制,2007,32(7):44－46.

[68] 费智婷,周朝阳,岑小锋.机场跑道毁伤效果评估系统研究[J].指挥控制与仿真,2012,34(1):66－69.

[69] 李文章,王瀛.战场体系目标毁伤效果评估研究[J].舰船电子工程,2011,31(3):9－11.

[70] 杨绪明.陆军火力毁伤教程[S].北京:解放军出版社,2007.

[71] 刘家琦.基于功能特性分析的目标毁伤评估算法研究与实现[D].北京:北京工业大学,2013.

[72] 郭振汉,叶志红.炮兵射击理论教程[M].北京:解放军出版社,2011.

[73] 赵继臣.精确火力战[M].北京:解放军出版社,2011.

[74] 曹正荣,孙龙海,杨颖.信息化陆军作战[M].北京:国防大学出版社,2014.

[75] 张德斌,杨新.信息化战争条件下军队建设前沿理论问题研究[M].沈阳:白山出版社,2013.

[76] 雷霆,朱承,张维明.基于动态毁伤树的关键打击目标选择方法[J].火力与指挥控制,2014,39(4):19－23.

[77] 张志伟.现代火力战[M].长沙:国防科技大学出版社,2009.

[78] 赵继臣.一体化联合火力打击研究[M].北京:解放军出版社,2007.

[79] 张国伟.终点效应及其应用技术[M].北京:国防工业出版社,2006.

[80] 胡孝民,应甫成.联合火力战理论研究[M].北京:国防大学出版社,2004.

[81] 张策.精确作战指挥[M].北京:解放军出版社,2009.

[82] 吴正龙,冯勇,赵忠实.地面火炮新型弹药动态毁伤效能研究[J].火力与指挥控制,2021,46(8):112－117.

[83] 贾俊明.世界著名联合火力打击作战点评[M].北京:长征出版社,2012.

[84] 赵继臣.精确火力战[M].北京:解放军出版社,2011.

[85] 孙儒凌,韩林,靳小风.联合作战计算[M].北京:国防大学出版社,2014.

[86] 马开诚,刘非平等.数据化作战指挥研究[M]. 北京:解放军出版社.2013.
[87] 李京旭.基于信息系统的联合作战指挥[M]. 北京:军事科学出版社.2013.
[88] 檀松,穆永明.联合战术学[M]. 北京:军事科学出版社,2014.
[89] 郁军,赉可荣(译).基于效果作战[M]. 北京:电子工业出版社,2007.
[90] SMITH E A. 复杂性、联网和基于效果的作战方法[M]. 王志成,译. 北京:国防工业出版社,2010.
[91] 邵杰.战术学教程[M]. 北京:军事科学出版社,2013.
[92] 范虎巍,毛翔.联合作战计划制定流程[M]. 沈阳:辽宁大学出版社,2013.
[93] 杨保明.陆上联合作战研究总论[M]. 北京:解放军出版社,2011.
[94] 刘建斌,徐豫新,高鹏,等.火箭杀爆弹毁伤幅员仿真[J]. 兵工学报,2016,37(S2):159－164.
[95] 刘怡昕.现代炮兵[M]. 北京:解放军出版社,2015.
[96] 王树山,韩旭光,王新颖.杀伤爆破弹综合威力评估方法与应用研究[J]. 兵工学报,2017,38(7):1249－1254.
[97] 孟博.动爆冲击波测试及关键技术研究[D]. 太原:中北大学,2017.
[98] 李璟.战斗力解析[M]. 北京:国防大学出版社,2013.
[99] 刘继贤.论毛泽东军事思想体系[M]. 北京:解放军出版社,2014.
[100] 卢利华,刘会民.军队指挥发展史[M]. 北京:国防大学出版社,2013.
[101] 蒋效力,张松,王建华.陆军通用任务清单[M]. 北京:军事谊文出版社,2013.
[102] 李春元,李瑞章.联合作战中的陆军指挥[M]. 北京:军事科学出版社,2010.
[103] 付建明,范虎巍.美军联合部队司令部能力与作战指挥[M]. 沈阳:辽宁大学出版社,2013.
[104] 马平.联合作战研究[M]. 北京:国防大学出版社,2013.
[105] 张晓光,张莉,史鲜瑞.火力支援[S]. 北京:海潮出版社,2013.
[106] 尹鹏.大口径杀爆榴弹毁伤评估的可视化仿真技术研究[D]. 北京:北京理工大学,2015.
[107] 中国人民解放军总参军训和兵种部.目标情报支援联合战术、技术与程序[M]. 北京:解放军出版社,2009.
[108] 王玉林.2015 年全国毁伤评估技术学术研讨会论文集[C]. 北京:中国兵器科学研究院,2015.
[109] 楚桂华,遇然.联合作战制胜能力生成[M]. 北京:国防大学出版社,2013.
[110] 李骥.火力作战新论[M]. 北京:金盾出版社,2013.

[111] 马艳丽. 杀爆战斗部对典型雷达毁伤评估研究[D]. 北京:北京理工大学,2016.

[112] 李向荣,李帅,王国辉,等. 基于有限元数据交会的部件毁伤评估方法研究[J]. 北京理工大学学报,2017,37(4):430 - 435.

[113] 邱从礼,张涛洪,刘林,等. 压制火炮对暴露有生力量毁伤效能评估方法[J]. 火力与指挥控制,2020,45(8):181 - 185.

[114] 张高峰,李向东,周兰伟,等. 典型坦克在破甲弹作用下的易损性评估[J]. 弹道学报,2018,30(2):67 - 74.